CMP BOOKS
机工教育

高等职业教育本科新形态系列教材

物联网技术概论

第2版

季顺宁 ◎ 编著

机械工业出版社
CHINA MACHINE PRESS

本书围绕物联网技术知识体系中的三层技术架构——感知、传输、应用，全面介绍了物联网的基本概念、体系结构、软硬件平台系统组成、关键技术以及主要应用领域与发展，内容包括物联网概述、感知识别技术、网络通信技术、管理服务技术、物联网应用和物联网安全。

本书力求概念准确、简洁实用，配有大量实用的案例分析和丰富的习题，以便于读者学习。本书可作为职业本科院校物联网工程技术、高等职业院校物联网应用技术专业的教材，也可作为计算机类、电子信息类、通信类等相关专业的教材，还可作为工程技术人员的参考书。

本书配有微课视频，扫描二维码即可观看。另外，本书配有电子课件等，需要的教师可登录机械工业出版社教育服务网（www.cmpedu.com）免费注册，审核通过后下载，或联系编辑索取（微信：13261377872，电话：010-88379739）。

图书在版编目（CIP）数据

物联网技术概论 / 季顺宁编著. --2版. --北京：机械工业出版社，2025. 6. --（高等职业教育本科新形态系列教材）. --ISBN 978-7-111-78200-1

Ⅰ. TP393. 4；TP18

中国国家版本馆CIP数据核字第20259FJ646号

机械工业出版社（北京市百万庄大街22号　邮政编码100037）

策划编辑：和庆娣　　责任编辑：和庆娣

责任校对：孙明慧　杨　霞　景　飞　　责任印制：邓　博

北京中科印刷有限公司印刷

2025年6月第2版第1次印刷

184mm×260mm・14.5印张・336千字

标准书号：ISBN 978-7-111-78200-1

定价：65.00元

电话服务　　网络服务

客服电话：010-88361066　　机　工　官　网：www.cmpbook.com

010-88379833　　机　工　官　博：weibo.com/cmp1952

010-68326294　　金　书　网：www.golden-book.com

封底无防伪标均为盗版　　机工教育服务网：www.cmpedu.com

Preface

前　言

党的二十大报告指出，“加快建设国家战略人才力量，努力培养造就更多大师、战略科学家、一流科技领军人才和创新团队、青年科技人才、卓越工程师、大国工匠、高技能人才”。

“物联网技术概论”是一门实践性较强的专业基础课程，其目的和任务是让学生获得物联网专业方面的基本理论、基本知识和基本技能，为学习后续课程打下必要的基础。物联网典型体系架构分为 3 层，自下而上分别是感知层、网络层和应用层。感知层实现物联网全面感知的核心能力，是物联网中关键技术、标准化、产业化方面亟须突破的部分，关键在于具备更精确、更全面的感知能力，并解决低功耗、小型化和低成本问题。网络层主要以广泛覆盖的移动通信网络作为基础设施，是物联网中标准化程度最高且产业化能力最强、最成熟的部分，关键在于为物联网应用特征进行优化改造，形成系统感知的网络。应用层提供丰富的应用，将物联网技术与行业信息化需求相结合，实现广泛智能化的应用解决方案，关键在于行业融合、信息资源的开发利用、低成本高质量的解决方案、信息安全的保障。

本书围绕物联网中的相关技术构建知识体系，比较全面地介绍了物联网的概念、实现技术和典型应用。全书共分 6 章，第 1 章 物联网概述，介绍物联网的概念、物联网体系架构及技术体系框架。第 2 章 感知识别技术，介绍传感器技术、无线传感器网络、RFID 系统、条形码技术、定位及生物识别技术。第 3 章 网络通信技术，介绍通信技术、移动通信、短距离无线通信和窄带物联网（NB-IoT）。第 4 章 管理服务技术，介绍物联网中间件、云计算、M2M、数据库系统、区块链、边缘计算和数据挖掘。第 5 章 物联网应用，介绍智能电网、智能交通系统、智能家居和工业互联网。第 6 章 物联网安全，介绍信息安全和物联网安全体系。

本书力求概念准确、简洁实用，配有大量实用案例的分析和比较丰富的习题，以便于教与学。本书由季顺宁编写，在编写过程中得到了相关领导、教师以及同事的支持和帮助，在此，向所有为本书的出版做出贡献的人表示衷心的感谢!

鉴于编者水平有限，书中难免存在一些疏漏和不足，恳请广大读者批评指正。

编　者

二维码资源清单

序号	名称	二维码	页码	序号	名称	二维码	页码
1	1.1.2　物联网的定义		2	10	3.2.5　移动互联网		106
2	1.2　物联网体系架构		3	11	NB-IoT 概述和特点		127
3	2.1.1　传感器的概念		13	12	4.5.1　区块链的概念		158
4	电容式传感器的工作原理		16	13	4.5.2　区块链的类型		159
5	2.2.1　无线传感器网络的结构		26	14	4.5.3　区块链系统的架构模型		161
6	2.3.1　RFID 系统的组成		34	15	边缘计算的定义		167
7	2.5.3　定位技术		54	16	边缘计算产生的背景		168
8	从 1G 到 5G 移动通信技术的发展史		103	17	5.3　智能家居		196
9	5G 关键技术		104				

目 录 Contents

第1章 物联网概述

物联网是指通过各种信息传感器等感知装置与技术，让所有的物品都与网络实现随时随刻、无处不在的联接。物联网实时采集任何需要监控、联接、互动的物体或过程，采集其声、光、热、电、力学、化学、生物、位置等各种需要的信息，通过各类可能的网络接入，实现物与物、物与人的泛在联接，实现对物品和过程的智能化感知、识别和管理。物联网是一个基于互联网、传统电信网等的信息承载体，它让所有能够被独立寻址的普通物理对象形成互联互通的网络。

知识目标

1）了解物联网的基本概念。
2）了解物联网的主要特点。
3）熟悉物联网的核心技术。

技能目标

1）能理解物联网的起源与发展。
2）能理解物联网相关核心技术。

素养目标

1）培养学生主动学习的能力。
2）培养学生通过不同途径查阅资料的能力。

1.1 物联网的概念

随着物联网内涵的不断发展与完善，人们对物联网概念的认识日益深刻。目前人们对于物联网有了统一的认识，达成了共识。

1.1.1 物联网的起源

1995 年，比尔·盖茨在《未来之路》一书中首次提及物联网的概念。1998 年，美国麻省理工学院（MIT）创造性地提出了当时被称作 EPC 系统的“物联网”构想。

1999 年，美国 Auto-ID 研究中心首先提出“物联网”的概念，主要是建立在物品编码、射频识别（Radio Frequency Identification，RFID）技术和互联网的基础上。同年，在美国召开的移动计算和网络国际会议上提出了“传感网是下一个世纪人类面临的又一个发展机遇”。

2005 年 11 月，在突尼斯举行的信息社会世界峰会（WSIS）上，国际电信联盟（ITU）发布了《ITU 互联网报告 2005：物联网》。报告指出，无所不在的“物联网”通信时代即将来临，世界上所有的物体，从轮胎到牙刷、从房屋到纸巾，都可以通过互联网主动进行交换。RFID 技术、传感器技术、纳米技术、智能嵌入式技术将得到更加广泛的应用。

2009 年，IBM 首席执行官彭明盛首次提出“智慧地球”这一概念，建议新政府投资新一代的智慧型基础设施。IBM 认为，IT 产业下一阶段的任务是把新一代 IT 技术充分运用在各行各业之中，具体地说，就是把感应器嵌入到电网、铁路、桥梁、隧道、公路、建筑、供水系统、大坝、油气管道等各种物体中，并且被普遍联接，形成物联网。

日本 u-Japan 战略，希望实现从有线到无线、从网络到终端、包括认证和数据交换在内的无缝链接泛在网络环境，100%的国民可以利用高速或超高速网络。

2009 年，无锡市率先建立了“感知中国”研究中心，并成立了多所物联网研究院。物联网被正式列为国家五大新兴战略性产业之一，并写入了十一届全国人大三次会议政府工作报告，物联网在我国受到了全社会极大的关注。

2016 年，《中华人民共和国国民经济和社会发展第十三个五年规划纲要》明确提出“发展物联网开环应用”，推动物联网不同行业不同领域应用间的互联互通、资源共享和应用协同。

2017 年，工业和信息化部发布《关于全面推进移动物联网（NB-IoT）建设发展的通知》，首次提出移动物联网网络建设和用户发展的量化指标。建设广覆盖、大联接、低功耗移动物联网（NB-IoT）基础设施、发展基于 NB-IoT 技术的应用。

2020 年，工业和信息化部发布《关于深入推进移动物联网全面发展的通知》，提出建立 NB-IoT、4G 和 5G 协同发展的移动物联网综合生态体系。

2023 年，中共中央、国务院印发《数字中国建设整体布局规划》，明确“推进移动物联网全面发展”。

1.1.2 物联网的定义

1.1.2 物联网的定义

“物联网概念”是在“互联网概念”的基础上，将其用户端延伸和扩展到任何物品与物品之间进行信息交换和通信的一种网络概念。物联网旨在实现不同实体（也称为事物）之间的普遍联接。

可以从不同的角度看待物联网：从服务的角度来看，在这个世界上，事物可以自动地与计算机通信，并相互交流，为人类提供服务。从连通性的角度来看，它适用于任何时间的任何人、任何地方，即任何事物的连通性。从通信的角度来看，它是世界范围的，基于标准通信协议可唯一寻址的互联对象网络。从网络的角度来看，它是互联网从一个相互联接的计算机网络演变为一个相互联接的对象网络。因此其定义是：

通过射频识别（RFID）、红外感应器、全球定位系统、激光扫描器等信息传感设备，按约定的协议，把任何物体与互联网相联接，进行信息交换和通信，以实现智能化识别、定位、跟踪、监控和管理的一种网络概念。

简而言之，物联网就是“物物相连的互联网”。

1.1.3 物联网的特点

物联网有着巨大的应用前景，是对 21 世纪产生巨大影响力的技术之一。物联网从最初的军事侦察等无线传感器网络，逐渐发展到环境监测、医疗卫生、智能交通、智能电网、建筑物监测等应用领域。随着传感器技术、无线通信技术、计算技术的不断发展和完善，各种物联网将遍布人们的生活中。移动通信网、互联网从根本上来说是属于人与人的互联，网络本身不是智能的；而物联网提出的是物与物的联接，要求网络必须是智能的、自治的。因此，物联网和传统的移动通信网、互联网不一样，它代表了新的业务、技术领域与模式，有着更广阔的发展前景。其目的是，实现所有的物与物、物与人、物品与网络的联接，方便识别、管理和控制。与传统的互联网相比，物联网有其鲜明的特征。

（1）全面感知

物联网是各种感知技术的广泛应用。物联网上部署了海量的传感器，每个传感器都是一个信息源，不同类别的传感器所捕获的信息内容和信息格式不同。传感器获得的数据具有实时性，按一定的频率周期性地采集环境信息，不断更新数据。例如利用 RFID、传感器、定位器和二维码等手段随时随地对物体进行信息采集和获取。感知包括传感器的信息采集、协同处理、智能组网，甚至包括信息服务，以达到控制、指挥的目的。

（2）可靠传递

物联网是一种建立在互联网上的泛在网络。物联网技术的重要基础和核心仍旧是互联网，通过各种有线网络和无线网络与互联网融合，将物体的信息实时、准确地传递出去。物联网上的传感器定时采集的信息需要通过网络传输，由于其数量极其庞大，形成了海量信息，因此在传输过程中，为了保障数据的正确性和及时性，所采集的信息必须适应各种异构网络和协议。例如，通过各种电信网络和互联网融合，对接收到的感知信息进行实时远程传送，实现信息的交互和共享，并进行各种有效的处理。在这一过程中，通常需要用到现有的电信运行网络，包括无线网络和有线网络。

（3）智能处理

物联网不仅提供了传感器的联接，其本身也具有智能处理的能力，能够对物体实施智能控制。物联网将传感器和智能处理相结合，利用云计算、模式识别等各种智能计算技术，对随时接收到的跨地域、跨行业、跨部门的海量数据和信息进行分析处理，提升对物理世界、经济社会各种活动和变化的洞察力，实现智能化的决策和控制。从传感器获得的海量信息中分析、加工和处理出有意义的数据，以适应不同用户的不同需求，发现新的应用领域和应用模式。

1.2 物联网体系架构

1.2 物联网体系架构

物联网是在互联网和移动通信网等网络通信基础上，针对不同领域的需求，利用具有感知、通信和计算的智能物体自动获取现实世界的信息，将这些对象互联，实现全面感知、可靠传输、智能处理，构建人与物、物与物互联的智能信息服务系统。物联网体系架构主要由 3 个层次组成，从下到上依次是感知层、网络层和应用层。物联网体系架构示意图如图 1-1 所示。

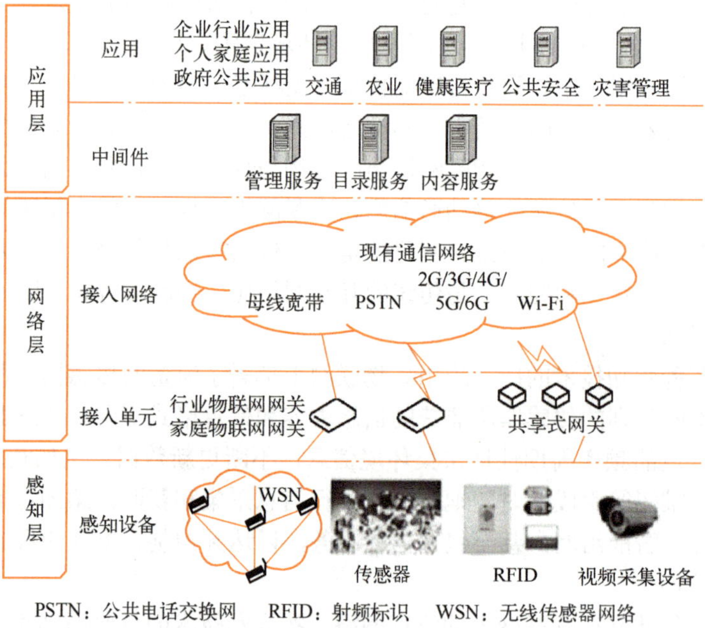

图 1-1 物联网体系架构示意图

如果拿人来比喻的话，感知层就像人的五官，用来识别物体，采集信息；网络层则像人的神经系统，将信息传递到大脑进行处理；应用层类似人们从事的各种复杂的事情，完成各种不同的应用。物联网涉及的关键技术非常多，从传感器技术到通信网络技术，从嵌入式微处理节点到计算机软件系统，涵盖了自动控制、通信、计算机等不同领域，是跨学科的综合应用。

1.2.1 感知层

物联网的感知层的主要功能是完成信息的采集、转换和收集。感知层主要分为两个部分。

（1）自动感知设备

自动感知设备能够自动感知外部物理信息，即传感器（或控制器）、短距离传输网络、智能电器等。传感器（或控制器）用来进行数据采集及实现控制；短距离传输网络将传感器收集的数据发送到网关，或将应用平台的控制指令发送到控制器。

（2）人工生成信息设备

人工生成信息设备主要包括智能手机、个人数字助理（PDA）、计算机等。感知层的关键技术主要为传感器技术和短距离传输网络技术，例如射频标识标签与用来识别 RFID 信息的扫描仪、视频采集的摄像头和各种传感器中的传感与控制技术、短距离无线通信技术（包括由短距离传输技术组成的无线传感网技术）。在实现这些技术的过程中，又涉及芯片研发、通信协议研究、RFID 材料研究、智能节点供电等细分领域。

1.2.2 网络层

物联网的网络层又称为传输层，网络层的主要功能是完成信息传递和处理。网络层包括接入层、汇聚层和核心交换层 3 部分。

（1）接入层

接入层相当于计算机网络的物理层和数据链路层，是联接感知层的网桥。RFID 标签、传感器与接入层设备构成了物联网感知网络的基本单元。接入层网络技术分为无线接入和有线接入，无线接入方式有无线局域网、M2M 移动通信；有线接入方式有现场总线、电力线、电视电缆和电话线。它汇聚从感知层获得的数据，并将数据发送到接入层，通过接入层将数据最终传入互联网。

（2）汇聚层

汇聚层位于接入层和核心交换层之间，进行数据分组汇聚、转发和交换，进行本地路由、过滤、流量均衡等。汇聚层技术也分为无线技术和有线技术，无线技术包括无线局域网技术、无线城域网技术、M2M 移动通信技术和专用无线通信技术等，有线技术包括局域网技术、现场总线技术等。

（3）核心交换层

核心交换层为物联网提供高速、安全和具有服务质量保障能力的数据传输，可以为 IP 网、非 IP 网、虚拟专网，或者它们之间的组合。

传输层是基于现有通信网和互联网建立起来的层。网络层的关键技术既包含了现有的通信技术，如移动通信技术、有线宽带技术、公共电话交换网（PSTN）技术、无线联网（Wi-Fi）通信技术等，又包含了终端技术，如实现传感网与通信网结合的网桥设备、为各种行业终端提供通信能力的通信模块等。

1.2.3 应用层

物联网应用层的主要功能是完成数据的管理和数据的处理，并将这些数据与各行业应用相结合。应用层包括管理服务层和行业应用层两部分。

（1）管理服务层

管理服务层通过中间件软件实现感知硬件和应用软件之间的物理隔离和无缝联接，提供海量数据的高效汇聚、存储，通过数据挖掘、智能数据处理计算等，为行业应用层提供安全的网络管理和智能服务。物联网中间件是一种独立的系统软件或服务程序。中间件将许多可以公用的能力进行统一封装，提供给丰富多样的物联网应用。统一封装的能力包括通信的管理能力、设备的控制能力、定位能力等。

（2）行业应用层

行业应用层为不同行业提供物联网服务，是用户直接使用的各种应用，种类非常多，包括家庭物联网应用（如家用电器智能控制、家庭安防等），也包括很多企业和行业应用（如石油监控应用、电力抄表、车载应用、远程医疗等）。行业应用层主要由应用层协议组成，不同的行业需要制定不同的应用层协议。

应用层主要基于软件技术和计算机技术实现，其关键技术是基于软件的各种数据处理技术。此外，云计算技术作为海量数据的存储、分析平台，也是物联网应用层的重要组成部分。应用是物联网发展的目的，各种应用的开发是物联网普及的原动力，将给整个物联网产业链带来巨大发展。

1.3 物联网的技术体系框架

物联网作为实现人与物理世界全面信息交互的网络，在其感知、传输、处理 3 大核心环节中涉及众多学科和跨领域的关键技术。物联网的技术体系框架如图 1-2 所示，它包括感知层技术、网络层技术、应用层技术和公共技术。

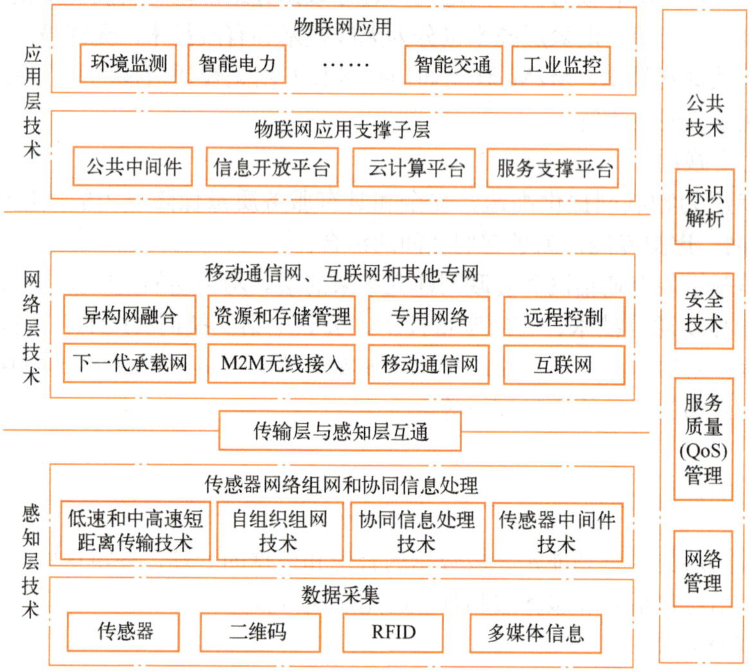

图 1-2 物联网的技术体系框架

1.3.1 感知层技术

感知层是物联网发展和应用的基础，数据采集与感知主要用于采集物理世界中发生的物理事件和数据，包括各类物理量、标识、音频、视频等数据，还包括传感器等数据采集设备，数据接入到网关前的传感器网络技术、射频识别技术、无线通信技术是感知层涉及的主要技术。

（1）传感器技术

物联网技术的核心之一是信息的收集与反馈，而信息收集需要依靠大量的传感器来完成。传感器技术、计算机技术与通信技术一起被称为信息技术的 3 大技术。从仿生学观点来看，如果把计算机看成处理和识别信息的“大脑”，把通信系统看成传递信息的“神经系统”的话，那么传感器就是“感觉器官”。微型无线传感器技术及以此组建的传感网是物联网感知层的重要技术手段。现有的传感器技术尚不能满足物联网广泛应用的需要。新型传感器具有低功耗、低成本、支持即插即用（PnP）、智能化（甚至传感器本身具备一定的判断能力）的特点。

（2）射频识别技术

射频识别（RFID）技术是通过无线电信号识别特定目标并读/写相关数据的无线通信技术。RFID 技术已经在身份证、电子收费系统和物流管理等领域有广泛应用。RFID 市场应用成熟，标签成本低廉，但 RFID 一般不具备数据采集功能，多用来进行物品的甄别和属性的存储，且在金属和液体环境下应用受限。RFID 技术属于物联网的信息采集层技术。

（3）微机电系统技术

微机电系统（MEMS）是指利用大规模集成电路制造工艺，经过微米级加工，得到的集微型传感器、执行器、信号处理和控制电路、接口电路、通信电路和电源于一体的微机电系统。MEMS 技术属于物联网的信息采集层技术。

（4）全球定位系统技术

全球定位系统是具有海、陆、空全方位实时三维导航与定位能力的新一代卫星导航与定位系统。全球定位系统技术作为移动感知技术，是物联网延伸到移动物体并采集移动物体信息的重要技术，更是物流智能化、智能交通的重要技术。

（5）二维码技术

二维码技术是用特定的几何图形按一定规律在平面（二维方向）上分布的黑白相间的矩形方阵记录数据符号信息的新一代条码技术。二维码由一个二维码矩阵图形、一个二维码号以及下方的说明文字组成。通过专用读码设备或者智能手机，就能读取二维码中的大量信息。二维码技术具有信息量大、纠错能力强、识读速度快、全方位识读等特点。与 RFID 相比，从一维码切换到二维码除了印刷成本不同，几乎不需要增加其他成本。

（6）无线传感器网络技术

无线传感器网络（WSN）的基本功能是将一系列空间分散的传感器单元通过自组织的无线网络进行联接，从而将各自采集的数据通过无线网络进行传输和汇总，以实现对空间分散范围内的物理或环境状况的协作监控，并根据这些信息进行相应的分析和处理。传感器网络需要支持灵活的网络管理和路由机制，支持多种类型设备的协同工作，支持带宽管理、节能管理、特定设备的 QoS 管理等。无线传感器网络技术是实现物联网广泛应用的重要底层网络技术，可以作为移动通信网络、有线接入网络的神经末梢网络，进一步延伸网络的覆盖。WSN 技术贯穿物联网的 3 个层面，是结合了计算、通信、传感器 3 项技术的一门新兴技术。它具有较大范围、低成本、高密度、灵活布设、实时采集及全天候工作的优势，且对物联网其他产业具有显著带动作用。

（7）蓝牙技术

作为一种开放性的、短距离（10～100m）无线通信的技术标准，蓝牙（Bluetooth）技术可以提供近距离的语音和数据通信，包括在移动电话、个人数字助理（PDA）、无线耳机、笔记本式计算机、相关外设等众多设备之间进行无线信息交换，其提供的数据传输速率最高可达 720kbit/s。蓝牙技术使用全方位的无线微波进行传输，支持点到点、点到多点的通信，而不需要像红外传输协议那样要求进行传输的设备之间必须对准。蓝牙技术还具有以下特点：工作在 2.4GHz ISM（Industrial Scientific Medical，工业、科学、医学）频段，这个频段的通信设备无须再申请频段的使用权；采用时分双工/跳频方式（TDD/H）（将信道划分成多个连续的时隙）及前向纠错（FEC）编码技术和频率调制（FM）方式；设备体积小，便于携带或移动，成本低廉。基于蓝牙技术的蓝牙网无须预设基础设施这一特点，可自动临时组网，不涉及多跳路由的问题，因此能够有效地简化移动通信终端设备之间的通信，也能够成功地简化设备与因特网之间的通信，从而使数据传输变得更加迅速高效，为无线通信拓宽道路，构建智能化的网络。

（8）无线通信技术

无线通信技术（如 ZigBee）是一种介于 RFID 和蓝牙之间的短距离、低速率、低功耗、低复杂度、低成本的双向通信技术。它是由 IEEE 802.15.4 无线个人区域网工作组定义的一种适于固定、便携或移动的设备使用的复杂度、成本和功耗极低的低速无线联接技术。完整的 ZigBee 协议栈是由物理层、介质访问控制层、网络层、安全层和应用层组成的。其无线装置减少了施工费用，解决了现场安装困难的问题，消除了无线接入技术的不可靠性及其他技术问题，适合距离短、功耗低且在传输速率不高的各种电子设备之间进行数据传输，以及典型的有周期性数据、间歇性数据和低反应时间数据传输的应用。

1.3.2 网络层技术

物联网的网络层一般建立在现有的通信网或互联网的基础之上，实现更加广泛的互联功能，能够把感知到的信息无障碍、高可靠性、高安全性地进行传送。感知数据管理与处理技术包括传感网数据的存储、分析、理解、挖掘及感知数据库的决策和行为的理论与技术。云计算平台作为海量感知数据的存储、分析平台，将是物联网网络层的重要组成部分，也是应用层众多应用的基础。网络层的感知数据管理与处理技术是实现以数据为中心的物联网的核心技术，需要传感器网络与移动通信技术、互联网技术相融合。经过多年的快速发展，移动通信、互联网等技术已比较成熟，基本能够满足物联网数据传输的需要。

（1）互联网

Internet，中文正式译名为互联网，又叫作国际互联网。它是由使用公用语言互相通信的计算机联接而成的全球网络。互联网是一组全球信息资源的总汇。有一种粗略的说法，认为互联网是由许多小的网络（子网）互联而成的一个逻辑网，每个子网中联接着若干台计算机（主机）。互联网以相互交流信息资源为目的，基于一些共同的协议，并通过许多路由器和公共互联网组成，它是一个信息资源和资源共享的集合。

（2）通信网

通信网是一种使用交换设备、传输设备，将地理上分散的用户终端设备互联起来实现通信和信息交换的系统。通信最基本的形式是在点与点之间建立通信系统，但这不能称为通信网，只有将许多的通信系统（传输系统）通过交换系统按一定拓扑结构组合在一起才能称之为通信网。也就是说，有了交换系统才能使某一地区内任意两个终端的用户相互接续，才能组成通信网。

1）移动电话网络（GPRS/CDMA/GSM/3G/4G/5G/6G 网络）。通用分组无线服务（General Packet Radio Service，GPRS）网络、全球移动通信系统（Global System for Mobile communication，GSM）网络、码分多址（Code Division Multiple Access，CDMA）网络、3G（the 3rd Generation）/4G/5G 网络已覆盖大量的区域，使实现数据的无线传输成为可能。通过 GPRS、CDMA 网络进行数据传输，并通过传输控制协议/互联协议（TCP/IP）进行数据封包，而且其简便性、灵活性、易操作性及低成本的特点很好地解决了偏远无网络无电话线路地区的数据传输难题。5G 网络是第五代移动通信技术，是 4G（LTE-A、WiMax）、3G（UMTS、LTE）和 2G（GSM）系统的延伸。5G 提高数据传输速率、减少延迟、节省能源、降低成本、提高系统容量和大规模设备联接。峰值速率达到 Gbit/s 的标准，满足了高清视频、虚拟现实等大数据量的传输；空中接口时延水平在 1ms 左右，满足了自动驾驶、远程医疗等实时应用；超大网络容量，提供千亿设备的联接能力，满足物联网通信；频谱效率比 LTE 提升 10 倍以上；连续广域覆盖和高移动性下，用户体验速率达到 100Mbit/s；流量密度和联接数密度大幅度提高；系统协同化、智能化水平提升，表现为多用户、多点、多天线、多摄取的协同组网，以及网络间灵活的自动调整。

2）广电网络。广电网络通常是各地有线电视网络公司负责运营的，通过混合光纤同轴电缆（HFC）网络向用户提供宽带服务及电视服务，宽带可通过电缆调制解调器（Cable Modem）联接到计算机，理论到户最高速率达 38Mbit/s，实际速度要视网络情况而定。

3）NGB 广域网络。中国下一代广播电视网（NGB）是以有线电视数字化和中国移动多媒体广播（CMMB）的成果为基础，以自主创新的“高性能带宽信息网”核心技术为支撑，构建的适合我国国情的、三网融合的、有线无线相结合的、全程全网的下一代广播电视网络。

1.3.3 应用层技术

应用层主要包含应用支撑平台子层和应用服务子层。应用支撑平台子层用于支撑跨行业、跨应用、跨系统的信息协同、共享、互通的功能。应用服务子层包括智能交通、智能医疗、智能家居、智能物流、智能电力等行业应用。

（1）机器对机器（Machine to Machine，M2M）

M2M 技术将多种不同类型的通信技术有机地结合在一起，如机器之间通信、机器控制通信、人机交互通信、移动互联通信。M2M 技术让机器、设备应用处理过程与后台信息系统共享信息，并与操作者共享信息。它提供了设备实时地在系统之间、远程设备之间或与个人之间建立无线联接和传输数据的手段。M2M 技术综合了数据采集、全球定位系统、远程监控、电信、信息技术，是计算机、网络、设备、传感器及人类等的生态系统，能够使业务流程自动化，集成公司 IT 系统和非 IT 设备的实时状态，并创造增值服务。这一平台可在安全监测、自动抄表、机械服务和维修业务、自动售货机、公共交通系统、车队管理、工业流程自动化、电动机械、城市信息化等环境中运行，并提供广泛的应用和解决方案。

（2）云计算

云计算概念是由 Google 公司提出的，这是一个“美丽”的网络应用模式，是指 IT 基础设施的交付和使用，通过网络以按需、易扩展的方式获得所需的资源。云计算是并行计算、分布式计算和网格计算的发展，或者说是这些计算机科学概念的商业实现。云计算代表了手提计算机（HPC）从科学计算到大众化商业应用的变迁，使以前最“烧钱”和不赚钱的超级计算产业变成了最赚钱和省钱（充分利用现成的 CPU 的计算能力）的生意。云计算使以前的“计算中心”边缘化，而使“数据中心”成为主流。

（3）人工智能

人工智能是研究让计算机来模拟人的某些思维过程和智能行为（如学习、推理、思考、规划等）的学科，主要包括计算机实现智能的原理、制造类似于人脑智能的计算机，使计算机能实现更高层次的应用。人工智能涉及计算机科学、心理学、哲学和语言学等学科，可以说涉及自然科学和社会科学的几乎所有学科，其范围远远超出了计算机科学的范畴。人工智能与思维科学的关系是实践和理论的关系，人工智能处于思维科学的技术应用层次，是它的一个应用分支。从思维观点看，人工智能不只限于逻辑思维，更要考虑形象思维、灵感思维，才能促进人工智能的突破性的发展。数学常被认为是多种学科的基础科学，数学也进入语言、思维领域，人工智能学科也必须借用数学工具。数学不仅在标准逻辑、模糊数学等范围发挥作用，而且进入人工智能学科，它们将互相促进而更快地发展。

（4）数据挖掘

在人工智能领域，数据挖掘习惯上又被称为数据库知识发现（Knowledge Discovery in Database，KDD），也有人把数据挖掘视为数据库知识发现过程的一个基本步骤。知识发现过程由 3 个阶段组成，即数据准备、数据挖掘及结果表达和解释。数据挖掘可以与用户或知识库交互。

并非所有的信息发现任务都被视为数据挖掘。例如，使用数据库管理系统查找个别的记录，或通过互联网的搜索引擎查找特定的 Web 页面，则是信息检索（Information Retrieval）领域的任务。虽然这些任务是重要的，可能涉及使用复杂的算法和数据结构，但是它们主要依赖传统的计算机科学技术和数据的明显特征来创建索引结构，从而有效地组织和检索信息。尽管如此，数据挖掘技术也已用来增强信息检索系统的能力。

（5）RFID 中间件

RFID 中间件是系统获取信息、处理信息和传递信息的核心部分，是联接读写器和企业应用程序的纽带，在物联网初期提出时被称作 Savant（一种分布式网络软件）。它主要对标签数据进行过滤、分组、计数、转发，以提高发往信息网络系统的数据质量，防止误读、漏读、多读信息。RFID 中间件的核心组成是事件管理器和信息服务器。事件管理器负责采集、过滤读写器收集的 EPC（设计、采购、施工）相关信息，并转发给其他应用；信息服务器提供事件管理器与企业信息系统之间的集成，存储事件管理器提交的数据信息，提供访问接口。

RFID 中间件技术拓展了基础中间件的核心设施和特性，将企业级中间件技术延伸到了 RFID 领域，是 RFID 产业链的关键技术。RFID 中间件屏蔽了 RFID 设备的多样性和复杂性，能够为后台业务系统提供强大的支撑，从而驱动更广泛、更丰富的 RFID 应用。RFID 中间件技术重点研究的内容包括并发访问技术、目录服务技术和定位技术、数据和设备监控技术、远程数据访问和安全及集成技术、进程和会话管理技术等。

应用层主要是根据行业特点，借助互联网技术手段，开发各类的行业应用解决方案，将物联网的优势与行业的生产经营、信息化管理、组织调度结合起来，形成各类的物联网解决方案，构建智能化的行业应用。如交通行业，涉及的是智能交通技术；电力行业采用的是智能电网技术；物流行业采用的是智慧物流技术等。行业的应用还会更多地涉及系统集成技术、资源打包技术等。

1.4 知识梳理

序号	知识点	内容
1	物联网的概念	物联网是通过射频识别、红外感应器、全球定位系统、激光扫描器等信息传感设备，按约定的协议、把任何物体与互联网相联接，进行信息交换和通信，以实现智能化识别、定位、跟踪、监控和管理的一种网络概念
2	物联网的特点	全面感知、可靠传递、智能处理
3	物联网的体系架构	物联网的体系架构分为感知层、网络层、应用层 3 个层次
4	物联网的关键技术	传感器等数据采集设备，数据接入到网关前的传感器网络技术、RFID 技术、传感器技术、无线通信技术是感知层涉及的主要技术。 网络层的感知数据管理与处理技术是实现以数据为中心的物联网的核心技术。 应用服务子层包括智能交通、智能医疗、智能家居、智能物流、智能电力等行业应用

1.5 习题

1. 简述物联网的定义。
2. 物联网有什么特点？
3. 简述物联网的体系架构及各层次的功能。
4. 简述物联网的技术体系框架及各层次的关键技术。
5. 简述物联网的主要应用领域及应用前景。

第 2 章 感知识别技术

物联网的目标是物理世界与数字世界的融合。物联网的感知层主要完成信息的采集、转换和收集。感知层的关键技术是传感器技术和短距离传输网络技术，例如RFID标签与用来识别 RFID 信息的扫描仪、视频采集的摄像头和各种传感器中的传感与控制技术、短距离无线通信技术（包括由短距离传输网络技术组成的无线传感网技术）。

知识目标

1）掌握传感器的组成，了解常用传感器的原理及应用。
2）掌握无线传感器网络的结构及应用。
3）熟悉 RFID 系统的组成和工作原理。
4）掌握条形码的技术特点和应用。
5）掌握定位技术和常用的定位方法。
6）掌握常用的生物识别技术。

技能目标

1）能正确选用简单的传感器。
2）能理解生物识别技术及其开发方法。
3）能理解 RFID、定位等的工作过程。

素养目标

1）培养学生对相关技术的开发能力。
2）培养学生查阅相关科技论文的能力。

2.1 传感器技术

传感器技术是测量技术、半导体技术、计算机技术、信息处理技术、微电子学、光学、声学、精密机械、仿生学和材料科学等众多学科相互交叉的综合性和高新技术密集型前沿技术之一，是现代新技术革命和信息社会的重要基础，是自动检测和自动控制技术不可缺少的重要组成部分。

2.1.1　传感器的概念

2.1.1
传感器的概念

（1）传感器的定义

传感器是一种检测装置，能感受到被测量的信息，并能将检测感受到的信息，按一定规律变换成为电信号或其他所需形式的信息输出，以满足信息的传输、处理、存储、显示、记录和控制等要求。它是实现自动检测和自动控制的首要环节。国家标准 GB/T 7665—2005《传感器通用术语》对传感器（Transducer/Sensor）的定义是“能感受被测量并按照一定的规律转换成可用输出信号的器件或装置，通常由敏感元件和转换元件组成”。从定义中可以看出，传感器包含如下的概念。

1）传感器是测量装置，能完成检测任务。

2）它的输出量是某一被测量，可能是物理量，也可能是化学量、生物量等。

3）它的输出量是某种物理量，这种量要便于传输、转换、处理及显示等，这种量可以是气、光、电量，但主要是电量。

4）输出和输入有对应关系，且应有一定的精确程度。

（2）传感器的性能指标及要求

传感器的质量优劣一般通过相关性能指标来衡量。一般在检测系统中所用的如灵敏度、分辨率、准确度、线性度及频率特性等特性参数外，还常用阈值、过载能力、稳定性、漂移、可靠性、重复性等与环境相关的参数及使用条件等。

1）阈值：指零位附近的分辨力，即使传感器输出端产生可测变化量的最小被测输入量值。

2）漂移：在一定时间间隔内传感器输出量存在着与被测输入量无关的、不需要的变化，包括零点漂移与灵敏度漂移。

3）过载能力：传感器在不致引起规定性能指标永久改变的条件下，允许超过测量范围的能力。

4）稳定性：传感器在具体时间内保持其性能的能力。

5）重复性：传感器输入量在同一方向做全量程内连续重复测量所得输出/输入特性曲线不一致的程度。

6）可靠性：通常包括工作寿命、平均无故障时间、保险期、疲劳性能、绝缘电阻及耐压等。

7）传感器工作要求：主要有高精度、低成本、灵敏度高、稳定性好、工作可靠、抗干扰能力强、良好的动态特性、结构简单、功耗低及易维护等。

2.1.2　传感器的组成

传感器通常由敏感元件、转换元件和转换电路组成，其组成框图如图 2-1 所示。

图 2-1　传感器的组成框图

1）敏感元件。直接感受被测量，并输出与被测量成确定关系的物理量。能敏锐地感受某种物理、化学、生物的信息，并将其转变为电信息的特种电子元件。有些传感器，它的敏感元件与转化元件合并在一起。例如，半导体气体、湿度传感器等。

不同传感器的敏感元件是不同的。例如，应变式压力传感器，它的敏感元件是一个弹性膜片。它是能敏锐地感受某种物理、化学、生物的信息，并将其转变为电信息的特种电子元件。这种元件通常是利用材料的某种敏感效应制成的。敏感元件可以按输入的物理量来命名，如热敏、光敏、（电）压敏、（压）力敏、磁敏、气敏及湿敏元件。在电子设备中采用敏感元件来感知外界的信息，可以达到或超过人类感觉器官的功能。敏感元件是传感器的核心元件。随着电子计算机和信息技术的迅速发展，敏感元件的重要性日益增大。

2）转换元件。敏感元件的输出就是转换元件的输入，即转换器电路参量。有些传感器的敏感元件与转换元件是合并在一起的，例如，半导体气体、湿度传感器等。例如，应变式传感器的转换元件是一个应变片。一般传感器的转换元件是需要辅助电源的。

3）转换电路。上述电路参数接入基本转换电路，便可转换成电量输出。

2.1.3 传感器的分类

可以按不同的方法对传感器进行分类，即按传感器的转换原理（传感器工作的基本物理或化学效应）、传感器的用途、输出信号的类型以及传感器制作的材料和工艺等来划分传感器类型。

1）根据传感器的转换原理，可将传感器分为物理量传感器和化学量传感器两大类。

物理量传感器是应用了物理效应，诸如压电效应、磁致伸缩现象、离化、极化、热电、光电、磁电等效应。被测信号的微小变化都将被转换成电信号。

化学量传感器包括那些以化学吸附、电化学反应等现象为因果关系的传感器。被测信号的微小变化都将被转换成电信号。

有些传感器既不能被划分到物理量传感器，也不能被划分到化学量传感器，大多传感器是以物理原理为基础运作的。化学量传感器的技术问题比较多，例如技术生产的可靠性及价格问题等。只有解决了这些问题，化学量传感器的应用才会有大幅的增长。

2）按照传感器的作用，可以将传感器分为压力传感器和力传感器、位置传感器、液面传感器、能耗传感器、速度传感器、加速度传感器、辐射传感器以及热敏传感器等。

3）按照传感器的工作原理，可分为振动传感器、湿度传感器、磁敏传感器、气体传感器、真空传感器以及生物传感器等。

4）按照输出信号的类型，可以将传感器分为模拟传感器（将被测量的非电学量转换成模拟电信号输出）、数字传感器（将被测量的非电学量转换成数字信号输出，包括直接转换和间接转换）、数字信息传感器（将被测量的信号转换成频率信号或短周期信号输出，包括直接转换和间接转换）、开关传感器（当一个被测量的信号达到某个特定的阈值时，传感器相应地输出一个设定的低电平或高电平信号）。

5）在外界因素作用下，所有材料都会做出相应的、具有特征性的反应，它们中的那些对外界作用最敏感的材料，即那些具有功能特性的材料，被用来制作传感器的敏感元器件。按所应用的材料，传感器可分为以下类型。

① 按其所用材料类别来分，可分为金属传感器、聚合物传感器、陶瓷传感器、混合物传感器。

② 按材料物理性质来分，可分为导体传感器、绝缘体传感器、半导体传感器、磁性材料。

③ 按材料的晶体结构来分，可分为单晶传感器、多晶传感器、非晶材料传感器。

6）按制造工艺，传感器可以分为集成传感器、薄膜传感器、厚膜传感器及陶瓷传感器等。

① 集成传感器是用标准的生产半导体集成电路的工艺技术制造的。通常还将用于初步处理被测信号的部分电路也集成在同一芯片上。

② 薄膜传感器则是通过沉积在介质衬底（基板）上的、相应敏感材料的薄膜形成的。当使用混合工艺时，同样可将部分电路制作在此基板上。

③ 厚膜传感器是利用相应材料的浆料、涂覆在陶瓷基片上制成的，基片通常是由氧化铝（Al_2O_3）制成的，然后进行热处理，使厚膜成形。

④ 陶瓷传感器采用标准的陶瓷工艺或其某种变种工艺（溶胶-凝胶等）生产。

2.1.4　常用传感器

1. 电阻应变式传感器

电阻应变式传感器是利用电阻应变片将应变转换为电阻值变化的传感器。应变式传感器由弹性元器件、应变片、附件（补偿元器件、保护罩等）组成。电阻应变式传感器原理图如图 2-2 所示。

应变片要将应变直接转换成电阻的变化，须先将其他物理量（力、压力、加速度等）转换成应变-弹性元器件。

应变：物体在外部压力或拉力作用下发生形变的现象。

弹性应变：在外力去除后，物体能够完全恢复其原来的尺寸和形状。

弹性元器件：具有弹性应变特性的物体。

工作原理：当被测物理量作用于弹性元器件上时，弹性元器件在力、力矩或压力等的作用下发生变形，产生相应的应变或位移，然后传递给与之相连的应变片，引起应变片的电阻值变化，通过测量电路转换成电量输出。输出的电量大小反映被测量的大小。

结构：应变式传感器由弹性元器件上的粘贴电阻应变片构成。

应用：广泛用于力、力矩、压力、加速度、重量等参数的测量。

（1）电阻应变效应

电阻应变片的工作原理是基于应变效应，即导体或半导体材料在外界力的作用下产生机械变形时，其电阻值相应发生变化，这种现象称为应变效应。

（2）电阻应变片的结构

金属电阻应变片的结构如图 2-3 所示。

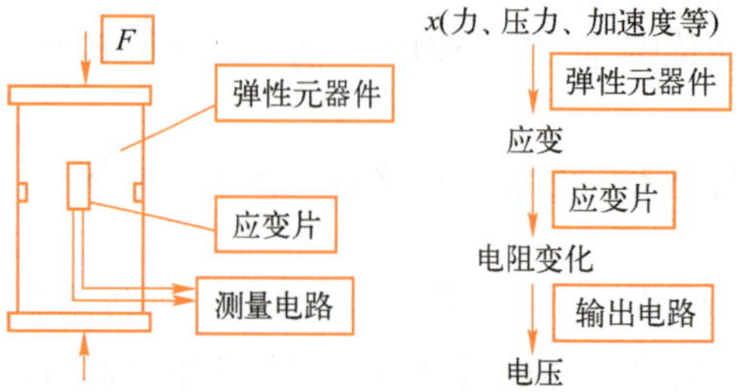

图 2-2 电阻应变式传感器原理图

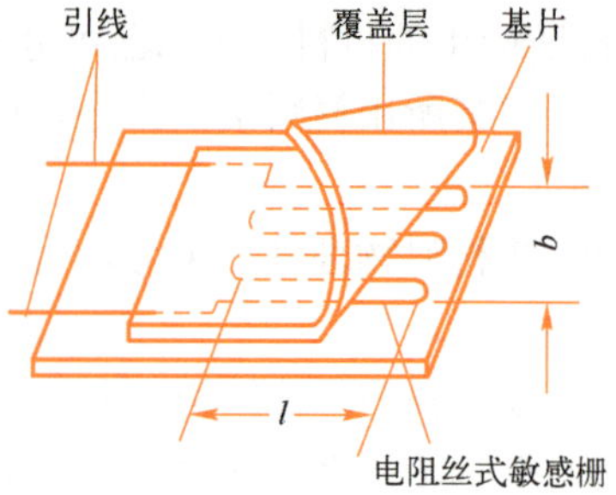

图 2-3 金属电阻应变片的结构

（3）电阻应变式传感器的应用

1）电阻应变式力传感器。

被测物理量：荷重或力。

主要用途：作为各种电子秤与材料试验机的测力元器件、发动机的推力测试、水坝坝体承载状况监测等。力传感器的弹性元器件有柱式、筒式、环式及悬臂式等。

2）电阻应变式压力传感器。主要用来测量流动介质的动态或静态压力，应变片压力传感器大多采用膜片式或筒式弹性元器件。

3）电阻应变式容器内液体重量传感器。感压膜感受上面液体的压力。

4）电阻应变式加速度传感器。用于物体加速度的测量，依据 $a=F/m$。电阻应变式加速度传感器结构图如图 2-4 所示。

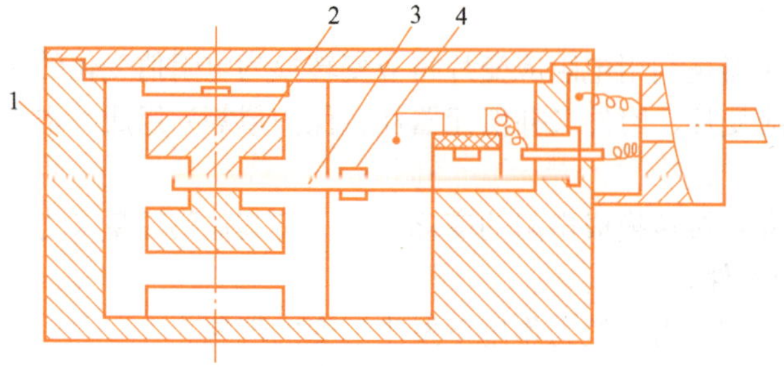

图 2-4 电阻应变式加速度传感器结构图

1—元体 2—质量块 3—等强度渠 4—电阻应变敏感元器件

2. 电容式传感器

（1）电容式传感器的工作原理

由绝缘介质分开的两个平行金属板组成的平板电容器，如果不考虑边缘效应，其电容量为

电容式传感器的工作原理

$$C=\frac{\varepsilon S}{d}$$

当被测参数变化使得 S、d 或 ε 发生变化时，电容量 C 也随之变化。

如果保持其中两个参数不变，而仅改变其中一个参数，就可把该参数的变化转换为电容量的变化，通过测量电路就可转换为电量输出。

（2）电容式传感器的分类

电容式传感器可分为变间隙型、变面积型和变介质型 3 种。

1）变间隙型电容式传感器。变间隙型电容式传感器原理示意图如图 2-5 所示。

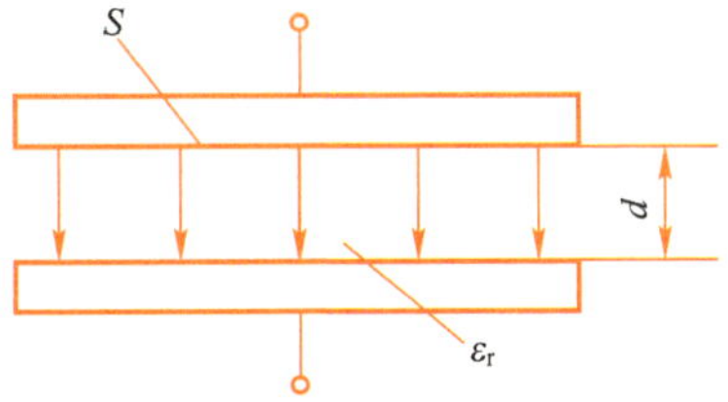

图 2-5 变间隙型电容式传感器原理示意图

S—平板面积 d—极距 ε_r—相对介电常数

当传感器的 ε_r 和 S 为常数、初始极距为 d_0 时，初始电容量 C_0 为

$$C_0 = \frac{\varepsilon_0 \varepsilon_r S}{d_0}$$

若电容器极板间距离由初始值 d_0 缩小了 Δd，电容量增大了 ΔC，则有

$$C = C_0 + \Delta C = \frac{\varepsilon_0 \varepsilon_r S}{d_0 - \Delta d} = \frac{C_0}{1 - \dfrac{\Delta d}{d_0}}$$

式中，若 $\Delta d/d_0 << 1$，则展成级数，有

$$C = C_0 \left[1 + \frac{\Delta d}{d_0} + \left(\frac{\Delta d}{d_0} \right)^2 + \left(\frac{\Delta d}{d_0} \right)^3 + \cdots \right] \approx C_0 \left[1 + \frac{\Delta d}{d_0} \right]$$

此时 C 与 Δd 近似呈线性关系，所以变间隙型电容式传感器只有在 $\Delta d/d_0$ 很小时，才有近似的线性关系。

另外，在 d_0 较小时，同样的 Δd 所引起的 ΔC 增大，从而使传感器灵敏度提高。但 d_0 过小，容易引起电容器击穿或短路。为此，极板间可采用高介电常数的材料（云母、塑料膜等）作介质。放置云母片的电容器的结构如图 2-6 所示，此时电容 C 变为

$$C = \frac{S}{\dfrac{d_g}{\varepsilon_0 \varepsilon_g} + \dfrac{d_0}{\varepsilon_0}}$$

式中，ε_g 为云母的相对介电常数，ε_g=7；ε_0 为空气的介电常数，ε_0=1；d_0 为空气隙厚度；d_g 为云母片的厚度。

云母片的相对介电常数是空气的 7 倍，其击穿电压不小于 1000kV/mm，而空气的击穿电压仅为 3kV/mm。因此有了云母片，极板间起始距离可大大减小。

一般变间隙电容式传感器的起始电容为 20～100pF，极距为 25～200μm。最大位移应

小于极距的 1/10，故在微位移测量中应用最广。

2）变面积型电容式传感器。变面积型电容式传感器原理示意图如图 2-7 所示。被测对象通过动极板移动引起两极板有效覆盖面积 S 改变，从而得到电容量的变化。当动极板相对于定极板沿长度方向平移 Δx 时，则电容变化量为

$$\Delta C = C - C_0 = \frac{\varepsilon_0 \varepsilon_r \Delta x \cdot b}{d}$$

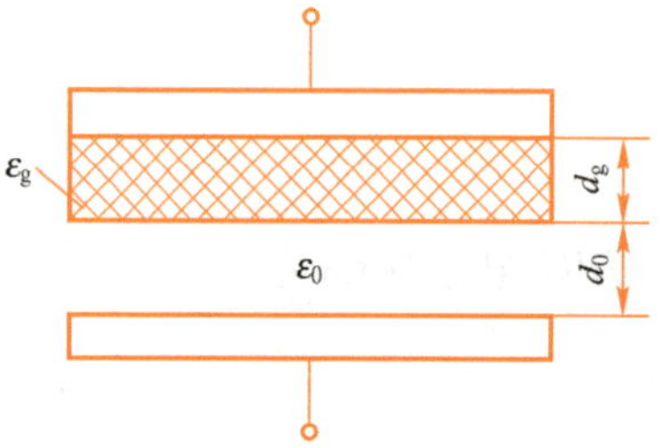

图 2-6　放置云母片的电容器的结构

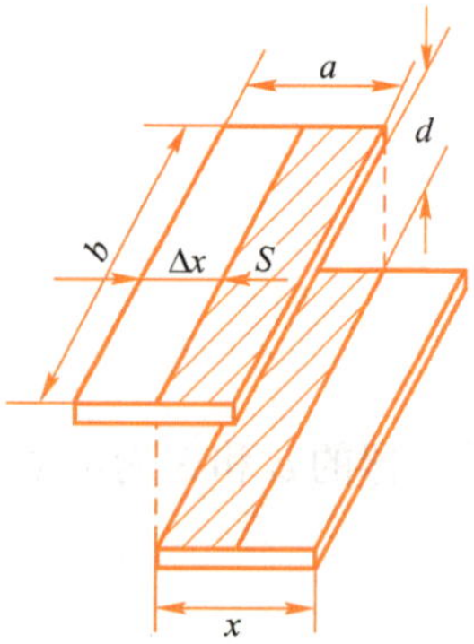

图 2-7　变面积型电容式传感器原理示意图

式中，$C_0=\varepsilon_0\varepsilon_r ba/d$ 为初始电容。电容相对变化量为

$$\frac{\Delta C}{C_0} = \frac{\Delta x}{a}$$

这种传感器的电容量变化 ΔC 与水平位移 Δx 呈线性关系。

3）变介质型电容式传感器。电容式液位变换器结构原理图如图 2-8 所示。

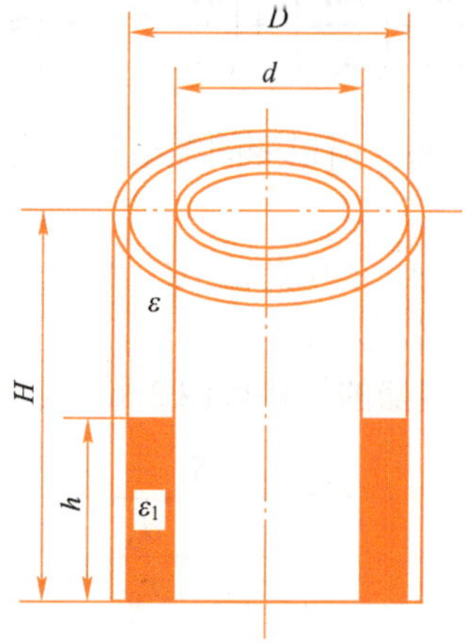

图 2-8　电容式液位变换器结构原理图

此时变换器电容值为

$$C = \frac{2\pi\varepsilon_1 h}{\ln\dfrac{D}{d}} + \frac{2\pi\varepsilon(H-h)}{\ln\dfrac{D}{d}} = \frac{2\pi\varepsilon H}{\ln\dfrac{D}{d}} + \frac{2\pi h(\varepsilon_1 - \varepsilon)}{\ln\dfrac{D}{d}} = C_0 + \frac{2\pi h(\varepsilon_1 - \varepsilon)}{\ln\dfrac{D}{d}}$$

$$C_0 = \frac{2\pi\varepsilon H}{\ln\frac{D}{d}}$$

式中，C_0为由变换器的基本尺寸决定的初始电容值，可见，此变换器的电容增量正比于被测液位高度 h。

3. 电感式传感器

电感式传感器的工作原理是基于电磁感应原理，它是把被测量转化为电感量变化的一种装置。按照转换方式的不同，可将传感器分为自感式（包括可变磁阻式与涡流式）和互感式（差动变压器式）两种。

（1）自感式电感传感器

自感式电感传感器主要有变间隙型、变面积型和螺管型 3 种类型。由线圈、铁心和衔铁 3 部分组成。铁心和衔铁由导磁材料制成。

在铁心和衔铁之间有气隙，传感器的运动部分与衔铁相连。当衔铁移动时，气隙厚度 δ 发生改变，引起磁路中磁阻变化，从而导致电感线圈的电感值变化，因此只要能测出这种电感量的变化，就能确定衔铁位移量的大小和方向。

（2）互感式电感传感器

把被测的非电量变化转换为线圈互感变化的电感传感器称为互感式电感传感器。这种传感器是根据变压器的基本原理制成的，并且二次绕组用差动形式联接，故称差动变压器式传感器。

差动变压器式传感器的结构形式分为变间隙式、变面积式和螺线管式等。

在非电量测量中，应用最多的是螺线管式差动变压器，它可以测量 1～100mm 的机械位移，并具有测量精度高、灵敏度高、结构简单、性能可靠等优点。

1）互感式传感器的工作原理。互感式传感器的工作原理类似变压器的工作原理。

2）螺线管式差动变压器结构如图 2-9 所示，其等效电路如图 2-10 所示。

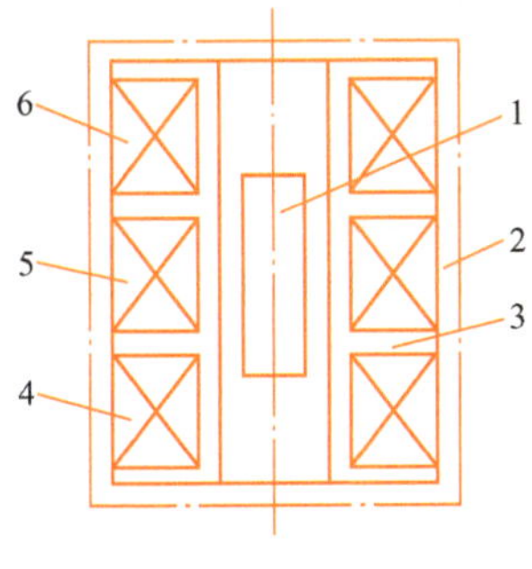

图 2-9 螺线管式差动变压器结构

1—活动衔铁 2—导磁外壳 3—骨架

4—匝数为 N_{2a} 的二次绕组 5—匝数为 N_1 的一次绕组

6—匝数为 N_{2b} 的二次绕组

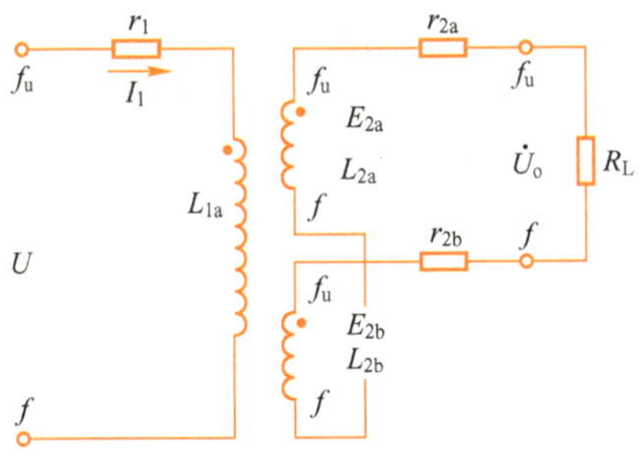

图 2-10 螺线管式差动变压器等效电路

4. 热电式传感器

热电式传感器主要有热电偶和热电阻两种类型。

（1）热电偶

由两种导体的组合并将温度转化为热电动势的传感器叫作热电偶。热电偶作为温度传感器，测得与温度相应的热电动势，由仪表显示出温度值。它广泛用来测量-200～1300℃范围内的温度，特殊情况下，可测 2800℃的高温或-270℃的低温。它具有结构简单、价格低、准确度高、测温范围广等特点。热电偶将温度转化成电量进行检测，使温度的测量、控制以及对温度信号的放大、变换都很方便，适用于远距离测量和自动控制。

热电偶工作原理如下。

热电效应：两种不同材料的导体（或半导体）组成一个闭合回路，当两接点温度 T 和 T_0 不同时，在该回路中就会产生电动势的现象。

热电动势：由两种导体的接触电动势（珀尔贴电势）和单一导体的温差电动势（汤姆逊电势）所组成。热电动势的大小与两种导体材料的性质及接点温度有关。

接触电动势：因两种不同导体的自由电子密度不同而在接触处形成的电动势。

温差电动势：由于同一导体两端的温度不同而产生的电动势。

导体内部的电子密度是不同的，当两种电子密度不同的导体 A 与 B 接触时，接触面上就会发生电子扩散，电子从电子密度高的导体流向密度低的导体。电子扩散的速率与两种导体的电子密度有关，并与接触区的温度成正比。设导体 A 和 B 的自由电子密度为 N_A 和 N_B，且 $N_A>N_B$，电子扩散的结果使导体 A 失去电子而带正电，导体 B 则获得电子而带负电，在接触面形成电场。这个电场阻碍了电子的扩散，当达到动态平衡时，在接触区就形成一个稳定的电位差，即接触电势，其大小为

$$e_{AB} = (kT/e)\ln(N_A/N_B)$$

式中，k 为玻耳兹曼常数，$k=1.38\times10^{-23}$J/K；e 为电子电荷量，$e=1.6\times10^{-19}$C；T 为接触处的温度，单位是 K；N_A，N_B 分别为导体 A 和 B 的自由电子密度。

因导体两端温度不同而产生的电动势称为温差电势。由于温度梯度的存在改变了电子的能量分布，高温端（T）电子将向低温端（T_0）扩散，致使高温端因失去电子而带正电，低温端因获电子而带负电。因而在同一导体两端也产生电位差，并阻止电子从高温端向低温端扩散，于是电子扩散形成动平衡，此时所建立的电位差称为温差电势，即汤姆孙电势，它与温度的关系为

$$e = \int_{T_0}^{T} \sigma \mathrm{d}T$$

式中，σ 为汤姆孙系数，表示温差 1℃所产生的电动势值，其大小与材料性质及两端的温度有关。

导体 A 和 B 组成的热电偶闭合回路在两个接点处有两个接触电势 $e_{AB}(T)$与 $e_{AB}(T_0)$，又因为 $T>T_0$，在导体 A 和 B 中还各有一个温差电势。所以闭合回路总热电动势 $E_{AB}(T,T_0)$应为接触电动势和温差电势的代数和，即

$$E_{AB}(T,T_0)=e_{AB}(T)-e_{AB}(T_0)-\int_{T_0}^{T}(\sigma_A-\sigma_B)dT$$

对于已选定的热电偶，当参考温度恒定时，总热电动势就变成测量端温度 T 的单值函数，即 $E_{AB}(T,T_0)=f(T)$。这就是热电偶测量温度的基本原理。

在实际测温时，必须在热电偶闭合回路中引入联接导线和仪表。

（2）热电偶基本定律

1）中间导体定律。在热电偶闭合回路中接入第 3 种材料的导体，只要两端的温度相等，该导体的接入就不会影响热电偶闭合回路的总热电动势。根据这一定则，可以将热电偶的一个接点断开后接入第 3 种导体，也可以将热电偶的一种导体断开后接入第 3 种导体，只要每一种导体的两端温度相同，就不影响回路的总热电动势。在实际测温电路中，必须有联接导线和显示仪器，若把联接导线和显示仪器看成第 3 种导体，只要它们的两端温度相同，就不影响总热电动势。

2）中间温度定律。在热电偶测温回路中，t_c 为热电极上某一点的温度，热电偶 AB 在接点温度为 t、t_0 时的热电势 $e_{AB}(t, t_0)$等于热电偶 AB 在接点温度 t、t_c 和 t_c、t_0 时的热电势 $e_{AB}(t, t_c)$和 $e_{AB}(tc, t_0)$的代数和，即

$$e_{AB}(t,t_0)=e_{AB}(t,t_c)+e_{AB}(t_c,t_0)$$

3）标准导体（电极）定律。如果两种导体分别与第 3 种导体组成的热电偶所产生的热电动势已知，那么由这两种导体组成的热电偶所产生的热电动势也就已知，这个定律就称为标准电极定律。

4）均质导体定律。由一种均质导体组成的闭合回路，不论导体的横截面积、长度以及温度分布如何，都不产生热电动势。如果热电偶的两根热电极由两种均质导体组成，那么，热电偶的热电动势仅与两接点的温度有关，与热电偶的温度分布无关；如果热电极为非均质电极，并处于具有温度梯度的温场，就将产生附加电势，如果仅从热电偶的热电动势大小来判断温度的高低，就会引起误差。

（3）热电偶的材料与结构

1）热电偶的材料。适于制作热电偶的材料有 300 多种，其中广泛应用的有 40～50 种。国际电工委员会向世界各国推荐 8 种热电偶作为标准化热电偶。我国标准化热电偶也有 8 种，分别是铂铑 10-铂（分度号为 S）、铂铑 13-铂（R）、铂铑 30-铂铑 6（B）、镍铬-镍硅（K）、镍铬-康铜（E）、铁-康铜（J）、铜-康铜（T）和镍铬硅-镍硅（N）。

2）热电偶的结构。

① 普通型热电偶：主要用于测量气体、蒸气和液体等介质的温度。

② 铠装热电偶：由金属保护套管、绝缘材料和热电极 3 者组合成一体的特殊结构的热电偶。

③ 薄膜热电偶：用真空蒸镀的方法，把热电极材料蒸镀在绝缘基板上而制成。测量端既小又薄，厚度约为几微米，热容量小，响应速度快，便于敷贴。

（4）热电偶冷端的温度补偿

根据热电偶测温原理，只有当热电偶参考端的温度保持不变时，热电动势才是被测温度的单值函数。我们经常使用的分度表及显示仪表，都是以热电偶参考端的温度为 0℃为

先决条件的。但是在实际使用中，因热电偶长度受到一定限制，参考端温度直接受到被测介质与环境温度的影响，不仅难以保持 0℃，而且往往是波动的，无法进行参考端温度修正。因此，要使变化很大的参考端温度恒定下来，通常采用以下方法：0℃恒温法、冷端温度修正法、补偿导线法。

（5）热电阻

1）热电阻。温度升高会使金属内部原子晶格的振动加剧，从而使金属内部的自由电子通过金属导体时的阻碍增大，宏观上表现出电阻率变大，电阻值增加，称其为正温度系数，即电阻值与温度的变化趋势相同。

电阻温度计是利用导体或半导体的电阻值随温度的变化来测量温度的元器件，它由热电阻体（感温元器件）联接导线和显示或记录仪表构成。习惯上将用作标准的热电阻体称为标准温度计，而将工作用的热电阻体直接称为热电阻。热电阻被广泛用来测量-200～850℃范围内的温度，少数情况下，低温可至 1K（-272.15℃），高温可达 1000℃。在常用的电阻温度计中，标准铂电阻温度计的准确度最高，并作为国际温标中 961.78℃以下内插用标准温度计。同热电偶相比，热电阻具有准确度高、输出信号大、灵敏度高、测温范围广、稳定性好及输出线性好等特性；但结构复杂，尺寸较大，因此热响应时间长，不适于测量体积小和温度瞬变区域。

热电阻按感温元器件的材质划分，可分为金属导体与半导体两类。金属导体有铂、铜、镍、铑铁及铂钴合金等，在工业生产中大量使用的有铂、铜两种热电阻；半导体有锗、碳和热敏电阻等。按准确度等级划分，可分为标准电阻温度计和工业热电阻；按结构划分，可分为薄膜型和铠装型等。

① 铂热电阻。铂的物理化学性能极为稳定，并有良好的工艺性。以铂作为感温元器件具有示值稳定、测量准确度高等优点，其使用范围是-200～850℃。除作为温度标准外，铂热电阻还广泛用于高精度的工业测量。

② 铜热电阻。铜热电阻的使用范围是-50～150℃，具有电阻温度系数大、价格低、互换性好等优点，但它固有电阻太小。另外，铜在 250℃以上易氧化。铜热电阻在工业中的应用逐渐减少。

2）热敏电阻。热敏电阻有负温度系数（NTC）热敏电阻和正温度系数（PTC）热敏电阻之分。

NTC 热敏电阻又可分为两大类。第一类用于测量温度，它的电阻值与温度之间呈严格的负指数关系；第二类为突变型（CTR），当温度上升到某临界点时，其电阻值突然下降。

热敏电阻是一种电阻值随其温度成指数变化的半导体热敏元器件。热敏电阻广泛应用于家用电器、汽车、测量仪器等领域。优点是电阻温度系数大，灵敏度高，比一般金属电阻大 10～100 倍；结构简单，体积小，可以测量“点”温度；电阻率高，热惯性小，适宜动态测量；功耗小，不需要参考端补偿，适于远距离的测量与控制。缺点是阻值与温度的关系呈非线性，元器件的稳定性和互换性较差。除高温热敏电阻外，热敏电阻不能用于 350℃以上的高温。

热敏电阻是有两种以上的过渡金属锰（Mn）、钴（Co）、氮（N）、铁（Fe）等复合氧化物构成的烧结体，根据组成的不同，可以调整它的常温电阻及温度特性。多数热敏电阻具有负温度系数，即当温度升高时电阻值下降，同时灵敏度也下降。

5. 霍尔传感器

霍尔传感器是一种磁电式传感器。它是一种利用霍尔元器件的霍尔效应原理而将被测量转换成电动势输出的传感器。由于霍尔元器件在静止状态下具有感受磁场的独特能力，并且具有结构简单、体积小、噪声小、频率范围宽（从直流到微波）、动态范围大（输出电势变化范围可达 1000∶1）、寿命长等特点，因此霍尔传感器获得了广泛应用。例如，在测量技术中用于将位移、力、加速度等量转换为电量的传感器；在计算技术中用作加、减、乘、除、开方、乘方以及微积分等运算的运算器等。

（1）霍尔元器件的工作原理

霍尔元器件赖以工作的物理基础是霍尔效应。

1）霍尔效应。半导体薄片置于磁感应强度为 B 的磁场中，磁场方向垂直于薄片，当有电流 I 流过薄片时，在垂直于电流和磁场的方向上将产生电动势 E_H，这种现象称为霍尔效应。

流入激励电流端的电流 I 越大、作用在薄片上的磁感应强度 B 越强，霍尔电势就越高。

霍尔电势 E_H 可表示为

$$E_H=k_H IB$$

式中，k_H 为灵敏度系数，与载流材料的物理性质和几何尺寸有关，表示在单位磁感应强度和单位控制电流时的霍尔电势的大小。

2）霍尔元器件的结构及特性。霍尔元器件是一种四端元器件。比较常用的霍尔元器件有 3 种结构，即单端引出线型、卧式型和双端引出线型。

（2）霍尔集成电路

霍尔集成电路可分为线性型和开关型两大类。一类是线性型霍尔集成电路，是将霍尔元器件和恒流源、线性差动放大器等做在一个芯片上，输出电压为伏级，比直接使用霍尔元器件方便得多。较典型的线性型霍尔集成电路如 UGN3501 等。另一类是开关型霍尔集成电路，是将霍尔元器件、稳压电路、放大器、施密特触发器及集电极开路输出门（OC 门）等电路做在同一个芯片上。当外加磁场强度超过规定的工作点时，OC 门由高阻态变为导通状态，输出变为低电平；当外加磁场强度低于释放点时，OC 门重新变为高阻态，输出高电平。较典型的开关型霍尔集成电路如 UGN3020 等。

（3）霍尔传感器的应用

霍尔电势是关于 I、B、θ 三个变量的函数，即 $E_H=k_H IB\cos\theta$。可以使其中两个量不变，将第 3 个量作为变量，或者固定其中一个量，其余两个量都作为变量。这使得霍尔传感器有许多用途，主要有电流的测量、位移的测量、角位移及转速的测量、运动位置的测量。

6. 压电式传感器

（1）压电效应

某些电介质，当沿着一定方向对其施力而使它变形时，其内部就产生极化现象，同时在它的两个表面上便产生极性相反的电荷，在去掉外力后，又重新恢复到不带电状态。这种现象称为压电效应。当作用力方向改变时，电荷的极性也随之改变。有时人们把这种机械能转换为电能的现象，称为正压电效应。相反，在电介质极化方向施加电场，这些电介质也会产生几何变形，这种现象称为逆压电效应（电致伸缩效应）。

（2）压电材料

具有压电效应的材料称为压电材料。

1）单晶压电晶体。石英晶体化学式为 SiO_2，是单晶体结构。图 2-11 所示为天然结构的石英晶体外形、切割方向和晶片示意图，它是一个正六面体。石英晶体各个方向的特性是不同的。其中纵向轴 z 称为光轴，经过六面体棱线并垂直于光轴的 x 轴称为电轴，与 x 轴和 z 轴同时垂直的 y 轴称为机械轴。通常把沿电轴 x 方向的力作用下产生电荷的压电效应称为纵向压电效应，而把沿机械轴 y 方向的力作用下产生电荷的压电效应称为横向压电效应，而当沿光轴 z 方向的力作用时不产生压电效应。

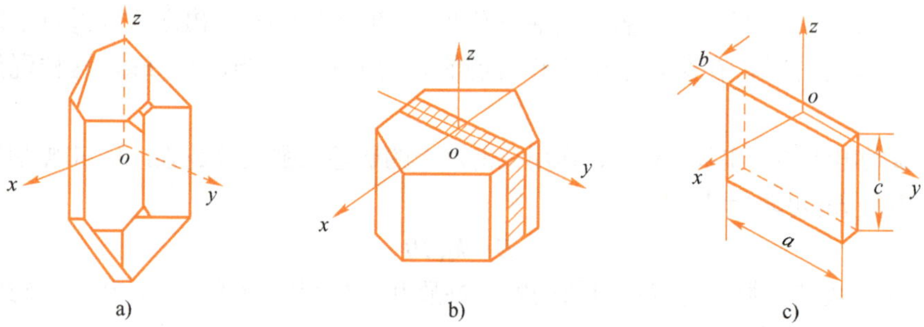

图 2-11 天然结构的石英晶体外形、切割方向和晶片示意图

a) 晶体外形 b) 切割方向 c) 晶片

2）多晶压电陶瓷。压电陶瓷是人工制造的多晶体压电材料。材料内部的晶粒有许多自发极化的电畴，它有一定的极化方向，从而存在电场。在无外电场作用时，电畴在晶体中杂乱分布，它们各自的极化效应被相互抵消，使压电陶瓷内极化强度为零。因此，原始的压电陶瓷呈中性，不具有压电性质。

在陶瓷上施加外电场时，电畴的极化方向发生转动，趋向于按外电场方向排列，从而使材料得到极化。外电场越强，就越有更多的电畴更完全地转向外电场方向。当让外电场强度大到使材料的极化达到饱和的程度，即所有电畴极化方向都整齐地与外电场方向一致时，在去掉外电场后，电畴的极化方向基本变化，即剩余极化强度很大，这时的材料才具有压电特性。

3）新型压电材料。新型压电材料主要有有机压电薄膜和压电半导体等。

（3）等效电路

由压电元器件的工作原理可知，压电式传感器可以看作一个电荷发生器。同时，它也是一个电容器，晶体上聚集正负电荷的两表面相当于电容的两个极板，极板间物质等效于一种介质，则其电容量为

$$C_a = \frac{\varepsilon_r \varepsilon_0 S}{d}$$

式中，S 为压电片的面积；d 为压电片的厚度；ε_r 为压电材料的相对介电常数。

因此，压电传感器可以等效为一个与电容相串联的电压源，如图 2-12a 所示，电容器上的电压 U_a、电荷量 q 和电容量 C_a 三者关系为

$$U_a = \frac{q}{C_a}$$

压电传感器也可以等效为一个电荷源，如图 2-12b 所示。

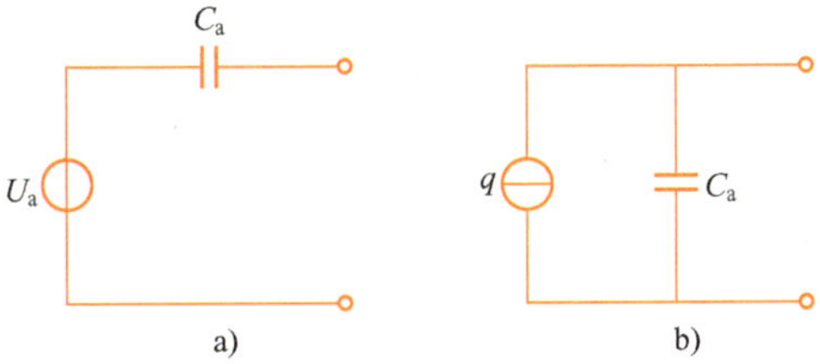

图 2-12　压电传感器的等效电路

a) 电压源　b) 电荷源

压电传感器在实际使用时总要与测量仪器或测量电路相联接，因此还需考虑联接电缆的等效电容 C_e、放大器的输入电阻 R_i、输入电容 C_i 以及压电传感器的泄漏电阻 R_a。这样，在测量系统中，压电传感器的实际等效电路如图 2-13 所示。

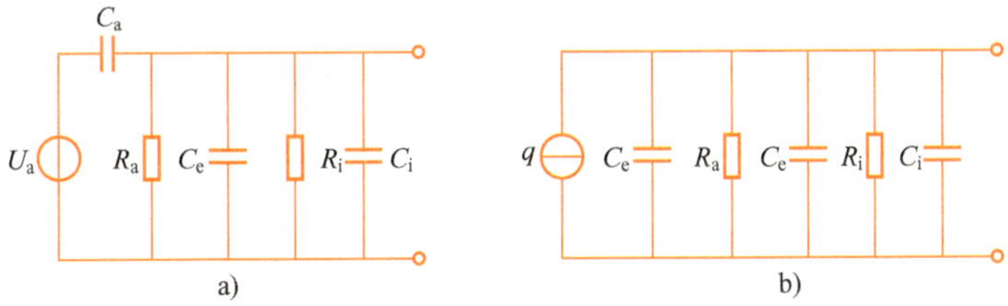

图 2-13　压电传感器的实际等效电路

a) 电压源　b) 电荷源

7. 光纤传感器

光纤传感器是 20 世纪 70 年代中期发展起来的一种新技术，它是伴随着光纤及光通信技术的发展而逐步形成的。

光纤传感器和传统的各类传感器相比有一定的优点，如不受电磁干扰，体积小，重量轻，可绕曲，灵敏度高，耐腐蚀，高绝缘强度，防爆性好，集传感与传输于一体，能与数字通信系统兼容等。

（1）光纤结构

光导纤维简称为光纤，它是一种特殊结构的光学纤维，由纤芯、包层和护层组成。

（2）光纤传感器的工作原理

众所周知，光在空间是沿直线传播的。在光纤中，光的传输限制在光纤中，并随着光纤能传送很远的距离，光纤的传输是基于光的全内反射。

光纤传感器的工作原理实际上是光在调制区内，外界信号（温度、压力、应变、位

移、振动及电场等）与光的相互作用，即研究光被外界参数的调制原理。外界信号可能引起光的强度、波长、频率、相位及偏振态等光学性质的变化，从而形成不同的调制。

光纤传感器一般分为两大类。一类是利用光纤本身的某种敏感特性或功能制成的传感器，称为功能型光纤（Functional Fiber，FF）传感器，又称为传感型传感器；另一类是光纤仅仅起传输光的作用，它在光纤端面或中间加装其他敏感元器件感受被测量的变化，这类传感器称为非功能型光纤（Non Functional Fiber，NFF）传感器，又称为传光型传感器。

（3）光纤传感器的特点

光纤传感器的主要特点有抗电磁干扰、电绝缘、耐腐蚀、灵敏度高、重量轻、体积小及可弯曲等，其测量对象广泛，对被测介质的影响小。

2.2 无线传感器网络

2.2.1 无线传感器网络的结构

1. 无线传感器网络的组成

2.2.1 无线传感器网络的结构

无线传感器网络（WSN）集中了传感器技术、嵌入式计算技术和无线通信技术，能协作地感知、收集和测控各种环境下的感知对象，通过对感知信息的协作式数据处理，获得感知对象的准确信息，然后通过 Ad-Hoc 方式传送给需要这些信息的用户。协作地感知、采集、处理、发布感知信息是无线传感器网络的基本功能。

由对无线传感器网络的描述可知，无线传感器网络包含传感器、感知对象和观察者 3 个基本要素。一般情况下，无线传感器网络由传感器节点、汇聚节点、互联网和远程用户管理节点组成。图 2-14 所示为无线传感器网络组成框图。

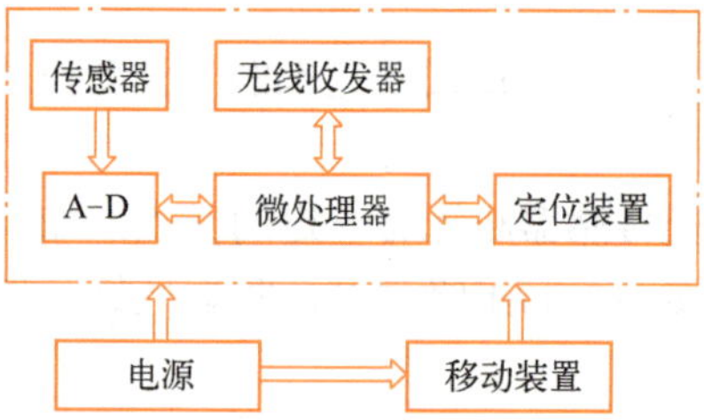

图 2-14　无线传感器网络组成框图

无线传感器网络是由大量体积小、成本低、具有无线通信和数据处理能力的传感器节点组成的。传感器节点一般由传感器、微处理器、无线收发器和电源组成，有的还包括定位装置和移动装置。

无线传感器网络由许多密集分布的传感器节点组成，每个节点的功能都是相同的，它们通过无线通信的方式自适应地组成一个无线网络。各个传感器节点将自己所探测到的有用信息，通过多跳中转的方式向指挥中心（主机）报告。传感器节点配备满足不同应用需求的传感器，如温度传感器、湿度传感器、光照度传感器、红外线感应器、位移传感器及压力传感器等。典型无线传感器网络结构图如图 2-15 所示。

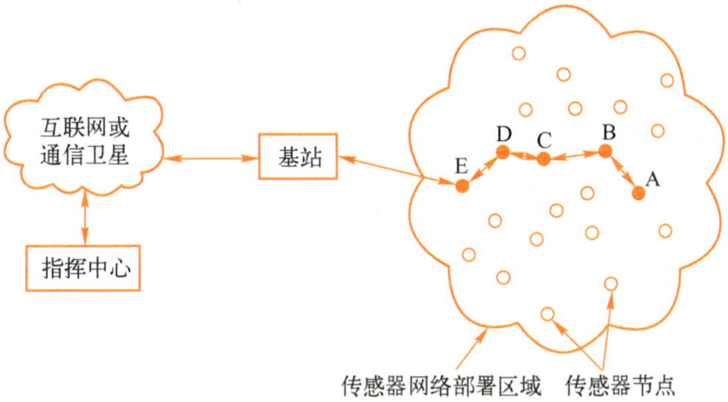

图 2-15　典型无线传感器网络结构图

2. 节点单元硬件总体结构

无线传感器网络节点主要完成信息采集、数据处理以及数据回传等功能，其硬件平台主要包括微控制器单元（MCU）、通信模块、传感器模块和供电单元等几部分。无线传感器网络节点硬件系统框图如图 2-16 所示。

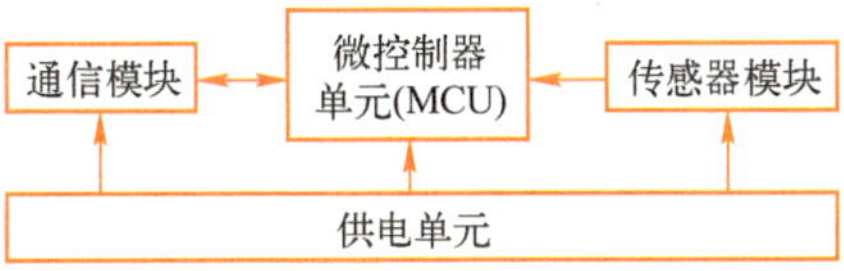

图 2-16　无线传感器网络节点硬件系统框图

1）微控制器单元是无线传感器网络节点的核心部分，主要完成 3 部分的工作：第一是接收来自传感器的监测数据，对数据进行处理和计算，并通过通信模块发送出去；第二是读取通信模块接收到的数据及控制信息，进行数据处理，并对硬件平台或控制目标进行控制；第三是对通信协议进行处理，完成在无线传感器网络通信过程中的 MAC（媒体访问控制）、路由协议处理等。无线传感器网络节点微控制器的选择，需要针对传感器节点应用需求综合考虑其在处理能力、存储空间、能耗、外围接口等多方面因素。不同的硬件平台所使用的微处理器也不相同。典型的微处理器比较如表 2-1 所示。

表 2-1　典型的微处理器比较

厂　商	芯 片 型 号	RAM 容量/KB	FLASH 容量/KB	正常工作电流/mA	睡眠模式下的电流/mA
Atmel	ATmega128	4	128	5.5	1
TI	MSP430F14×16 位	2	60	1.5	1
	MSP430F16×16 位	10	48	2	1
Intel	XScale PXA27X	256	1024	39	574

2）通信模块是传感器节点组网的必备组成部分，它使得独立的传感器节点之间可以相互联接，并能借助多跳功能将数据回传到汇聚节点。在进行通信模块硬件设计时应综合

考虑通信模块的处理能力和数据传输时的能耗，在满足通信功能的情况下尽可能地降低通信能耗，延长节点工作时间。在无线传感器网络中典型的无线通信技术比较如表 2-2 所示。

表 2-2 在无线传感器网络中典型的无线通信技术比较

无线技术	频率	距离/m	功耗	传输速率/（kbit/s）
Bluetooth	2.4GHz	10	低	10 000
802.1b	2.4GHz	100	高	11 000
ZigBee	2.4GHz	10～75	低	250
IrDA	红外	1	低	16 000
UWB	3.1～10.6GHz	10	低	100 000

3）传感器模块是无线传感器网络中负责采集监测环境或对象的相关信息的单元，与具体的应用需要紧密关联，不同的应用所涉及的监测信息也不相同。常用的传感器模块有温度传感器、湿度传感器、振动传感器、磁场传感器、照度传感器及气体传感器等。

4）供电单元是无线传感器网络的能量来源，供电技术的好坏决定了网络工作时间的长短和系统运行成本。在供电单元的选择上主要有高能量电池、燃料电池和能量转换电池等几种。但是当传感节点被放置在室内固定位置时，可以采用交流供电，此时节点功耗问题并不会影响系统成本和节点使用寿命。

针对不同的应用需求，会有不同的无线传感器网络硬件平台。典型的无线传感器网络硬件平台如表 2-3 所示。

表 2-3 典型的无线传感器网络硬件平台

节点名称	处理器（公司）	无线芯片（技术）	电池类型	发布日期/年
Rence	ATmega163（Atmel）	TF1000（RF）	AA	1999
Mica	ATmega128L（Atmel）	TF1000（RF）	AA	2001
Mica2/ Mica2Dot	ATmega128L（Atmel）	CC2420（ZigBee）	AA/Lithium	2002
MicaZ	ATmega128L（Atmel）	CC2420（ZigBee）	AA	2003
Telos	MSP430F149（TI）	CC2420（ZigBee）	AA	2004
TelosB	MSP430F1611（TI）	CC2420（ZigBee）	AA	2004
Zabranet	MSP430F149（TI）	9Xstream（RF）	Batteries	2004

3. 节点软件程序设计

完成了节点的硬件电路设计之后，就要对各个硬件模块编写驱动程序，使各个硬件模块在软件控制下按设计要求工作起来，以此检验硬件设计是否可行。

（1）TinyOS 操作系统

无线传感器网络节点是资源受限的嵌入式系统，尤其是其电能、内存和接口资源等。这决定了现有的一些嵌入式操作系统不能很好地适用于无线传感器网络节点，故无线传感器网络需要拥有适合于传感器网络应用的操作系统。

TinyOS 是由加州大学伯克利分校专门针对无线传感器网络开发的专业嵌入式操作系统，它以其组件化编程、事件驱动的执行模型、微型的内核以及良好的可移植性等特点受到广大无线传感器网络（WSN）应用开发研究人员的欢迎，是目前 WSN 领域主流的操作系统。

基于 TinyOS 的设计开发主要有以下特点。

- 基于组件的编程模型。
- 基于事件触发的并发执行模型。
- 基于主动消息的通信模型。

TinyOS 采用 nesC 语言实现，nesC 在 C 语言基础上进行了扩展，将组件化思想与事件驱动的并发执行模型结合起来，提高了应用开发的方便性和执行的有效性。

在传感器网络中，单个传感器节点的硬件资源有限，如果采用传统的进程调度方式，硬件就无法提供足够的支持；同时，传感器网络节点的并发操作可能比较频繁，而且并发执行流程又很短，会使得传统的进程/线程调度无法适应。采用比一般线程更为简单的轻量级线程和两层调度的方式，可有效利用传感器节点的有限资源。在这种模式下，一般的轻量级线程（Task，即 TinyOS 中的任务）按照 FIFO 方式进行调度，轻量级线程之间不允许抢占；而硬件处理线程（Event，即 TinyOS 中的事件），即中断处理线程，可以打断用户的轻量级线程和低优先级的中断处理线程，对硬件中断进行快速响应。当然，对于共享资源需要通过原子操作或同步原语进行访问保护。

在通信协议方面，由于无线传感器节点的 CPU 和能量等资源有限，且构成传感器网络的节点个数可能成百上千，导致通信的并行度很高，因此传统的通信协议无法适应这样的环境。通过深入研究，TinyOS 的通信层采用主动消息通信协议。主动消息通信是一种基于事件驱动的高性能并行通信方式，以前主要用于计算机并行计算领域。在基于事件驱动的操作系统中，单个执行上下文可以被不同的执行逻辑所共享。TinyOS 是一个基于事件驱动的深度嵌入式操作系统，所以 TinyOS 中的系统模块可以快速响应基于主动消息通信协议的通信层传来的通信事件，有效地提高 CPU 的工作效率。

主动消息通信和二级调度策略的结合还有助于提高能量使用效率。节能操作的一个关键问题就是确定传感器节点何时进入省电模式，从而让整个系统进入某种省电模式（如休眠等状态）。TinyOS 的事件驱动机制迫使应用程序在完成通信工作后隐式地声明工作完成。而且在 TinyOS 的调度下，所有与通信事件相关联的任务在事件产生时可以迅速进行处理。在处理完毕且没有其他事件的情况下，CPU 将进入睡眠状态，等待下一个事件被激活。

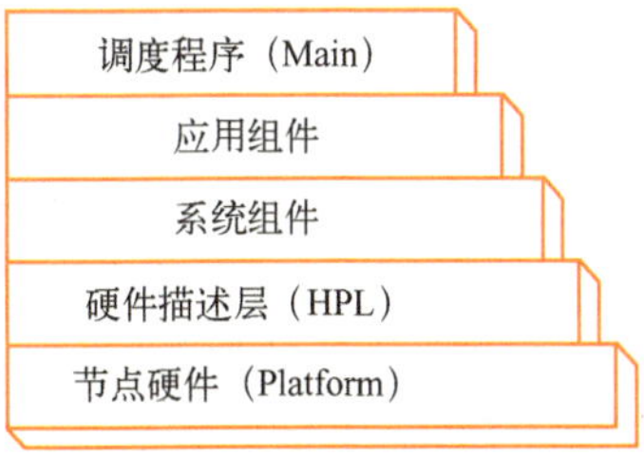

图 2-17　TinyOS 的系统结构图

TinyOS 的系统结构图如图 2-17 所示。

1）调度程序（Main）。调度程序包括与 Main( )相关联的所有代码，用来初始化硬件、启动任务调度器以及执行应用组件的初始化函数。

① 应用组件。该层组件是应用所定义的，用于实现具体应用的功能。

② 系统组件。该层组件用来为应用层组件提供服务。

2）硬件描述层（HPL）：该层组件是底层硬件的包装，屏蔽了底层硬件的特性，方便程序移植。

3）节点硬件（Platform）。TinyOS 支持的硬件平台依赖于节点类型。Mica、MicaZ 是基于 ATmega128L 的硬件平台，而 Telos、TelosB 是基于 MSP430 的硬件平台，可以在 TinyOS 的 TOS/Platform 文件夹下创建不同的平台。

TinyOS 的特定应用一般由以下几部分实现，即 Main 组件、一个可选择的系统组件集合以及为应用定义的组件。TinyOS 应用的体系结构使得用户不必关心 HPL 以及硬件表示层的具体实现细节和节点硬件提供的功能，只须会使用系统组件层提供的服务来满足应用的需求。HPL 层的独立抽象增强了 TinyOS 程序的可移植性，使应用程序可以移植到不同的平台上。

（2）软件调试开发环境构建

TinyOS 开发环境既可以工作在 Linux 环境下，也可以工作在 Windows 环境下。其开发环境主要由 TinyOS 应用程序编译器、IAR 在线下载调试工具和 JTAG 仿真器组成。TinyOS 开发环境结构图如图 2-18 所示。在该开发环境下，可以将由 nesC 编写的应用程序编译成可执行文件，并通过 IAR 在线下载调试工具和 JTAG 仿真器下载到节点中进行调试。

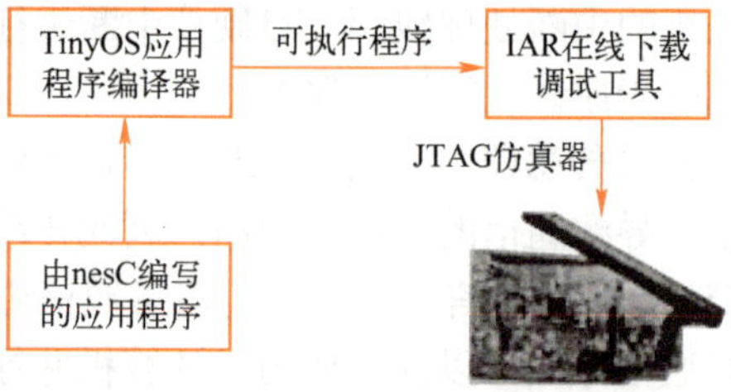

图 2-18 TinyOS 开发环境结构图

2.2.2 无线传感器网络的特点

无线传感器网络是集信息采集、数据传输、信息处理于一体的综合智能信息系统。具有广泛的应用前景，与传统网络相比，无线传感器网络具有许多显著的特点，具体如下。

1）传感器节点数量大，密度高，采用空间位置寻址。由于无线传感器比较小，并且成本低，功耗小，因此为了获取精确信息，通常在监测区域部署大量传感器节点，数量可达到成千上万，甚至更多。通过不同空间视角获得的信息具有更大的信噪比；通过分布式处理大量的采集信息能够提高监测的精确度，降低对单个节点传感器的精度要求；大量冗余节点的存在，使得系统具有很强的容错性能；大量节点能够增大覆盖的监测区域，减少洞穴或者盲区。

2）传感器节点的能量、计算能力和存储容量有限。传感器节点是一种微型嵌入式设备，要求它的价格低、功耗小，这些限制必然导致其携带的处理器能力比较弱、存储器容量比较小。同时大量节点在无人区或恶劣的环境条件下工作，更换电源比较困难，因此能量也有限。

3）传感器的拓扑结构易变化，具有自组织能力。从网络层次的方向来看，无线传感器的网络拓扑结构是变化不定的，例如，构成网络拓扑结构的传感器节点可以随时增加或者减少，网络拓扑结构图可以随时被分开或者合并。无线传感器网络的组建不受外界条件的限制，无论在何时何地，都可以快速地组建起一个功能完善的无线传感器网络，组建成功之后的维护管理工作也完全在网络内部进行。

4）无线传感器网络具有自动管理和高度协作性。在无线传感器网络中，数据处理由节点自身完成，这样就要求传感器网络系统能够适应这种自动管理和高度协作性。

5）无线传感器节点具有数据融合能力。由于传感器要执行的任务比较复杂，通常包括协作式采集、处理、存储以及传输信息，通过协作方式，传感器节点可以共同实现对对象的感知监测，得到完整的信息。

6）无线传感器网络是以数据为中心的网络。传感器网络中的节点采用节点编号标识，节点编号是否需要全网唯一取决于网络通信协议的设计。由于传感器节点随机部署，构成的传感器网络与节点编号之间的关系是完全动态的，表现为节点编号与节点位置没有必然联系。用户使用传感器网络查询事件时，直接将所关心的事件通告给网络，而不是通告给某个确定编号的节点。网络在获得指定事件的信息后汇报给用户。这种以数据本身作为查询或传输线索的思想更接近于自然语言交流的习惯。例如某个地区各种数据的监测，由于传感器成千上万，我们不能关注每一个节点的情况，只关注系统监测分析出的最终数据。

7）无线传感器网络存在诸多安全威胁。无线传感器网络采用无线方式传输信息，每个节点都是潜在的路由节点，因此传感器节点在传输信息的过程中很容易被外界入侵，受到攻击，从而导致信息的泄露和无线传感器网络的损坏，大部分无线传感器网络的节点都是暴露在外的，这大大降低了无线传感器网络的安全性。

2.2.3 无线传感器网络的应用

无线传感器网络的应用与具体的应用环境密切相关，因此针对不同的应用领域，存在性能不同的无线传感器网络系统。无线传感器网络在军事、环保、建筑、医疗卫生、智能交通等领域有广泛的应用，下面主要介绍其在军事和环保领域的应用。

1. 无线传感器网络在军事领域的应用

在军事应用领域，利用 WSN 能够实现监测敌军区域内的兵力和装备、实时监视战场状况、定位目标物、监测核攻击或者生物化学攻击等。在信息化战争中，战场信息的及时获取和反应对于整个战局的影响至关重要。WSN 由于具有生存能力强、探测精度高及成本低等特点，非常适合应用于恶劣的战场环境中，执行战场侦察与监控、目标定位、毁伤效果评估、核生化监测以及国土安全保护、边境监视等任务。

（1）战场侦察与监控

战场侦察与监控的基本思想，是在战场上布设大量的 WSN，以收集和中继信息，并对大量的原始数据进行过滤；然后把重要信息传送到数据融合中心，将大量信息集成为一幅战场全景图，以满足作战力量“知己知彼”的要求，大大提升指挥员对战场态势的感知水平。

典型的 WSN 应用方式是用飞行器将大量微传感器节点散布于战场地域，并自组成网，将战场信息边收集、边传输、边融合。系统软件通过解读传感器节点传输的数据内容，将它们与诸如公路、建筑、天气、单元位置等相关信息以及其他 WSN 的信息相互融合，向战场指挥员提供一个动态的、实时或近实时更新的战场信息数据库，为各作战平台更准确地制定战斗行动方案提供情报依据和服务，使情报侦察与获取能力产生质的飞跃。

对战场的监控可以分为对己方的监控和对敌方的监测，包括军事行动侦察与非军事行动的监测。通过在己方人员、装备上附带各种传感器，并将传感器采集的信息通过汇聚节点送至指挥所，同时融合来自战场的其他信息，可以形成己方完备的战场态势图，帮助指挥员及时准确地了解武器装备和军用物资的部署和供给情况。

通过飞机或其他手段在敌方阵地大量部署各种传感器，对潜在的地面目标进行探测与识别，可以使己方以远程、精确、低代价、隐蔽的方式近距离地观察敌方布防，迅速、全方位地收集利于作战的信息，并根据战况快速调整和部署新的 WSN，及时发现敌方企图和对己方的威胁程度。通过对关键区域和可能路线布控 WSN，可以实现对敌方全天候的严密监控。

（2）目标定位

在 WSN 中，感知目标信息的节点将感知信息广播（无线传送）到管理节点，再由管理节点融合感知信息，对目标位置进行判断，这一过程称为目标定位。目标定位是 WSN 的重要应用之一，为火力控制和制导系统提供精确的目标定位信息，从而实现对预定目标的精确打击。

由于 WSN 具有扩展性强、实时性和隐蔽性好等特点，因此它非常适合对运动目标进行跟踪定位，为指挥中心提供被跟踪对象的实时位置信息。WSN 的目标定位应用方式可以分为侦测、定位、报告 3 个阶段。在侦测阶段，每个传感器节点随机“启动”以探测可能的目标，并在目标出现后计算自身到目标的距离，同时向网络广播包括节点位置及与目标距离等内容的信息。在定位阶段，各节点根据接收到的目标方位与自身位置信息，通过三边测量或三角测量等方法，获得目标的位置信息，然后进入报告阶段。在报告阶段，WSN 会向距离目标较近的传感器节点广播消息，使之启动并加入跟踪过程，同时 WSN 将目标信息通过汇聚节点传输到管理节点或指挥所，以实现对目标的精确定位。

（3）毁伤效果评估

战场目标毁伤效果评估是对火力打击后目标毁伤情况的科学评价，是后续作战行动决策的重要依据。当前应用较多的目标毁伤效果评估系统主要依托于无人机、侦察卫星等手段，但这些手段均受到飞行距离近、过顶时间短、敌方打击威胁或天气等因素的制约，无法全天候对打击的目标进行近距离侦查并对毁伤效果作出正确评估。

在 WSN 系统中，价格低、生存能力强的传感器节点可以通过飞机或火力打击时的导弹、精确制导炸弹散布于攻击目标周围。在火力打击之后，传感器节点通过对目标的可见光、无线电通信、人员部署等信息进行收集、传递，并经过管理节点进行相关指标分析，可以使作战指挥员及时准确地进行战场目标毁伤效果评估。一方面使指挥员能够掌握火力打击任务的完成情况，适时调整火力打击计划和火力打击重点，为实施正确的决策提供科学依据；另一方面，可以最大限度地优化打击火力配置，集中优势火力对关键目标进行打击，从而大大提高作战资源利用率。

（4）核生化监测

将微小的传感器节点部署到战场环境中形成自主工作的 WSN 系统，并让其负责采集有关核生化数据的信息，形成低成本、高可靠的核生化攻击预警系统。这一系统可以在不耗费人员战斗力的条件下，及时而准确地发现己方阵地上的核生化污染，为参战人员提供宝贵的快速反应时间，从而尽可能地减少人员伤亡和装备损失。

在核生化战争中，对爆炸中心附近及时、准确的数据采集工作非常重要。能否在最短的时间内监测到爆炸中心的相关参数，判断爆炸类型，并对产生的破坏情况进行估算，是快速采取应对措施的关键。这些工作常常需要专业人员携带装备进入污染区进行探测。而通过无人机、火箭弹等方式向爆炸中心附近布撒 WSN 传感器节点，依靠自主工作的 WSN 系统进行数据采集，则在遭受核生化袭击后无须派遣人员即可快速获取爆炸现场精确的探测数据，从而避免己方在进行核反应探测数据时直接暴露在核辐射环境中而受到核辐射的威胁。

2. 无线传感器网络在环保领域中的应用

（1）大气污染监测系统

大气污染监测系统采用无线传感器节点和云计算平台相结合的方式，实时监测和分析大气污染情况，为环保部门提供及时、准确、全面的数据。系统的架构包括 3 个主要部分：无线传感器节点、数据中心和用户终端。

1）无线传感器节点由多个传感器组成，可以实时采集空气中的各项污染指标数据。采集的数据通过无线通信方式传输到数据中心。

2）数据中心是整个系统的核心部分，它由数据处理模块、数据存储模块和数据分析模块组成。

- 数据处理模块主要对采集的数据进行处理和转换，使其符合数据存储和分析的需求。
- 数据存储模块将处理过的数据存储到数据库中，以便于用户随时查询和分析。
- 数据分析模块主要利用大数据分析技术对采集到的数据进行分析和挖掘，从中提取有价值的信息。

3）用户终端是系统的展示和应用平台，供用户浏览和查询实时的大气污染指标数据。用户终端可以提供各种数据展示方式，例如地图、图表等。此外，用户终端还具有实时预警功能，当检测到大气污染指标超过预警值时，系统自动发出预警信息，提醒用户注意。

（2）土壤监测系统

土壤监测系统由 4 部分组成：传感器节点、无线传感器网络、数据处理单元以及数据可视化平台。

1）传感器节点配备了多元化的传感器，如温度传感器、湿度传感器及照度传感器等。这些传感器可实时采集土壤参数数据，并将数据传输至下一处理环节。

2）无线传感器网络将传感器节点采集的数据准确无误地转发至数据处理单元。

3）数据处理单元作为系统的中枢，对接收到的数据进行深度处理与分析。它不仅负责数据的清洗、整合与存储，还通过算法模型挖掘数据背后的价值，为土壤环境评估与决策支持提供科学依据。

4）数据可视化平台作为系统的重要输出端，通过直观的图表、地图及交互式界面，将复杂的土壤监测数据转化为易于理解的视觉信息。该平台不仅支持实时数据展示，还能实现历史数据查询、趋势分析、异常报警等功能，帮助用户快速把握土壤环境的变化趋势，及时发现潜在问题，为精准农业、环保等领域提供有力的数据支撑。

（3）矿井安全监控系统

矿井安全监控系统主要由传感器节点、数据传输模块、数据处理模块和安全管理中心4部分组成。

1）传感器节点主要负责采集矿井各种参数数据，如温度、湿度、气体浓度、地质变形等，将数据进行处理，然后将数据传输至数据传输模块。

2）数据传输模块接收传感器节点采集的数据，并将数据传输到数据处理模块。数据传输模块可以采用多种无线传输技术，如ZigBee、LoRa等。

3）数据处理模块接收数据传输模块传输的数据，对数据进行处理、分析和计算，并将处理后的数据通过网络传输到安全管理中心。

4）安全管理中心接收数据处理模块传输的数据，对数据进行分析和处理，通过安全监控系统对矿井的安全状态进行监控和管理。并根据数据分析结果制定安全管理策略，提高安全管理水平。

2.3 RFID 系统

RFID 技术是一种非接触式的自动识别技术，它通过射频信号自动识别目标对象，可快速地进行物品追踪和数据交换。识别工作无需人工干预，可工作于各种恶劣环境中。RFID 技术可识别高速运动物体，并可同时识别多个标签，操作快捷方便，为企业资源规划（Enterprise Resource Planning，ERP）和客户关系管理（Customer Relationship Management，CRM）等业务系统的完美实现提供了可能，并且能对业务与商业模式有较大提升。近年来，RFID 因其具备的远距离读取、高存储量等特性而备受瞩目。RFID 不仅可以帮助企业大幅提高货物信息管理的效率，而且可以让销售企业和制造企业互联，从而更加准确地接收反馈信息，控制需求信息，优化整个供应链。

2.3.1 RFID 系统的组成

2.3.1 RFID 系统的组成

最基本的 RFID 系统由 3 部分组成：电子标签、阅读器和天线。

- 电子标签（Tag）：即应答器（TransPonder）或射频卡，由耦合元器件及芯片组成，标签含有内置天线，用于在射频天线间进行通信。

- 阅读器（Reader）：读取（在读写卡中还可以写入）标签信息的设备。
- 天线：在电子标签和阅读器间传递射频信号。

RFID系统基本组成框图如图2-19所示。

（1）电子标签

在RFID系统中，电子标签相当于条码技术中的条码符号，用来存储需要识别和传输的信息，是射频识别系统真正的数据载体。一般情况下，电子标签由标签天线（耦合元器件）和标签专用芯片组成（无芯片射频标签以及声表面波标签未来可能会有较大的发展），其中包含加密逻辑、串行电擦除可编程只读存储器（EEPROM）、逻辑控制以及射频收发等电路。电子标签的基本组成框图如图2-20所示。电子标签具有智能读写和加密通信的功能，通过无线电波与阅读器进行数据交换，工作的能量是由阅读器发出的射频脉冲提供。当系统工作时，阅读器发出查询信号（能量），电子标签（无源）收到查询信号（能量）后将其一部分整流为直流电源供电子标签内的电路工作，另一部分能量信号被电子标签内保存的数据信息调制后反射回阅读器。

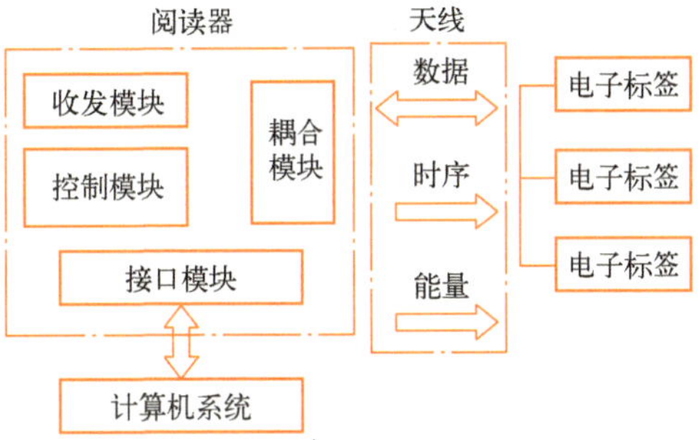

图2-19 RFID系统基本组成框图

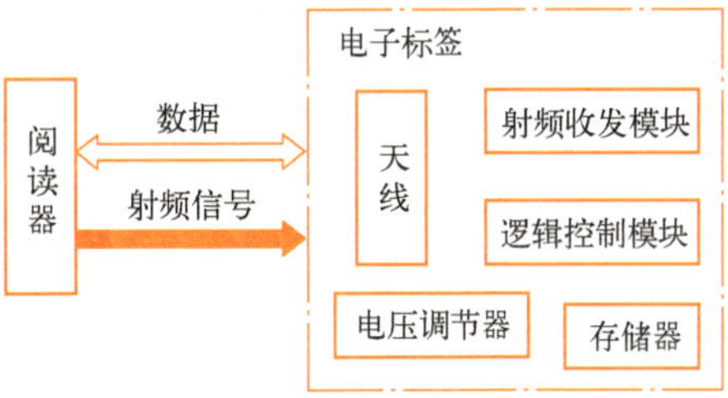

图2-20 电子标签的基本组成框图

其内部各模块功能如下所述。

1）天线。用来接收由阅读器送来的信号，并把所要求的数据送回阅读器。

2）电压调节器。把由阅读器送来的射频信号转换成直流电压，并经大电容储存能量，再经稳压电路以提供稳定的电源。

3）射频收发模块。包括调制器和解调器。逻辑控制模块送出的数据经调制电路调制后，加载到天线送给阅读器；解调器把载波去除以取出真正的调制信号。

4）逻辑控制模块。用来对阅读器送来的信号进行译码，并依其要求将数据送回阅读器。

5）存储器。包括EEPROM和ROM，作为系统运行及存放识别数据的空间。

在大部分的RFID系统中，阅读器处于主导地位。阅读器与电子标签之间的通信通常由阅读器发出搜索命令开始，当电子标签进入射频区后就响应搜索命令，从而使得阅读器识别到电子标签并与它进行数据通信。当射频区有多个电子标签时，阅读器和电子标签都需要调用防碰撞模块处理，多个电子标签将会被一次识别出来，识别的顺序和防碰撞的算法和电子标签本身的序列号有关。电子标签在识别通信的操作过程中基本上有以下5种状态。

① 空闲状态：电子标签在进入射频区前处于空闲状态，内部的信息不会泄漏或遗失。对于无源的电子标签来说，空闲状态也就意味着电路处于无电源的状态。

② 准备状态：进入射频区后，电子标签进入准备状态，准备接收阅读器发过来的指令。

③ 防碰撞状态：当射频区电子标签不止一个时，电子标签将进入防碰撞状态。防碰撞的完成可能需要多次循环，每次循环识别出一个电子标签，没有被识别出来的电子标签将在下一次防碰撞中继续进行循环。

④ 选中状态：被识别出来的电子标签进入选中状态。阅读器只能对处于选中状态的电子标签进行读写数据。

⑤ 停止状态：阅读器对处于选中状态的电子标签读写完数据后，会发出停止命令控制电子标签进入停止状态。进入停止状态的电子标签停止响应，暂时处于封闭的状态，直到接到阅读器发送过来的唤醒指令。有些无源 RFID 系统是通过电子标签进入射频区时的上电复位来实现对进入停止状态的电子标签的唤起，这样的策略确保了每个处于射频区的电子标签只能被选中一次，如果要想被第二次选中，电子标签就必须退出射频区后再进入。

RFID 系统电子标签的工作流程图如图 2-21 所示。

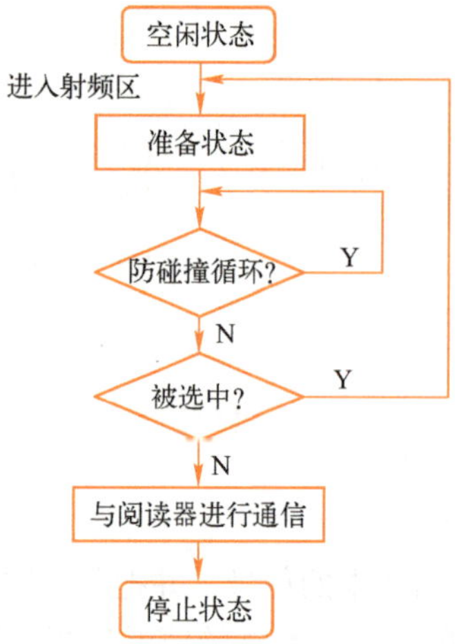

图 2-21 RFID 系统电子标签的工作流程图

（2）阅读器

阅读器对应于电子标签的读写设备，在 RFID 系统中扮演着重要的角色，主要负责与电子标签的双向通信，同时接收来自主机系统的控制命令。阅读器通过与电子标签之间的空间信道向电子标签发送命令，电子标签接收阅读器的命令后做出必要的响应，由此实现射频识别。此外，在射频识别系统中，一般情况下，通过阅读器实现的对电子标签数据的无接触收集或由阅读器向电子标签写入的标签信息，均要回送到应用系统中或来自应用系统，这就形成了阅读器与应用系统之间的应用程序接口（Application Program Interface，API）。一般要求阅读器能够接收来自应用系统的命令，并且根据应用系统的命令或约定的协议做出相应的响应（回送收集到的标签数据等）。阅读器的频率决定了 RFID 系统工作的频段，其功率决定了射频识别的有效距离。阅读器根据使用的结构和技术不同可以是读或读/写装置。它是 RFID 系统的信息控制和处理中心。从电路实现角度来说，典型的阅读器本身包括射频模块（射频接口）、逻辑控制模块以及阅读器天线。此外，许多阅读器还有附加的接口（RS-232、RS-485、以太网接口等），以便将所获得的数据传向应用系统或从应用系统中接收命令。阅读器的基本组成框图如图 2-22 所示。

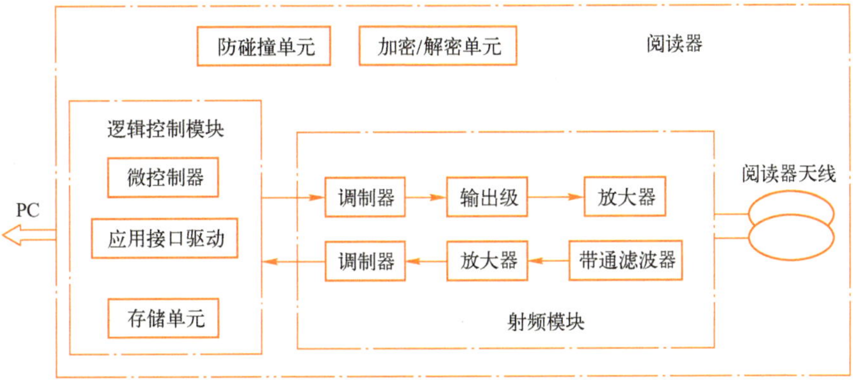

图 2-22　阅读器的基本组成框图

其内部各模块功能如下所述。

1）逻辑控制模块：与应用系统软件进行通信，并执行应用系统软件发来的命令。控制与电子标签的通信过程（主-从原则），将发送的并行数据转换成串行的方式发出，而将收到的串行数据转换成并行的方式读入。

2）射频模块：产生高频发射功率以启动电子标签，并提供能量。对发射信号进行调制（装载），经由发射天线发送出去，发送出去的射频信号（可能包含传向标签的命令信息）经过空间传送（照射）到电子标签上，接收并解调（卸载）来自电子标签的高频信号，将电子标签回送到读写器的回波信号进行必要的加工处理，并从中解调，提取出电子标签回送的数据。

射频模块与逻辑控制模块的接口为调制（装载）/解调（卸载），在系统实现中，射频模块通常包括调制/解调部分，也包括解调之后对回波小信号的必要加工处理（如放大、整形等）。在一些复杂的 RFID 系统中都附加了防碰撞单元和加密/解密单元。防碰撞单元是具有防碰撞功能的 RFID 系统所必需的，而加密/解密单元使得数据的安全性得到了保证。

RFID 系统阅读器的工作流程图如图 2-23 所示。电子标签与阅读器构成的 RFID 系统归根到底是为应用服务的，应用的需求可能是多种多样、各不相同的。阅读器与应用系统之间的 API 通常用一组可由应用系统开发工具（如 VC++、VB、PB 等）调用的标准接口函数来表示。

（3）天线

天线在电子标签和阅读器间传递射频信号，是电子标签与阅读器之间传输数据的发射和接收装置。天线的目标就是传输最大的能量进出标签芯片。在实际应用中，除了系统功率之外，天线的形状和相对位置也会影响数据的发射和接收，需要专业人员对系统的天线进行设计和安装。

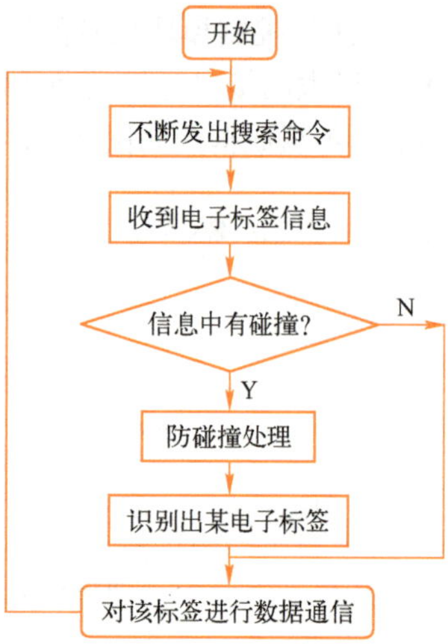

图2-23 RFID系统阅读器的工作流程图

2.3.2 RFID系统的工作原理

电子标签与阅读器之间通过两者的天线架起空间电磁波传输的通道，按约定的通信协议互传信息。RFID 系统的工作原理如下：阅读器将要发送的信息，经编码后加载在某一频率的载波信号上经天线向外发送，进入阅读器工作区域的电子标签接收此脉冲信号，卡内芯片中的有关电路对此信号进行调制、解码、解密，然后对命令请求、密码、权限等进行判断。若为读命令，逻辑控制模块则从存储器中读取有关信息，经加密、编码、调制后通过卡内天线再发送给阅读器，阅读器对接收到的信号进行解调、解码、解密后送至中央信息系统进行有关数据处理；若为修改信息的写命令，有关逻辑控制引起的内部电荷泵则提升工作电压，提供给 EEPROM 进行内容改写；若经判断其对应的密码和权限不符，则返回出错信息。RFID 系统原理框图如图2-24所示。

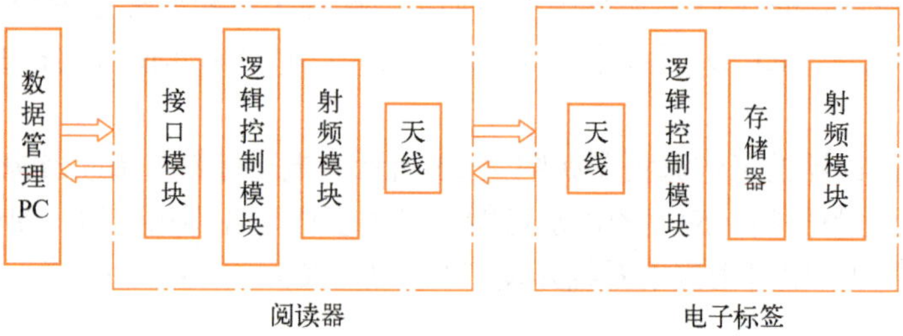

图2-24 RFID系统原理框图

1. 电感耦合RFID系统工作原理

电感耦合 RFID 系统属于近距离识别系统，识别距离一般在 1m 以下。电感耦合电子标签以一个电子数据为载体，通常由单个微芯片及用作天线的线圈等组成。电感耦合 RFID 系统工作原理示意图如图2-25所示。

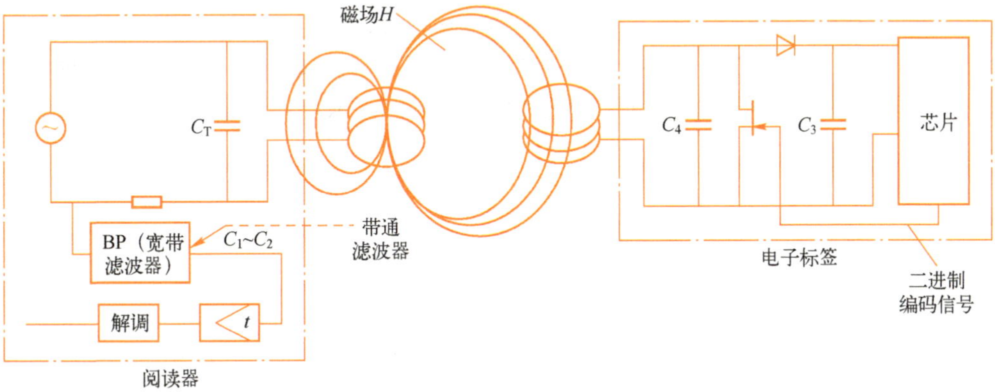

图 2-25 电感耦合 RFID 系统工作原理示意图

电感耦合方式的电子标签几乎都是无源标签，标签中的微芯片工作时所需的全部能量由阅读器发送的感应电磁能提供，高频的强电磁场由阅读器的天线线圈产生，并穿越线圈横截面和线圈的周围空间，以使附近的电子标签产生电磁感应。因为使用的频率范围（f<135kHz 时，λ>400m；f=13.5MHz 时，λ=22.2m）内的波长比阅读器天线和标签天线之间的距离大好多倍（对于电感耦合工作方式的 RFID 系统的阅读器天线和标签天线之间的距离不超过 10cm），可以把标签到天线间的电磁场当作简单的交变磁场考虑。发射磁场的一小部分磁力线穿过距离阅读器天线线圈一定距离的电子标签天线线圈，通过感应，在电子标签的天线线圈上产生一个电压 U，将其整流后作为微芯片的工作电源。将一个电容器 C_T 与阅读器天线线圈并联，其中电容器与天线线圈的电感一起，形成谐振频率与阅读器发射频率相符的并联谐振回路。该回路的谐振使得阅读器天线线圈产生较大的电流，这种方法也适用于产生供远距离电子标签工作所需要的场强。标签天线线圈和电容器 C_1 构成谐振回路，调谐到阅读器的发射频率。通过该回路的谐振，标签天线线圈上的电压 U 达到最大值。这两个线圈的结构也可以解释为变压器（电感耦合是一种变压器耦合，即作为初级线圈的阅读器和作为次级线圈的电子标签之间的耦合，只要线圈之间的距离不超过 0.16λ，并且电子标签处于发送天线的近场范围内，变压器耦合就有效），变压器的两个线圈之间只存在很弱的耦合。阅读器天线线圈与标签之间的功率传输效率与工作频率 f、标签线圈的匝数 n、被标签天线线圈包围的面积 S、两个线圈的相对角度以及它们之间的距离是成比例的。随着频率的增加，所需标签线圈的电感表现为线圈匝数 n 的减少（135kHz：n 为 100～10 000 匝；13.5MHz：n 为 3～10 匝），因为标签中的感应电压是与频率成比例的，在较高频率的情况下，线圈匝数较小对功率传输效率几乎没有什么影响。由于电感耦合 RFID 系统的效率不高，因此只适用于低电流电路，只有功耗极低的只读电子标签（小于 135kHz），可用于 1m 以上的距离，而具有写入功率和复杂安全算法的电子标签的功率消耗较大，一般作用距离为 15cm。

2. 电磁反向散射 RFID 系统工作原理

电磁反向散射 RFID 系统属于远距离识别系统，识别距离一般在 1m 以上。在电磁反向散射 RFID 系统中，阅读器和标签之间的能量和数据传送依靠阅读器天线和电子标签天线来完成。阅读器首先通过天线发射电磁波，处于有效范围内的电子标签天线一方面接收电磁能量为射频标签提供能量，一方面反向散射电磁波，并将有用信息调制在反射波上，完成反向散射调制。阅读器天线接收到来自标签的反向散射调制波，经过放大、解调和解码，得到电子标签中的信息，完成识别过程电磁反向散射 RFID 系统工作原理图如图 2-26 所示。

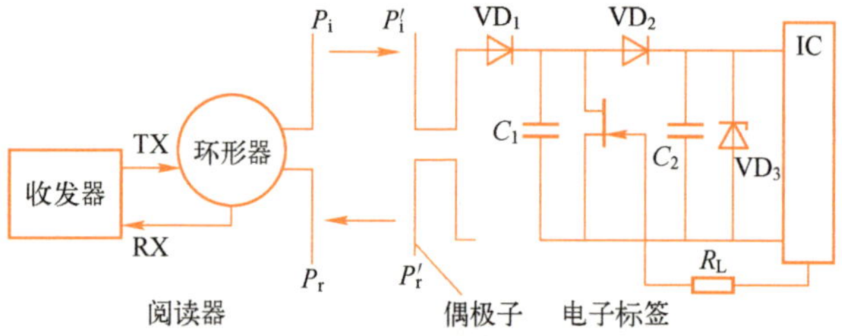

图 2-26 完成识别过程电磁反向散射 RFID 系统工作原理图

根据雷达原理，电磁波被大小超过波长一半的物体所反射。一个物体反射电磁波的效率是通过其雷达截面积（RCS）来体现的，当物体同到达它前面的波产生谐振时，其反向截面尤其大，这适用于适当频率的天线。阅读器天线发射出的功率为 P_i，它的一部分 P_r 到达电子标签天线，在电子标签天线上产生高频电压，经二极管 VD_1 和 VD_2 整流后，用作电子标签的工作电源，同时将电子标签从省电的低功耗模式激活到工作模式，所获得的电压足够用于短距离的能量供应。到达电子标签的功率一部分被天线反射，返回功率为 P_r。天线的反射性能（等于反射截面积）会受联接到天线的负载变化的影响。为了从电子标签到阅读器传输数据，与天线并联的附加负载电阻 R_L 的接通和断开要和传输的数据流一致，从而完成对由电子标签反射的功率振幅的调制（调制后的反向散射）。由电子标签反射的功率 P_r 经自由空间衰减后为 P'_r，被阅读器天线接收。反射信号以相反的方向进入阅读器天线，经定向耦合器（或环形器）后，送到阅读器的接收入口。实现射频收发分离的关键在于：阅读器发射的射频功率通过环形器发射端口传输时，其向接收链路泄露的功率能够被环形器的隔离衰减特性有效抑制。

在 RFID 系统的工作过程中，空间传输通道中发生的过程可归结为 3 种事件模型：①数据交换是目的；②时序是数据交换的实现方式；③能量是时序得以实现的基础。

3. 数据传输

RFID 系统所完成的功能可归结为数据获取的一个便利手段，因而国外也有将其归为自动收集数据（Automatic Data Capture，ADC）技术范畴。RFID 系统中的数据传输包含两个方面的含义：一是从阅读器向电子标签方向的数据传输；二是从电子标签到阅读器方向的数据传输。RFID 系统的数据传输流程图如图 2-27 所示。

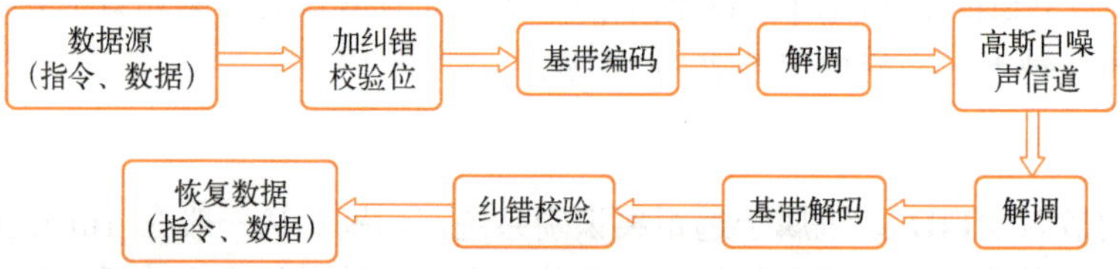

图 2-27 RFID 系统的数据传输流程图

根据具体实现系统的不同以及理解层面的不同，对上述两个方面的含义会有不同的理解和解释，下面分别给予简单介绍。

（1）从阅读器向电子标签方向的数据传输

在 RFID 系统中，从阅读器向电子标签方向的数据传输流程：在发射端，阅读器将所要传输的命令和数据组合起来，加上纠错校验位，形成需要传输的数据部分；对这部分数据按照适合 RFID 系统的格式进行基带编码，并加上帧头，形成 RFID 数据帧；数据帧的长度有几到十几个字节，然后将这一帧数据经调制后发送出去。发送后的数据通过无线信道传输。在接收端，电子标签将接收到的信号进行解调并整形后形成二进制信号；再将该信号经过基带解码，纠错校验，判断是否有误码产生；最后去掉随数据一起传输来的附加校验位，形成最后的数据。从 RFID 系统实现过程中的纯技术层面来说，如果将注意力放在电子标签中存储信息的注入方式上，阅读器向电子标签方向的数据传输就可分为两种情况，即有线写入方式和无线写入方式。具体采用何种方式，须结合应用系统的需求、代价和技术实现的难易程度等因素来定。

在有线写入方式下，阅读器的作用是向电子标签中的存储单元写入数据信息。阅读器更多地被称为编程器。根据电子标签存储单元及编程写入控制电路的设计情况，写入可以是一次性写入且不能修改，也可以是允许多次改写但次数有限的情形。另外一种写入情形是，在绝大多数通用 RFID 系统应用中，每个电子标签都要求具有唯一的标识。这种唯一的标识被称为电子标签的 ID，通常在电子标签出厂时被固化在电子标签内，用户无法修改。ID 的固化可以在电子标签芯片生产过程中完成，也可以在电子标签应用指定后的初始化过程中完成。无论在何时完成，都是以有线（接触）方式实现 ID 的写入。对于声表面波（SAW）滤波器电子标签以及其他无芯片电子标签来说，一般均在标签制造过程中将标签 ID 固化到标签记忆体中。

无线写入方式是 RFID 系统中阅读器向电子标签方向传输数据的另外一种情况。根据 RFID 系统实现技术方面的一些原因，一般情况下应尽可能地不采用无线写入方式，尤其是在 RFID 系统工作的过程中。另一方面，如果按阅读器是否向电子标签发送命令，也可分为两种情况，即电子标签只接受能量激励和既接受能量激励又接受阅读器代码命令。

电子标签只接受能量激励的系统属于较简单的 RFID 系统。这种 RFID 系统一般不具备多标签识别的能力。电子标签在其工作频带内的射频能量激励下被唤醒或上电，同时将电子标签存储的信息反射出来。目前铁路车号识别系统即采用这种方式工作。同时接受能量激励和阅读器代码命令的系统属于复杂 RFID 系统。射频标签接受阅读器的指令无外乎是为了做两件事，即无线写入和多标签读取。

（2）从电子标签向阅读器方向的数据传输

在 RFID 系统中，当从电子标签向阅读器方向传输数据时，如图 2-27 所示的数据传输流程同样适用，电子标签以同样的方式形成数据帧，并采用合适的调制方法将数据返回阅读器，阅读器将接收到的信号进行解调、解码及校验后形成收到的数据。

电子标签的工作使命就是实现由电子标签向阅读器方向的数据传输。其工作方式包括：一是当电子标签收到阅读器发送的射频能量时，即被唤醒并向阅读器反射标签存储的数据信息；二是当电子标签收到阅读器发送的射频能量被激励后，根据接收到的阅读器的指令情况转入发送数据状态或“睡眠/休眠”状态。从工作原理上来说，第一种工作方式属单向通信，第二种工作方式为半双工双向通信。

4. 全双工法和半双工法

在阅读器和电子标签之间进行数据传输，通常有全双工法和半双工法两种方法。

1）全双工法（FDX）。数据在电子标签与阅读器之间的双向传输是同时进行的，其中电子标签发送数据采用“分谐法”，即发送频率是阅读器的几分之一，或用一种完全独立的“非谐波”频率。

2）半双工法（HDX）。从阅读器到电子标签的数据传输和从电子标签到阅读器的数据传输是交替进行的，当工作频率低于 300kHz 时，常采用这种方法，电路一般也很简单。

不过，这两种方法有一个共同的特点，即从阅读器到电子标签的能量传输是连续的，与数据传输的方向无关。

5. 时序

时序是数据传输的实现方式。对于双向系统（阅读器向电子标签发送命令与数据，电子标签向阅读器返回所存储的数据）来说，阅读器一般处于主动状态，即阅读器发出询问后，电子标签予以应答，称这种方式为阅读器先讲方式。另外一种情况是电子标签先讲方式，即在电子标签满足工作条件后，首先“自报家门”，阅读器根据电子标签自报的“家门”，进行记录或进一步发出一些询问，询问信息与电子标签构成一个完整对话，以达成阅读器对电子标签进行识别的目的。

在阅读器的阅读范围内有多个标签时，对于具有多标签识读功能的 RFID 系统来说，一般情况下，阅读器处于活动状态，即阅读器先讲方式。阅读器通过发出一系列的隔离指令，使得读出范围内的多个电子标签逐一或逐批地被隔离出去（处于睡眠状态），最后保留一个处于活动状态的电子标签与阅读器建立无碰撞的通信。通信结束后将当前活动标签置为第三态（可称其为休眠状态，只有通过重新上电或特殊命令，才能解除休眠），进一步由阅读器对被隔离（睡眠）的电子标签发出唤醒命令，唤醒一批（或全部）被隔离的电子标签，使其进入活动状态，再进一步隔离，选出一个电子标签通信。如此重复，阅读器可读出阅读区域内的多个电子标签信息，也可以实现对多个电子标签分别写入指定的数据。

多标签读写问题是 RFID 技术及应用中的一个较为复杂的问题，目前已有多种实用方法解决这一问题。理论分析表明，现有的方法都有一定的适用范围，须根据具体应用情况，结合上述 3 种状态对多标签读取方案给出合理评价，选出适合具体应用的方案。多标签读取方案涉及电子标签与阅读器之间的协议配合，一旦选定，不易更改。

6. 能量

能量是时序得以实现的基础。阅读器向电子标签供给射频能量。对于无源标签来说，其工作所需的能量即由该射频能量中取得（一般由整流方法将射频能量转变为直流电源存在电子标签中的电容器里）；对于（半）有源标签来说，该射频能量的到来起到了唤醒电子标签转入工作状态的作用。完全有源标签一般不利用阅读器发出的射频能量，因而阅读器可以较小的能量发射取得较远的通信距离。移动通信中的基站与移动台之间的通信方式可归入该类模式。

2.3.3 RFID 系统的分类

RFID 系统可以从多种角度进行分类，包括按载波频率划分、按电子标签供电形式划分、按电子标签的可读写性划分和按数据通信方式划分。

1. 按载波频率划分

RFID 系统的工作频率是其最重要的特征之一，它不仅决定着 RFID 系统的工作原理（电感耦合还是电磁耦合）和识别距离，而且决定着电子标签及阅读器实现的难易程度和设备的成本。工作在不同频段或频点上的 RFID 系统具有不同的特点。RFID 系统发送的载波频率基本上可划分为 3 个范围：低频段为 30～300kHz；中高频段为 3～30MHz；超高频段为 433.05～434.79MHz 或 850～910MHz；微波频段为 2.45GHz。

从应用角度看，电子标签的工作频率也就是 RFID 系统的工作频率。

（1）低频段（30～300kHz）

低频段的 RFID 系统主要是通过电感耦合的方式进行工作。其特性主要有以下几方面。

1）典型工作频率有 125kHz 和 133kHz。

2）除了金属材料影响外，一般低频信号能够穿过任意材料的物品，而不降低它的读取距离。

3）工作在低频段的读写器在全球没有任何特殊的许可限制。

4）低频段产品有不同的封装形式。好的封装形式价格太贵，但有 10 年以上的使用寿命。

5）虽然低频段的磁场区域能量下降很快，但是能够产生相对均匀的读写区域。

6）相对于其他频段的 RFID 产品，低频段 RFID 系统的数据传输速率比较低。

7）感应器的价格相对于其他频段的感应器价格来说要贵一些。

低频段电子标签的阅读距离一般情况下小于 1m。低频段电子标签主要用于短距离、低成本的系统中，其典型应用有动物监管、马拉松赛跑、容器识别、工具识别、电子闭锁防盗（带有内置应答器的汽车钥匙）、自动停车场收费和车辆管理等。

（2）中高频段（3～30MHz）

在中高频段的电子标签不再需要线圈进行绕制，可以通过腐蚀印刷的方式制作天线。电子标签一般通过负载调制的方式进行工作，也就是通过电子标签上的负载电阻的接通和断开，以促使阅读器天线上的电压发生变化，来实现用远距离电子标签对天线电压进行振幅调制。如果人们通过数据控制负载电压的接通和断开，那么这些数据就能够从电子标签传输到阅读器。其特性主要有以下几方面。

1）典型工作频率有 6.78MHz 和 13.56MHz。

2）除了金属材料外，中高频率的波长可以穿过大多数的材料，但是往往会降低读取距离。电子标签需要离开金属一段距离。

3）中高频段在全球都得到认可，并没有特殊的限制。

4）虽然中高频段的磁场区域能量下降很快，但是能够产生相对均匀的读写区域。

5）具有防冲撞特性，可以同时读取多个电子标签。

6）可以把某些数据信息写入标签中。

7）数据传输速率比在低频段要快。

中高频段电子标签一般以无源为主。一般情况下，中高频段电子标签的阅读距离也小于 1m。中高频段电子标签由于可被方便地做成卡状而被广泛应用于门禁控制和需要传送大量数据的应用系统中，如玩具、车门、报警、无线传声器、电子车票、电子身份证、电子闭锁防盗（电子遥控门锁控制器）、服装生产线和物流系统的管理、医药物流系统的管理、智能货架的管理、小区物业管理、大厦门禁系统等。

（3）超高频段（433.05～434.79MHz 或 850～910MHz）或微波频段（2.45GHz）

超高频段 RFID 系统和微波段 RFID 系统通过电场来传输能量。电场的能量下降不是很快，但是读取的区域不容易定义。超高频段电子标签的读取距离比较远，无源电子标签的读取距离可达 10m 左右。主要是通过电磁反向散射耦合的方式实现。其特性主要有以下几方面。

1）在超高频段，全球的定义不是很相同，典型工作频率有 433.92MHz、862（902）～928MHz、2.45GHz、5.5GHz。

2）超高频段的电波不能通过许多材料，特别是水、灰尘、雾等悬浮颗粒物质。相对于高频的电子标签来说，超高频段的电子标签不需要与金属分开来。

3）电子标签的天线一般是长条和标签状。天线有线性和圆极化两种设计，以满足不同应用的需求。

4）超高频段 RFID 系统有好的读取距离，但是对读取区域很难进行定义。

5）有很高的数据传输速率，在很短的时间内可以读取大量的电子标签。

超高频段与微波频段的电子标签简称为微波电子标签，可分为有源电子标签与无源电子标签两类。相应的 RFID 系统阅读距离一般大于 1m，典型情况为 4～6m，最大可达 10m 以上。超高频段电子标签主要用于铁路车辆自动识别、集装箱识别、反向散射射频识别、供应链上的管理、航空包裹识别、后勤管理、生产线自动化管理、公路车辆识别与自动收费等领域。

2. 按电子标签供电形式划分

依据电子标签工作所需能量的供给方式不同，RFID 系统可以分为无源系统、有源系统以及半有源系统。

（1）无源系统

无源系统所使用的电子标签为无源电子标签，作用距离相对有源电子标签短，但其体积小、重量轻、寿命长、成本低廉，对工作环境要求不高，因此在工程实践中得到了广泛的应用。

（2）有源系统

有源系统所使用的电子标签为有源电子标签，作用距离较长，可达几十米，但其寿命有限、成本较高，并且不适合在恶劣环境下工作。另外，由于电子标签内载电池，因此体积较大、重量轻，无法制成薄卡。

（3）半有源系统

半有源系统的电子标签也带有电池，但此电池只起到激活系统的作用，电子标签一旦被阅读器激活，就无需标签内的电池供电，而进入无源电子标签工作模式。

3. 按电子标签的可读写性划分

根据电子标签的可读写性（即电子标签内部使用的存储器类型）的不同，电子标签可分为可读写（RW）电子标签、一次写入多次读出（WORM）电子标签和只读（RO）电子标签 3 种。RW 电子标签一般比 WORM 电子标签和 RO 电子标签成本高很多，如电话卡、信用卡等。

（1）RO 电子标签

电子标签内部有只读存储器（ROM）和随机存储器（RAM），此外，一般还有缓冲存储器，用于暂时存储调制后等待天线发送的信息。

（2）RW 电子标签

RW 电子标签内的存储器除了 ROM、RAM 和缓冲存储器之外，还有非活动可编程记忆存储器，这种存储器除了存储数据功能外，还具有在适当的条件下允许多次写入数据的功能。非活动可编程记忆存储器有许多种，电擦除可编程只读存储器（EEPROM）是比较常用的一种，这种存储器在加电的情况下，可以实现对原有数据的擦除以及数据的重新写入。

（3）WORM 电子标签

WORM 电子标签是用户可以一次性写入的电子标签，但写入后的数据不能再更改。

4. 按数据通信方式划分

按数据在 RFID 系统中阅读器与电子标签之间的通信方式，RFID 系统可分为 3 种，即半双工（HDX）系统、全双工（FDX）系统及时序（SEQ）系统。

（1）半双工系统

在半双工系统中，从电子标签到阅读器的数据传输与从阅读器到电子标签的数据传输是交替进行的。

（2）全双工系统

在全双工系统中，数据在阅读器与电子标签之间的双向传输是同时进行的。

（3）时序系统

在时序系统中，从阅读器到电子标签的数据传输和能量供给与从电子标签到阅读器的数据传输在时间上是交叉进行的，即脉冲系统。

半双工与全双工两种方式的共同点是，从阅读器到电子标签的能量供给是连续的，与数据传输的方向无关，而与此相反，在使用时序系统的情况下，从阅读器到电子标签的能量供给总是在限定的时间间隔内进行，从电子标签到阅读器的数据传输是在电子标签的能量供给间歇时进行的。

另外，RFID 系统根据作用距离可分为密耦合系统、遥耦合系统及远距离系统，根据电子标签向阅读器回送数据的传送方式分为反射（或反向散射或负载调制）系统、分谐波系统、高次谐波系统，根据数据调制方式分为主动式系统和被动式系统两种方式。

2.3.4　基于 RFID 技术的仓储物资定位系统

利用 RFID 技术，可以实现供应链及仓储环境中的货物识别追踪和信息获取，有效提升仓储管理系统的数据可视性，优化仓储操作和管理。

（1）模型设计

在区域较大、货位数量较多且分布密集的仓库中，将整个仓储划分为若干个小区域，并分别标记为 A～G 区。以 A 区为主要研究对象，对其中的物资定位模型进行相关的研究与分析。先对 A 区中的货架进行编码，再对 A 区中的每个货位进行编码，对货位进行编码的目的是为后续的管理和定位提供便利。A 区货架编码效果如图 2-28 所示，A 区货位编码效果如图 2-29 所示。

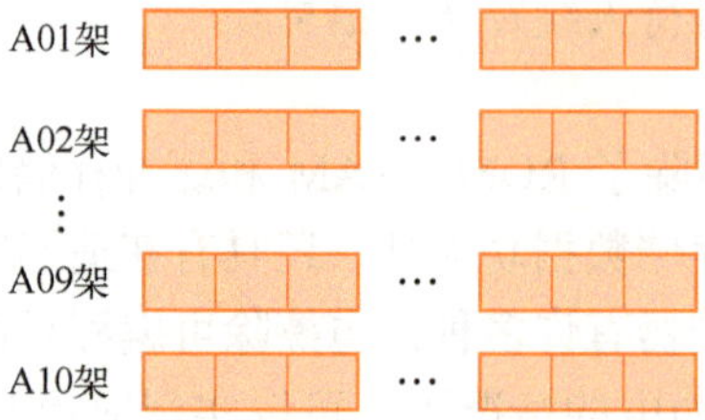

图 2-28　A 区货架编码效果

A01架							
A01架上层	A01A0103	A01A0203	A01A0303	···	A01A0803	A01A0903	A01A1003
A01架中间层	A01A0102	A01A0202	A01A0302	···	A01A0802	A01A0902	A01A1002
A01架底层	A01A0101	A01A0201	A01A0301	···	A01A0801	A01A0901	A01A1001

图 2-29　A 区货位编码效果

对整个仓储的每个库位都按这种编码方式进行编码，那么每个库位就相当于有了一个唯一的 ID。将无线感知装置固定到每单位入库物资或托盘的特定位置上，就能将储位上的货物或托盘与该编号对应起来，同时配合 RFID 电子标签进行实时的物资定位。将记录物资相关信息的载体（RFID 电子标签）与识别这些信息的设备（RFID 读写器）以及进行数据传输的设备（通信模块）与物资进行绑定，不仅能够解决仓储货位与货物信息的匹配问题，而且解决了仓储管理过程中的盘点、移库或移位后的物资定位问题，即在任何操作过程中通信模块都可以实时自动上传信息到定位管理系统，具体方案如下。

1）在 RFID 读写设备中添加通信模块。在小型读写器内加入无线通信模块，通过无线的方式与定位管理系统进行通信。RFID 读写器在读取到电子标签中的信息后将数据实时发送到定位管理系统。

2）获取移动目标的位置信息。将地标电子标签与货架和货位建立一一对应的关系，读取电子标签信息就能获取移动目标的位置信息。物资一般放在具体的载体上，比如叉车、AGV 等，在单位物资或托盘上固定小型 RFID 读写器和电子标签，在载体通过的通道内放置一定密度的无源电子标签，通过小型读写器时读取放置在通道中的地标电子标签，从而定位移动中的单位物资或托盘的位置。地标电子标签编码效果如图 2-30 所示。

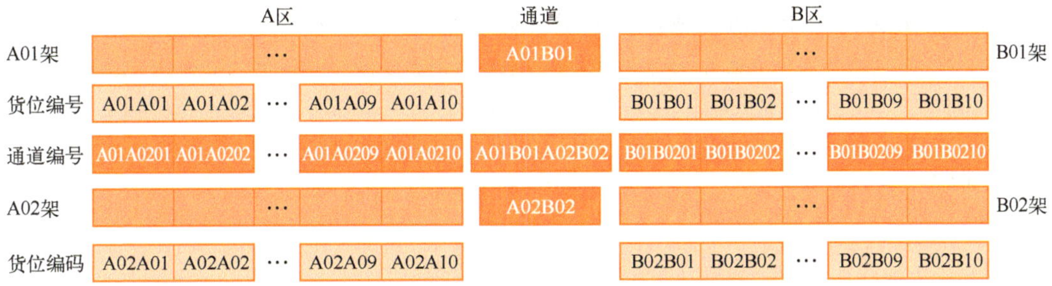

图 2-30　地标电子标签编码效果

3）获取静态目标的位置信息。静态目标其实是位于货位中的单位物资或托盘，将货位标签与单位物资或托盘进行绑定，知道货位标签信息就知道静态目标的位置信息。将每个货位标签在恰当的位置上绑定一个 RFID 无源电子标签，同时在所有待入库的单位物资上以适当的间距和位置绑定 RFID 小型读写器与存有单位物资详细信息的 RFID 无源电子标签，当出现移位或移库时，小型阅读器会自动识别到物资所对应的货位标签是否发生了变化，进而自动重新进行绑定。所有的绑定过程无须人工干涉，极大地提高了仓储物资定位管理的效率。标签及无线感知装置固定方式如图 2-31 所示。

图 2-31　标签及无线感知装置固定方式

（2）整体架构设计

RFID 技术的仓储物资定位系统主要由 3 个模块构成：数据采集、数据传输和数据管理，其系统逻辑架构如图 2-32 所示。

图 2-32　系统逻辑架构

数据采集模块主要是利用 RFID 技术采集，使用增加 WiFi 模块的小型读写器采集带有 RFID 电子标签的载体里所存储的信息。

在数据传输模块中，使用 WiFi 网络将所有信息通过 WiFi 模块实时传输。

数据管理模块就是整个仓储管理系统的核心，系统通过 WiFi 网络接收 RFID 采集设备传输过来的所有数据，并对数据进行预处理、分析、存储等操作，给管理员提供实时的数据管理、查询、分析等功能。

通过数据采集、数据传输和数据管理三个模块的协同递进工作，最终实现仓储物资定位的自动化管理工作。

（3）详细设计

基于RFID技术的仓储物资定位系统主要由RFID物资定位管理子系统、RFID标签管理子系统和数据采集子系统组成，通过RFID技术对仓储物资的入库、上架、盘点、下架、移库、移位、出库等各个环节的数据快速、准确地采集，对库存的真实情况能够及时、准确地把握，有效地提高了仓储物资管理效率。该系统的功能模块主要包括：系统管理、入库管理、在库管理、出库管理和物资信息管理5部分。定位系统的功能架构如图2-33所示。

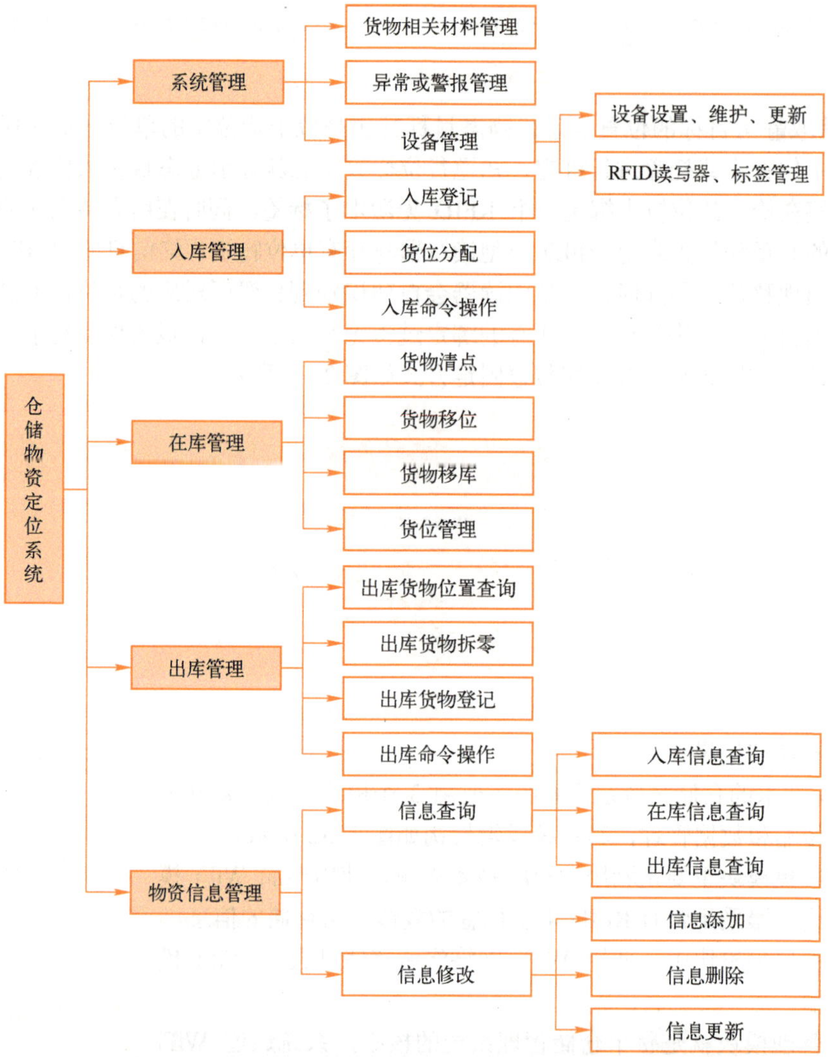

图2-33 定位系统的功能架构

1）系统管理。系统管理主要是对发货通知、订货信息以及合同等相关材料进行管理，下达相关指令给其他模块，并且对所有的异常或警报进行统一管理，也会对仓储中的硬件设施进行设置、维护及更新。

2）入库管理。对进入库区的货物进行入库登记，进行相关 RFID 电子标签的粘贴以及 RFID 无线感知装置的固定，然后进行货位分配并执行入库命令，完成入库。

3）在库管理。对储存在仓库中的物资进行管理和维护，主要包括货物清点、货物移位、货物移库以及货位管理几部分。

4）出库管理。在收到出库通知或调拨单时，需要对物资的出库流程进行管理，如果待出库物资需要从箱件或托盘中拆零，将在此处进行相关的管理操作。

5）物资信息管理。对仓储物资定位管理的整个过程中所产生的信息进行管理，主要包括信息的查询和修改。其中信息的查询包括入库信息查询、在库信息查询和出库信息查询等功能；信息的修改包括信息的添加、删除、更新。

2.4 条形码技术

条形码技术是在计算机技术与信息技术基础上发展起来的一门集编码、印刷、识别、数据采集和处理于一身的新兴技术。其核心内容是利用光电扫描设备识读条码符号，从而实现机器的自动识别，并快速准确地将信息录入到计算机中进行数据处理。

条形码是利用条（着色部分）、空（非着色部分）及其宽、窄的交替变换来表达信息的。每一种编码都制定有字符与条、空、宽、窄表达的对应关系，只要遵循这一标准打印出来的条空交替排列的“图形符号”，其中就包含了字符信息。当识读器划过“图形符号”时，条空交替排列的信息通过光线反射而形成的光信号在识读器内被转换成数字信号，再经过相应的解码软件，“图形符号”就被还原成字符信息。

2.4.1 一维条形码

一维条形码技术相对成熟，在社会生活中处处可见，在全世界得到了极为广泛的应用。它作为计算机数据的采集手段，以快速、准确、成本低廉等诸多优点迅速进入商品流通、自动控制以及档案管理等各种领域。

一维条形码由一组按一定编码规则排列的条、空符号组成，表示一定的字符、数字及符号信息，如图 2-34 所示。

图 2-34 一维条形码

一维条形码系统是由条形码符号设计、条形码制作以及扫描阅读组成的自动识别系统，是迄今为止使用最为广泛的一种自动识别技术。

到目前为止，常见的一维条形码的码制大概有 20 多种，其中广泛使用的码制包括 EAN 码、Code39 码、交叉 25 码、UPC 码、Code128 码、Code93 码以及 CODABAR 码等。不同的码制具有不同的特点，适用于特定的应用领域。下面介绍一些典型的码制。

（1）UPC码（统一商品条码）

UPC码在1973年由美国超市工会推行，是世界上第一套商用的条形码系统，主要应用在美国和加拿大。UPC码包括UPC-A和UPC-E两种系统。UPC只提供数字编码，限制位数（12位和7位），需要检查码，允许双向扫描，主要应用在超市和百货业。

（2）EAN码（欧洲商品条码）

1977年，欧洲12个工业国家在比利时签署草约，成立了国际商品条码协会，参考UPC码制定了与之兼容的EAN码。EAN码仅有数字号码，通常为13位，允许双向扫描，缩短码为8位码，也主要应用在超市和百货业。

（3）ITF25码（交叉25码）

ITF25码的条码长度没有限定，但是其数字资料必须为偶数位，允许双向扫描。ITF25码在物流管理中应用较多，主要用于包装业、运输业、国际航空业、汽车业及零售业。

（4）Code39码

在Code39码的9个码素中，一定有3个码素是粗线，所以Code39码又被称为三九码。除数字0～9以外，Code39码还提供英文字母A～Z以及特殊的符号，它允许双向扫描，支持44组条码，主要应用在工业产品、商业资料、图书馆等场所。

（5）CODABAR码（库德巴码）

这种码制支持数字、特殊符号及4个英文字母，由于条码自身有检测的功能，因此无需检查码。它主要被应用在工厂库存管理、血库管理、图书馆借阅书籍及照片冲洗业。

（6）ISBN（国际标准书号）码

ISBN码是因图书出版、管理的需要以及便于国际出版物的交流与统计而出现的一套国际统一的编码制度。每一个ISBN码由一组有“ISBN”代号的13位数字所组成，用以识别出版物所属国别地区、出版机构、书名。这组号码也可以说是图书的代表号码，大部分应用于出版社图书管理系统。

（7）Code128码

Code128码是目前中国企业内部自定义的码制，可以根据需要来确定条码的长度和信息。这种编码包含的信息可以是数字，也可以是字母，主要应用于企业内部管理、生产流程、物流控制等。

（8）Code93码

这种码制类似于Code39码，但是其密度更高，能够替代Code39码。

由于一维条形码的信息容量比较小，例如商品上的条码仅能容纳几位或者几十位阿拉伯数字或字母，因此一维条形码只能标识一类商品，而不包含对于相关商品的描述。只有在数据库的辅助下，人们才能通过条形码得到相关商品的描述。换言之，如果离开了预先建立的数据库，一维条形码所包含的信息将会大打折扣。基于这个原因，一维条形码在没有数据库支持或者联网不方便的地方，其使用受到了相当大的限制。

在另一方面，一维条形码无法表示汉字或者图像信息。因此，在一些需要应用汉字和图像的场合，一维条形码就显得很不方便。而且，即使建立了相应的数据库来存储相关产品的汉字和图像信息，这些大量的信息也需要一个很长的条形码来进行标识。而这种长的条形码会占用很大的印刷面积，从而给印刷和包装带来困难。因此，人们希望在条形码中直接包含产品相关的各种信息，而不需要根据条形码从数据库中进行信息的查询。

2.4.2 二维条形码

基于上述种种原因，现实的应用需要一种新的码制，这种码制除了具备一维条形码的优点外，还应该具备信息容量大、可靠性高、保密和防伪性强等优点。20 世纪 70 年代，在计算机自动识别领域出现了二维条形码技术，这是在传统条形码基础上发展起来的一种编码技术。它将条形码的信息空间从线性的一维扩展到平面的二维，具有信息容量大、成本低、准确性高、编码方式灵活、保密性强等诸多优点。因此，自 1990 年起，二维条形码技术在世界上开始得到广泛的应用，现已应用在国防、公共安全、交通运输、医疗保健、工业、商业、金融、海关及政府管理等领域。

与一维条形码只能从一个方向读取数据不同，二维条形码可以从水平、垂直两个方向来获取信息，因此，其包含的信息量远远大于一维条形码，并且还具备自纠错功能。

二维条形码与一维条形码的工作原理类似，在进行识别的时候，将二维条形码打印在纸带上，阅读条形码符号所包含的信息，需要一个扫描装置和译码装置，两者统称为阅读器。阅读器的功能是把条形码的条符宽度、间隔等空间信号转换成不同的输出信号，并将该信号转化为计算机可识别的二进制编码输入计算机。扫描器又称为光电读入器，它装有照亮被读条码的光源和光电检测器件，并且能够接收条码的反射光。当扫描器所发出的光照在纸带上，每个光电池根据纸带上条码的有无输出不同的图案，来自各个光电池的图案组合起来形成一个高密度的信息图案，图案经放大、量化后送译码器处理。译码器中存储了编码方案数据库和译码算法。在早期的识别设备中，扫描器和译码器是分开的，目前的设备大多已将它们合成一体。

（1）二维条形码的特点

1）存储量大。二维条形码可以存储 1100 个字，比起一维条形码的 15 个字，存储量大为增加，而且能够存储中文。二维条形码的尺寸可以自由选择，这也是一维条形码做不到的。

2）抗损性强。二维条形码采用故障纠正的技术，即使破损后也能复原，在条码受损程度高达 50%的情况下，仍然能够解读出原数据，误读率为 6100 万分之一。

3）安全性高。在二维条形码中采用了加密技术，使安全性大幅度提高。

4）可传真和影印。二维条形码经传真和影印后仍然可以使用，而一维条形码在经过传真和影印后机器就无法进行识读。

5）印刷多样性。二维条形码不仅可以在白纸上印刷黑字，而且可以进行彩色印刷，印刷机器和印刷对象都不受限制，使用起来非常方便。

6）抗干扰能力强。与磁卡、IC 卡相比，二维条形码由于其自身的特性，具有强抗磁力、抗静电能力。

7）码制更加丰富。

（2）二维条形码的分类

二维条形码可以直接印刷在被扫描的物品上或者打印在标签上，标签可以由供应商专门打印或者现场打印。所有条码都有一些相似的组成部分，它们都有一个空白区，称为静区，位于条码的起始和终止部分边缘的外侧。校验符号在一些码制中也是必需的，可以用数学的方法对条码进行校验，以保证译码后的信息正确无误。与一维条形码一样，二维条形码也有许多不同的编码方法。根据这些编码原理，可以将二维条形码分为以下 3 种类型。

1）线性堆叠式二维码。就是在一维条形码的基础上，降低条码行的高度，安排一个纵横比大的窄长条码行，并将各行在顶上互相堆积，每行间都用一模块宽的厚黑条相分隔。典型的线性堆叠式二维码如图 2-35a 所示，主要有 Code 16K（二维码的一种，Code 16K 条码是一种多层、连续型可变长度的条码符号，可以表示全 ASCII 字符集的 128 个字符及扩展 ASCII 字符）、Code 49、PDF417 等。

在二维条形码中，PDF417 码由于解码规则比较开放和商品化，因而使用比较广泛。PDF417 于 1992 年正式推出，1995 年，美国电子工业联谊会条码委员会在美国国家标准协会赞助下完成二维条形码标准的草案，以作为电子产品产销流程使用二维条形码的标准。PDF417 码是一个多行结构，每行数据符号数相同，行与行左右对齐、直接衔接，其最小行数为 3，最大行数为 90。

2）矩阵式二维码如图 2-35b 所示。它是采用统一的黑白方块的组合，而不是不同宽度的条与空的组合，它能够提供更高的信息密度，存储更多的信息。矩阵式二维码比线性堆叠式二维码具有更高的自动纠错能力，更适用于条码容易受到损坏的场合。矩阵式二维码没有标识起始和终止的模块，但它们有一些特殊的“定位符”，在定位符中包含了符号的大小和方位等信息。矩阵式二维码和新的线性堆叠式二维码能够用先进的数学算法将数据从损坏的条码符号中恢复。典型的矩阵式二维码有 Aztec、Maxi Code、QR Code、Data Matrix 等。Data Matrix 码则主要用于电子行业小零件的标识，如 Intel 奔腾处理器的背面就印制了这种码。Maxi Code 是由美国联合包裹服务公司研制的，用于包裹的分拣和跟踪。Aztec 是由美国韦林公司推出的，最多可容纳 3832 个数字、3067 个字母或 1914B 的数据。

3）邮政码如图 2-35c 所示。通过不同长度的条进行编码，主要用于邮件编码，如 Postnet、BPO 4-State 等。

a)　　　b)　　　c)

图 2-35　二维条形码的 3 种类型

a) 线性堆叠式二维码　b) 矩阵式二维码　c) 邮政码

（3）二维条形码的阅读器

关于二维条形码的阅读器有几项重要的参数，即分辨率、扫描背景、扫描宽度、扫描速度、一次识别率及误码率。选用的时候要针对不同的应用视情况而定。普通的条码阅读器通常采用以下 3 种技术，即光笔、CCD、激光。

光笔是最先出现的一种手持接触式条码阅读器，使用时，操作者须将光笔接触到条码表面，通过光笔的镜头发出一个很小的光点，当这个光点从左到右划过条码时，在“空”部分，光线被反射；在“条”的部分，光线被吸收。因此，在光笔内部产生一个变化的电压，这个电压通过放大、整形后用于译码。

CCD 为电子耦合器件，这种阅读器比较适合近距离和接触阅读，它使用一个或多个 LED，LED 发出的光线能够覆盖整个条码，它所关注的不是每一个“条”或“空”，而是条码的整体，并将其转换成可以译码的电信号。

激光阅读器是非接触式的，在阅读距离超过 30cm 时激光阅读器是唯一的选择。它的首读识别成功率高，识别速度相对光笔及 CCD 阅读器更快，而且对印刷质量不好或模糊的条码识别效果好。

射频识别技术改变了条形码技术依靠“有形”的一维或二维几何图案来提供信息的方式，通过芯片来提供存储在其中的数量更大的“无形”信息。它最早出现在 20 世纪 80 年代，最初应用在一些无法使用条码跟踪技术的特殊工业场合，例如在一些行业和公司中，这种技术被用于目标定位、身份确认及库存产品跟踪等。射频识别技术起步较晚，至今没有制定出统一的国际标准，但是射频识别技术的推出绝不仅仅是信息容量的提升，它对于计算机自动识别技术来讲更是一场革命，它所具有的强大优势会大大提高信息的处理效率和准确度。

2.5 定位

2.5.1 位置信息

定位是通过特定的位置标识与测距技术来确定物体的空间物理位置信息（经纬度坐标）。地理位置由地球经纬度坐标构成，即东经和西经，代表了我们在地球上的位置。位置信息与人们的生活息息相关。基于位置服务是通过移动运营商的无线电通信网络（如GSM网、CDMA网）或外部定位方式（如GPS）获取移动终端用户的位置信息。

位置信息不只是单纯的空间信息，具体而言，位置信息主要有三大要素：所在的地理位置（空间坐标）、处在该地理位置的时刻（时间坐标）、处在该地理位置的对象（身份信息）。也就是说，位置信息承载了“时间”“空间”“人物”三大关键信息。

2.5.2 定位系统

常用的定位方法一般分为两类：一类是基于卫星导航的定位，另一类是基于参考点的基站定位。

（1）基于卫星导航的定位

基于卫星导航的定位方式主要是利用设备或终端上的卫星定位模块将自己的位置信号发送到定位后台来实现定位；卫星导航定位系统是利用卫星来测量物体位置的系统。北斗导航卫星系统（BDS）是我国自行研制的全球导航卫星系统，也是继 GPS、GLONASS 之后的第三个成熟的导航卫星系统。北斗导航卫星系统和美国的 GPS、俄罗斯的 GLONASS、欧盟的 GALILEO 是联合国卫星导航委员会已认定的供应商。

北斗导航卫星系统由空间段、地面段和用户段 3 部分组成，如图 2-36 所示。

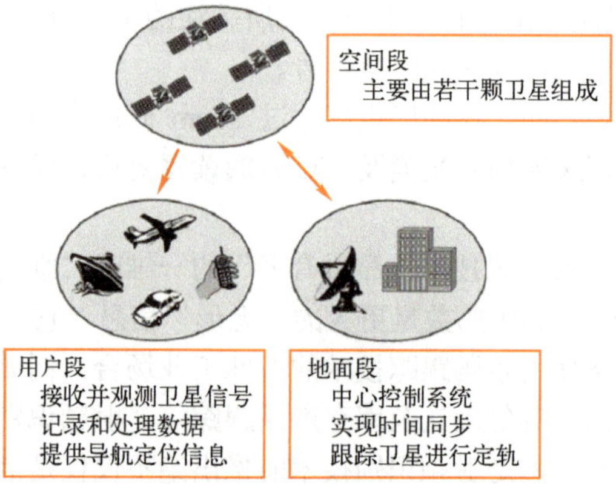

图 2-36　北斗导航卫星系统的组成

空间段由若干颗地球静止轨道卫星、倾斜地球同步轨道卫星和中圆地球轨道卫星组成。

地面段包括主控站、时间同步/注入站和监测站等若干地面站，以及星间链路运行管理设施。

用户段包括北斗及兼容其他导航卫星系统的芯片、模块、天线等基础产品，以及终端设备、应用系统与应用服务等。

经过多年发展，北斗导航卫星系统已成为面向全球用户提供全天候、全天时、高精度定位、导航与授时服务的重要的新型基础设施。北斗导航定位系统，通过 30 颗卫星，免费向全球用户提供授时服务，全球范围水平定位精度优于 9m，垂直定位精度优于 10m，测速精度优于 0.2m/s，授时精度优于 20nm。

（2）基于参考点的基站定位

基站定位利用基站与通信设备之间无线通信和测量技术，计算两者间的距离，并最终确定通信设备的位置信息。基站定位不需要设备或终端具有 GPS 定位功能，但是其定位精度很大程度依赖于基站的分布及覆盖范围的大小，误差较大。目前，蜂窝定位中的大部分方法都是采用基站定位实现的。

2.5.3　定位技术

2.5.3
定位技术

定位技术的关键：有一个或多个已知坐标的参考点；测量待定物体与已知参考点的空间关系。

定位技术的两个步骤：步骤一是测量物理量，步骤二是根据物理量确定目标位置。

常见定位技术：基于距离（时间）的定位（ToA）；基于距离（时间）差的定位（TDoA）；基于接收信号强度的定位（RSSI）。

（1）基于距离（时间）的定位（ToA）

该定位方法通过测量传输时间来估算两节点之间的距离，精度较好。无线信号传输速度快，时间测量上的很小误差可导致很大的误差值，所以要求 CPU 计算能力强。ToA 适用于多种信号：射频、声学、红外及超声波信号等。ToA 机制是已知信号的传播速度，根据信号的传播时间来计算节点间的距离。采用伪噪声序列信号作为声波信号，根据声波的传播时间来测量节点之间的距离。

在如图 2-37 所示 ToA 图中，假设两个端点预先实现了时间同步，发射端点在发送伪噪声序列信号的同时，无线传输模块通过无线电同步消息通知接收端点伪噪声序列信号发送的时间，接收端点的传声器模块在检测到伪噪声序列信号后，根据声波信号的传播时间和速度来计算端点间的距离。端点在计算出多个邻近信标节点后，利用三边测量算法和极大似然估计算法算出自身的位置。

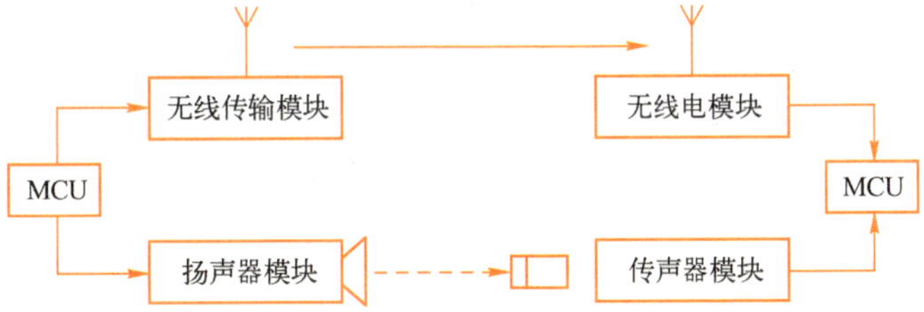

图 2-37　ToA 图

（2）基于距离（时间）差的定位（TDoA）

TDoA 的定位机制中，发射端点同时发射两种不同传播速度的无线信号，接收端点根据两种信号到达的时间差以及这两种信号的传播速度，计算两端点间的距离。TDoA 图如图 2-38 所示，发射端点同时发射无线射频信号（简称无线信号）和超声波信号，接收端点记录下这两种信号到达的时间 T_1、T_2，已知无线信号和超声波信号的传播速度分别为 c_1、c_2，那么两端点之间距离为 $k(T_2-T_1)S$，其中 $k=c_1c_2/(c_1-c_2)$。

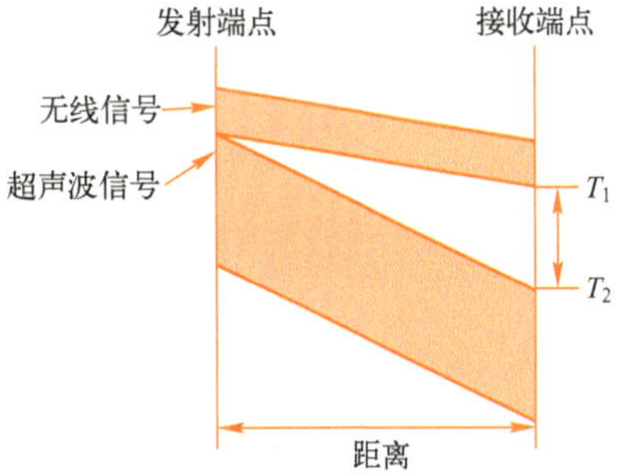

图 2-38　TDoA 图

（3）基于接收信号强度的定位（RSSI）

RSSI 测距的原理如下：接收机通过测量射频信号的能量来确定与发送机的距离。将无线信号的发射功率和接收功率之间的关系表述为

$$P(r)=P(r_0)-10n\lg\left(\frac{r}{r_0}\right)-Y$$

式中　$P(r)$——接收端接收到的信号功率；

r——接收端到发射端的距离；

r_0——相对于发射端的参考距离；

$P(r_0)$——参考点的信号功率，通常是一个固定的常数；

n——传播因子，它表征路径损耗随距离的变化速度，n 越大，信号强度随距离损耗越快，反之越慢；

Y——遮蔽因子，主要由多径效应和绕射障碍物导致。

上式为接收信号强度和无线信号传输距离之间的理论公式。图 2-39 所示为 RSSI 与信号传播距离之间的理论关系曲线。从曲线上可以看出，无线信号在传播过程中，近距离时信号衰减相当厉害，远距离时信号有缓慢线性误差。

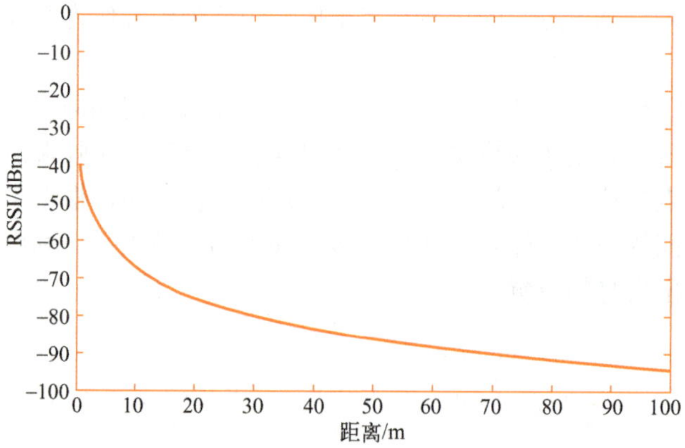

图 2-39 RSSI 与信号传播距离之间的理论关系曲线

2.6 生物识别技术

目前身份认证最为便捷与安全的解决方案无疑就是生物识别技术。它不但操作便捷快速，而且安全、可靠、准确，同时更易于配合计算机和安全、监控、管理系统整合，实现自动化管理。

2.6.1 虹膜识别技术

1. 虹膜

虹膜识别技术是人体生物识别技术的一种。虹膜是一种在眼睛中瞳孔内的织物状各色环状物，每一个虹膜都包含一个独一无二的基于像冠、水晶体、细丝、斑点、结构、凹点、射线、皱纹和条纹等特征的结构。据称，没有任何两个虹膜是一样的。

人的眼睛由巩膜、虹膜、瞳孔 3 部分构成。巩膜即眼球外围的白色部分，约占总面积的 30%；眼睛中心为瞳孔部分，约占 5%；虹膜位于巩膜和瞳孔之间，包含了最丰富的纹理信息，占据 65%。外观上看，虹膜由许多腺窝、皱褶、色素斑等构成，是人体中最独特的结构之一。虹膜的形成由遗传基因决定，人体基因表达决定了虹膜的形态、生理、颜色和外观。虹膜的高度独特性、稳定性及不可更改的特点，是虹膜可用作身份鉴别的物质基础。

2. 虹膜识别

虹膜识别就是通过对比虹膜图像特征之间的相似性来确定人的身份。虹膜识别技术涉及光学、成像、计算机视觉、模式识别等多个领域。为了确保识别准确性和安全性，虹膜识别通常包括以下步骤：虹膜图像获取、图像预处理、特征提取、特征匹配。

（1）虹膜图像获取

使用特定的摄像器材对人的整个眼部进行拍摄，并将拍摄的图像传输给虹膜识别系统的图像预处理软件。

（2）图像预处理

对获取到的虹膜图像进行如下处理，使其满足提取虹膜特征的需求。

1）虹膜定位：确定内圆、外圆和二次曲线在图像中的位置。其中，内圆为虹膜与瞳孔的边界，外圆为虹膜与巩膜的边界，二次曲线为虹膜与上下眼皮的边界。

2）虹膜图像归一化：将图像中的虹膜大小，调整到虹膜识别系统设置的固定尺寸。

3）图像增强：针对归一化后的图像，进行亮度、对比度和平滑度等处理，提高图像中虹膜信息的识别率。

（3）特征提取

采用特定的算法从虹膜图像中提取出虹膜识别所需的特征点，并对其进行编码。

（4）特征匹配

将特征提取得到的特征编码与数据库中的虹膜图像特征编码逐一匹配，判断是否为相同虹膜，从而达到身份识别的目的。

3. 特点

虹膜识别具有如下特点。

1）高精度。由于虹膜纹理的独特性和复杂性，虹膜识别的误识率极低，具有非常高的识别精度。

2）难以伪造。与指纹或面部相比，虹膜更难被复制或伪造，因此虹膜识别系统的安全性更高。

3）稳定性。虹膜纹理在个体一生中保持稳定，不受年龄、健康状况或其他外部因素的影响。

4）非接触性。虹膜识别通常不需要直接接触，用户可以在一定距离内通过摄像器材完成身份验证，这在卫生和便利性方面具有优势。

5）快速识别。现代虹膜识别系统能够在几秒钟内完成识别过程，提供较好的用户体验。

6）可扩展性。虹膜识别技术可以与其他生物识别技术（如指纹识别或面部识别）结合使用，提供多模态认证，进一步增强安全性。

2.6.2 指纹识别技术

指纹识别技术把一个人同他的指纹对应起来，通过将其指纹和预先保存的指纹进行比较，就可以验证他的真实身份。每个人的皮肤纹路（包括指纹）在图案、断点和交叉点上各不相同，是唯一的，依靠这种唯一性和稳定性，才能更好地利用指纹识别技术。

1. 指纹总体特征

指纹总体特征是指那些用人眼直接就可以观察到的指纹特征，包括纹形、模式区、核心点、三角点和纹数等。

（1）纹形

根据指纹上脊线的走向与分布情况，一般将指纹分为三大类，即弓形、螺旋形和环形（又称斗形），如图 2-40 所示。

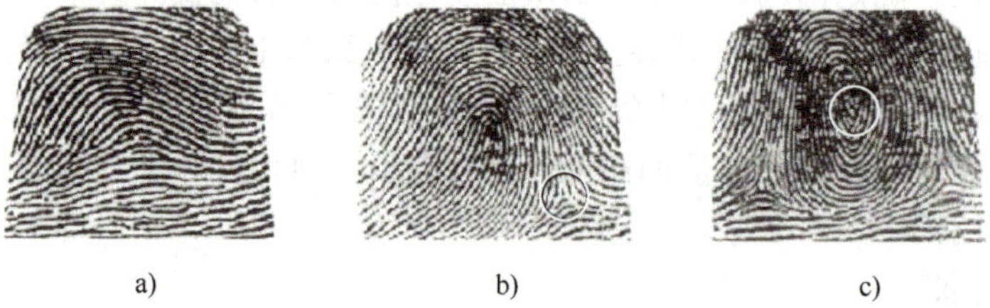

图 2-40 指纹分类

a) 弓形 b) 螺旋形 c) 斗形

（2）模式区

指纹上包含总体特征的区域，即从模式区就能够分辨出指纹属于哪一类型。有的指纹识别算法只使用模式区的数据，有的则使用所取得的完整指纹。图 2-41a 所示为模式区。

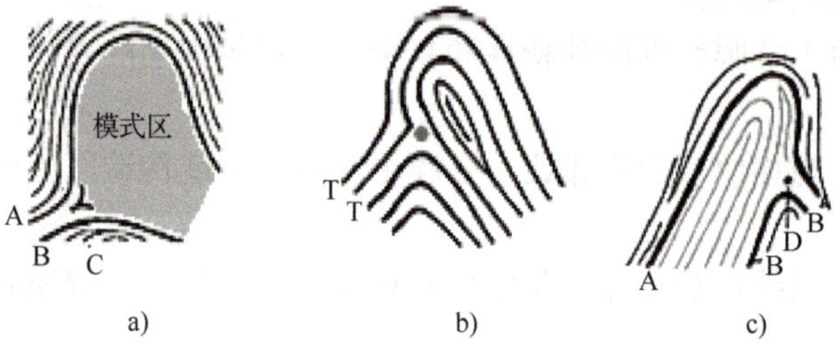

图 2-41 指纹特征

a) 模式区 b) 三角点 c) 纹数

（3）核心点

核心点位于指纹纹路的渐进中心，它在读取指纹和比对指纹时作为参考点。许多算法是基于核心点的，即只能处理和识别具有核心点的指纹。

（4）三角点

三角点位于从核心点开始的第一个分叉点或者断点，或者两条纹路会聚处、孤立点、折转处，或者指向这些奇异点。三角点提供了指纹纹路的计数跟踪的开始之处。图 2-41b 所示为三角点。

（5）纹数

纹数即模式区内指纹纹路的数量。在计算指纹的纹路时，一般先联接核心点和三角点，这条连线与指纹纹路相交的数量即可认为是指纹的纹数。图 2-41c 所示为纹数。

2. 指纹局部特征

指纹局部特征是指指纹上节点的特征，这些具有某种特征的节点称为细节特征或特征点。两枚指纹经常会具有相同的总体特征，但它们的细节特征却不可能完全相同。指纹纹路并不是连续的、平滑笔直的，而是经常出现中断、分叉或转折。这些断点、分叉点和转折点就称为“特征点”。这些特征点提供了指纹唯一性的确认信息，其中最典型的是终结点和分叉点，其他还包括分歧点、孤立点、环点、短纹等。

- 终结点（Ending）：一条纹路在此终结，如图 2-42a 所示。
- 分叉点（Bifurcation）：一条纹路在此分开成为两条或更多的纹路，如图 2-42b 所示。
- 分歧点（Ridge Divergence）：两条平行纹路在此分开，如图 2-42c 所示。
- 孤立点（Dot or Island）：一条特别短的纹路，以至成为一点，如图 2-42d 所示。
- 环点（Enclosure）：一条纹路分开成两条后，立即又合并称为一条，如图 2-42e 所示。
- 短纹（Short Ridge）：一条较短但不至于成为一点的纹路，如图 2-42f 所示。

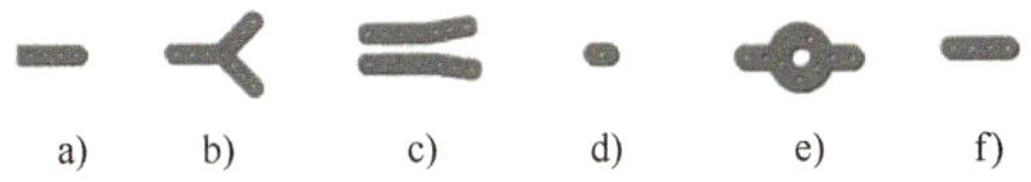

图 2-42　指纹局部特征

a) 终结点　b) 分叉点　c) 分歧点　d) 孤立点　e) 环点　f) 短纹

特征点的参数包括方向（节点可以有一定的方向）、曲率（描述纹路方向改变的速度）、位置（节点的位置通过坐标来描述，可以是绝对位置，也可以是相对于三角点或特征点的位置）。

3. 指纹识别技术

指纹识别可分为验证和辨识。

（1）验证

验证就是把一个现场采集到的指纹与一个已经登记的指纹进行一对一的比对来确定身份的过程。指纹以一定的压缩格式存储，并与其姓名或标识（ID 或 PIN）联系起来。随后在对比现场，先验证其标识，然后利用系统的指纹与现场采集的指纹比对来证明其标识是否合法。验证其实回答了这样一个问题：“他是他自称的这个人吗？”这是应用系统中使用得较多的方法。

（2）辨识

辨识则是把现场采集到的指纹同指纹数据库中的指纹逐一对比，从中找出与现场指纹相匹配的指纹。这也叫“一对多匹配”。辨识其实是回答了这样一个问题：“他是谁？”

指纹是人体独一无二的特征，其复杂度足以提供用于鉴别的特征。随着相关支持技术的逐步成熟，指纹识别技术经过多年的发展已成为目前最方便、可靠、非侵害和成本低的生物识别技术解决方案，其应用有着很大的发展潜力。

4. 采集技术

获得良好的指纹图像是一个十分复杂的问题。因为用于测量的指纹仅是相当小的一片表皮，所以指纹采集设备应有足够好的分辨率以获得指纹的细节。指纹图像采集设备基本上基于 3 种技术基础：光学技术、半导体硅技术、超声波技术。

（1）光学技术

借助光学技术采集指纹是历史最久远、使用最广泛的技术。将手指放在光学镜片上，在内置光源照射下，用棱镜将其投射在 CCD 上，进而形成脊线（指纹图像中具有一定宽度和走向的纹线）呈黑色、谷线（纹线之间的凹陷部分）呈白色的数字化的、可被指纹设备算法处理的多灰度指纹图像。

光学的指纹采集设备的优点：它已经过较长时间的应用考验，一定程度上适应温度的变异，较为廉价，可达到 500 像素的较高分辨率等。

缺点：由于要求足够长的光程，因此要求足够大的尺寸，而且过分干燥或过分油腻的手指也会使光学指纹图像的效果不理想。

（2）半导体硅技术

20 世纪 90 年代后期，基于半导体硅电容效应的技术趋于成熟。硅传感器为电容的一个极板，手指则是另一极板，利用手指纹上脊线和谷线相对于平滑的硅传感器之间的电容差，形成 8bit 的灰度图像。

半导体硅技术的优点是可以在较小的表面上获得比光学技术更好的图像质量，在 1cm×1.5cm 的表面上获得 200～300 倍的分辨率（较小的表面也导致成本的下降和能被集成到更小的设备中）。缺点是易受干扰，可靠性较差。

（3）超声波技术

超声波指纹采集设备的原理是利用超声波具有穿透材料的能力，且随材料的不同产生大小不同的回波（超声波到达不同材质表面时，被吸收、穿透与反射的程度不同），因此，利用皮肤与空气对于声波阻抗的差异，就可以区分指纹脊线与谷线所在的位置。

超声波技术所使用的超声波频率为 $1\times10^4\times10^9$Hz，能量被控制在对人体无损的程度（与医学诊断的强度相同）。超声波技术产品能够达到很高的精度，它对手指和平面的清洁程度要求较低，但其采集时间会明显地长于前述两类产品。

2.6.3 人脸识别技术

人脸识别是基于人的脸部特征信息进行身份识别的一种生物识别技术。用摄像机或摄像头采集含有人脸的图像或视频，并自动在图像中检测和跟踪人脸，进而对检测到的人脸进行脸部识别的一系列相关技术，通常也叫作人像识别或面部识别。

人脸识别成功的关键在于是否拥有尖端的核心算法，并使识别结果具有实用化的识别率和识别速度。人脸识别系统集成了人工智能、机器识别、机器学习、模型理论、专家系统、视频图像处理等多种专业技术，同时须结合中间值处理的理论与实现，是生物特征识别的最新应用。其核心技术的实现展现了弱人工智能向强人工智能的转化。

简单来讲，人脸识别主要是 3 大步骤，一是建立一个包含大批量人脸图像的数据库；二是通过各种方式来获得当前要进行识别的目标人脸图像；三是将目标人脸图像与数据库中既有的人脸图像进行比对和筛选。

人脸识别的技术流程则主要包含 4 部分，即：人脸图像的采集与检测、人脸图像的预处理、人脸图像特征提取、人脸识别与匹配。

1. 人脸图像的采集与检测

（1）人脸图像的采集

人脸图像的采集就是将不同的人脸图像通过摄像镜头采集下来，比如静态图像、动态图像、不同的位置、不同的表情等方面都可以得到很好的采集。当用户在采集设备的拍摄范围内时，采集设备会自动搜索并拍摄用户的人脸图像。因此采集人脸图像通常情况下有两种途径，一是人脸图像的批量导入，二是人脸图像的实时采集。

（2）人脸检测

人脸检测主要用于人脸识别的预处理，即在图像中准确标定出人脸的位置和大小，并把其中有用的信息挑出来（如直方图特征、颜色特征、模板特征、结构特征等）。

1）人脸目标检测的主要问题。

人脸关键点检测（人脸对齐）是自动估计人脸图像上脸部特征点的坐标。一张包含人脸的图像通常还会包含其他内容，这时候就需要进行必要的人脸检测。也就是在一张人脸图像之中，系统会精准地定位出人脸的位置和大小，在挑选出有用的图像信息的同时自动剔除掉其他多余的图像信息来进一步地保证人脸图像的精准采集。

人脸检测是一个具有挑战性的目标检测问题，主要体现在两方面。

① 人脸目标内在的变化，具体如下。

- 人脸具有相当复杂的细节变化和不同的表情（如眼、嘴的开与闭等）。
- 不同的人脸具有不同的外貌，如脸形、肤色等。
- 人脸的遮挡，如眼镜、头发和头部饰物等。

② 外在条件的变化，具体如下。

- 成像角度的不同会造成人脸的多姿态，如平面内旋转、深度旋转以及上下旋转等，其中深度旋转影响较大。
- 光照的影响，如图像中的亮度、对比度的变化和阴影等。
- 图像的成像条件，如摄像设备的焦距、成像距离等。

2）人脸检测的主要指标。

① 检测率：识别正确的人脸个数/图中所有的人脸个数。检测率越高，检测模型效果越好。

② 误检率：识别错误的人脸个数/识别出来的人脸个数。误检率越低，检测模型效果越好。

③ 漏检率：未识别出来的人脸个数/图中所有的人脸个数。漏检率越低，检测模型效果越好。

④ 速度：从采集图像完成到人脸检测完成的时间。时间越短，检测模型效果越好。

3）人脸检测的方法。

目前的人脸检测方法可分为 3 类，分别是基于肤色模型的检测、基于边缘特征的检测、基于统计理论方法。

① 基于肤色模型的检测。肤色用于人脸检测时，可采用的建模主要有高斯模型、高斯混合模型以及非参数估计等。利用高斯模型和高斯混合模型可以在不同颜色空间中建立肤色模型来进行人脸检测。通过提取彩色图像中的面部区域以实现人脸检测的方法能够处理多种光照的情况，但该算法需要在固定摄像机参数的前提下才有效。利用非参数的核函数概率密度估计法也可建立肤色模型，这一方法提高了人脸的检测速度，对于遮挡和光照也有一定的鲁棒性。为了解决人脸检测中的光照问题，可以针对不同光照进行补偿，然后检测图像中的肤色区域。

② 基于边缘特征的检测。利用图像的边缘特征检测人脸时，计算量相对较小，可以实现实时检测。大多数使用边缘特征的算法都是基于人脸的边缘轮廓特性，利用建立的模版（如椭圆模板）进行匹配。也有采用椭圆环模型与边缘方向特征，实现简单背景的人脸检测。该算法在复杂背景下误检率比较高，但是与其他的特征相融合后可以获得很好的效果。

③ 基于统计理论方法。基于统计理论方法中最常用的是 Adaboost 人脸检测算法。Adaboost 算法通过无数次循环迭代来寻求最优分类器。它把一些比较弱的分类方法合在一起，组合出新的很强的分类方法。挑选出一些最能代表人脸的矩形特征（弱分类器），按照加权投票的方式将弱分类器构造为一个强分类器，再将训练得到的若干强分类器串联组成一个级联结构的层叠分类器，有效地提高分类器的检测速度。将弱分类器 Haar 特征中的任一特征放在人脸样本上，求出人脸特征值，通过更多分类器的级联便得到人脸的量化特征，以此来区分人脸和非人脸。目前的 Haar 特征从广义上分为 3 类：边缘特征、线特征以及中心特征。

2. 人脸图像的预处理

人脸图像预处理的目的是在系统对人脸图像的检测基础之上，对人脸图像做进一步的处理，即灰度调整、图像滤波、图像尺寸归一化等，以利于人脸图像的特征提取。

人脸图像预处理是基于人脸检测结果，对图像进行处理并服务于特征提取的过程。系统获取的原始图像由于受到各种条件的限制和随机干扰，往往不能直接使用，必须在图像处理的早期阶段对它进行灰度校正、噪声过滤等图像预处理。对于人脸图像而言，其预处理过程如下。

1）人脸对准（得到人脸位置端正的图像）。

2）人脸图像的光线补偿、灰度变换、直方图均衡化、归一化（取得尺寸一致、灰度取值范围相同的标准化人脸图像）。

3）几何校正、中值滤波（图片的平滑操作以消除噪声）以及锐化等。

3. 人脸图像特征提取

人脸识别系统可使用的特征通常分为视觉特征、像素统计特征、人脸图像变换系数特征、人脸图像代数特征等。人脸图像特征提取就是针对人脸的某些特征进行的，也称人脸表征，它是对人脸进行特征建模的过程。人脸特征建模的方法有两种：一种是基于知识的表征方法；另外一种是基于代数特征的表征方法。

（1）基于知识的表征方法

基于知识的表征方法主要是根据人脸器官的形状描述以及它们之间的距离特性来获得有助于人脸分类的特征数据，其特征分量通常包括特征点间的欧氏距离、曲率和角度等。人脸由眼睛、鼻子、嘴、下巴等局部构成，对这些局部和它们之间结构关系的几何描述，可作为识别人脸的重要特征，这些特征被称为几何特征。基于知识的表征方法主要包括基于几何特征的方法和模板匹配法。

（2）基于代数特征的表征方法

基于代数特征的表征方法的基本思想是将人脸在空域内的高维描述转化为频域或者其他空间内的低维描述，分为线性投影表征方法和非线性投影表征方法。线性投影表征方法主要有主成分分析法（或称 K-L 变换）、独立成分分析法和 Fisher 线性判别分析法。非线性投影表征方法有两个重要的分支：基于核的特征提取技术和以流形学习为主导的特征提取技术。

4. 人脸图像识别与匹配

（1）基于人脸特征统计学的识别方法

一般来说，特征提取中所指特征主要是几何特征和代数特征，从图像中提取何种特征取决于图像的本质属性和性质，同时也要根据后续的分类识别器选取综合考虑。按照区域划分，特征主要分为点特征、局部特征、整体特征。根据特征的表示类型，又可分为边缘特征、幅度特征、直方图特征、峰谷特征等。从图像中提取的特征是不唯一的，而如何提取比较合适或者最具代表性的图像特征，只能根据不同的评价函数来进行不同的特征提取和选择。根据特征的基本信息不同，可将常见的特征提取方法分为下面几类。

1）基于先验规则的方法。

先验规则是一种对于人脸面部特征点的经验描述和表示。常见的自然人脸图像都具有一些较为明显的基本特征，人脸面部区域主要包括眼睛、眉毛、鼻子和嘴巴等特征，它们的亮度值一般都会低于附近的区域。此外，人脸中的双眼又具有对称性，而嘴巴和鼻子近似地分布在其对称轴线上。虽然不同个体间的人脸会千差万别，但是人脸都会存在一个典型的三庭五眼标准，如图 2-43 所示。这一特征分布规则为人脸面部特征的提取提供了依据基础。依据此规则可以进行相应器官的特征提取，首先对目标图像做预处理和变换，以使得待提取特征得到增强或强化，然后依据规则从人脸面部图像中筛选出候选目标点或者候选的特征区域。

该特征提取方法仅仅采用一些比较简单的底层图像特征信息，这类方法由于较强地依赖已有的先验规则而受到很多限制，使用起来不方便。如要求一幅图像中是单人而且背景不能过于复杂，分辨率不能太低，姿势、光照和表情变化不能过大等，所以，此类方法适合对特征点和部位的粗略定位，需要结合其他提取和定位方法做进一步的处理。

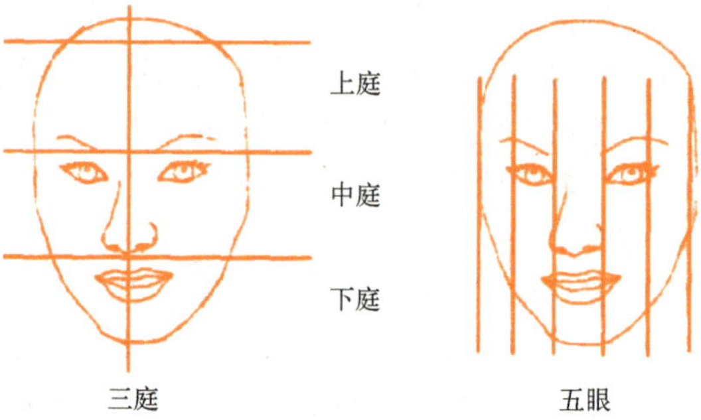

图 2-43 三庭五眼示意

2）基于色彩信息的方法。

基于色彩信息的方法的核心思想是采用统计方法对目标对象的色彩信息进行统计建模，而在模型搜索过程中，要依据待提取点的色彩信息与该模型的匹配程度，来确定目标点的可能位置。对于人脸面部的特征提取，当前色彩信息的应用却相对较少，这可能是由于人脸图像的色彩特征结构复杂，如眼睛与嘴唇、瞳孔与周围其他部位的色彩具有较为明显的区别，给建模带来了难度。

对于这类问题，首先通过肤色的色彩模型定位到相应的肤色区域中，然后根据面部特征的属性特征和皮肤在色彩上的差异性来定位面部特征点。

基于色彩信息的方法对光照变化、成像传感器特性等因素较为敏感，易受环境干扰，导致特征提取的不稳定性。但这类方法在系统运行速度上具有显著优势，且对姿态变化、尺度变化及表情变化等相对不敏感，因此适用于初步或粗定位特征点位置。

3）基于几何形状的方法。

此类方法的主要思想是，依据人脸图像特征的形状结构特性，构建一个基于可变参数的统计形状模型。在这个模型中，可变参数直接反映了形状特征中的可变部分（例如形状的大小、位置等），这些可变参数通过统计形状模型与当前目标图像的峰、谷、边缘及灰度分布特性的相关性进行逐步计算和修正。

4）基于统计的方法。

自然人脸图像常受多种因素影响，如图像背景、传感器的成像条件、姿态、光照和位移等，这些因素给图像特征的直接描述带来了挑战。因此，参数化的统计特征提取方法备受关注。这类方法的核心在于将图像特征视为模式信息，通过训练大量“特征类”和“非特征类”样本，构建分类器以实现特征提取和识别。典型方法包括主成分分析法（PCA）、支持向量机（SVM）、神经网络算法和 Adaboost 等。

① PCA 是一种多维数据处理方法，旨在通过线性变换找到数据集合中的主成分子集，这些子集对应的基向量正交，并能最优地考虑样本数据间的相关性。然而，PCA 作为分类器使用时可能产生大量虚警点，且仅考虑主成分轴上的模式变化，未充分考虑每个影响因素，导致特征提取精度下降。

② SVM 基于结构风险最小化原理，采用二次线性规划求解最优解。但传统二次规划

算法计算复杂，会消耗大量内存和计算资源。

③ 神经网络算法将模式统计特性隐藏在结构和参数中，能有效描述复杂图像结构和特征信息。当使用梯度向量代替灰度值特征信息作为输入时，神经网络对光照、尺寸和阴影等变化不敏感。

④ Adaboost 是一种迭代算法，根据每个样本的分类正确性和总体分类正确率调整样本权值，将更新后的样本数据传递给下一层分类器进行训练。最终，多个弱分类器级联成强分类器，在测试阶段快速识别样本类别。

5）基于关联信息的方法。

前述 4 类方法主要聚焦于图像的局部信息及其邻域像素间的相关性来提取特征点。然而，图像的局部信息区分度有限，尤其在无约束条件时，相似特征点众多，这无疑加重了后期处理的负担。基于关联信息的方法在此基础上进行了拓展，它利用不同特征间稳定的相关性来缩小候选点范围，提高提取效率。这类方法中的相对位置信息源自对训练集样本的统计学习，与直接获取先验知识的方法有所不同。Kin 等方法提出的三层贝叶斯概率网络，不仅保留了神经元的独立性，还描述了神经元间的语义信息和网络结构特性，以及基于小波变换的神经网络等。基于关联信息的方法展现出良好的鲁棒性和高精度。

此外，利用相似性和经验等关联信息，可以设定目标特征搜索的初始位置，进一步提升效率。随着信息量的增加，特征提取和定位的精度要求也在不断提高。对于姿态、表情变化等具有鲁棒性的特征提取算法，其运算量可能相应增加。

（2）人脸图像匹配算法

根据从图像中提取信息的不同，可匹配算法分为两大类：基于灰度的匹配算法和基于特征点的匹配算法。

1）基于灰度的匹配算法。

基于灰度的匹配算法的基本思路是：首先，从原图像中提取灰度统计信息，以此作为特征描述；然后，选用一系列关系函数（如归一化函数、协方差函数、互相关函数等）作为相似性度量，用以评估待检测图像中灰度值分布的相似程度。常用的相似性度量函数包括平均差值平方函数、平均绝对值函数、协方差算子以及标准化互相关算子等。

模板匹配算法是一种典型的基于灰度的匹配算法，该算法通过提取原图像中目标物体的灰度信息作为模板，然后依据相似性度量函数，将模板与待检测图像中的各个点进行逐一比较，以寻找最优匹配特征点，并衡量两者之间的相似性程度，这一过程如图 2-44 所示。

假设原图像模板为 $G(x,y)\in\mathbf{R}^{M\times N}$ ，待检测图像为 $G'(x,y)\in\mathbf{R}^{M'\times N'}$ ，其中参数满足 $M<M'$ ， $N<N'$ 。先在待检测图像中随机选择一个子图像块 $G'(p,q)\in\mathbf{R}^{M\times N}$ ，并设定 (p,q) 为子图像块的左上角坐标， $1\leqslant p\leqslant M'-M+1$ ， $1\leqslant q\leqslant N'-N+1$ 。利用平均差值平方函数表示二者间的相似度。则 $G'(p,q)$ 与 $G(x,y)$ 的相似度的关系表达式定义为

$$f(x,y)=\sum\nolimits_{x=1}^{M}\sum\nolimits_{y=1}^{N}[G'(p+x,q+y)-G(x,y)]^2$$

经进一步优化处理，将上式展开可得到

$$f(p,q)=\sum_{x=1}^{M}\sum_{y=1}^{N}[G'^2(p+x,q+y)-2G'(p+x,q+y)G(x,y)+G^2(x,y)]$$

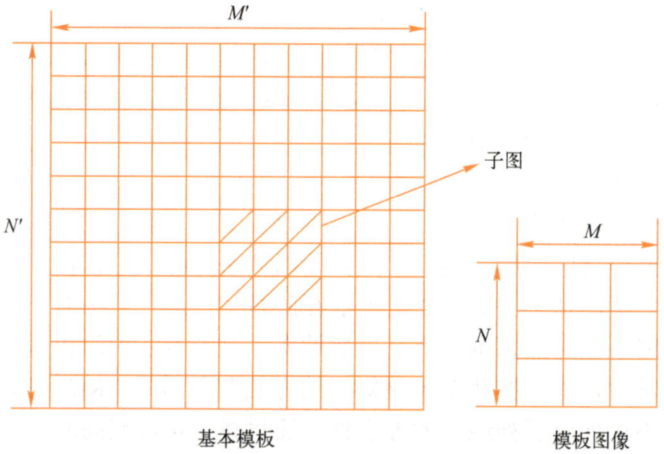

图 2-44　模板匹配算法示意

分析上式可以看出，括号中的第一项 $G'^2(p+x,q+y)$ 依赖于 (p,q) 坐标值的变化而改变，该项是在待检测图像中被选取的子图像块 $G'(p,q)$ 的灰度总值；第二项 $G'(p+x,q+y)G(x,y)$ 表示原图像与子图像块是互相关的，当两个图像匹配成功时，此项就能取得最大值；第三项 $G^2(x,y)$ 与 (p,q) 的取值无关，它是一个常量，代表了原图像的灰度值总和。因此，$f(p,q)$ 取得最大值时，当前的点就是最佳匹配点。

2）基于特征点的匹配算法。

基于特征点的匹配算法更多地考虑了图像的空间特征信息和几何关系，而不仅仅是灰度信息。这种算法通过提取图像中的显著性特征（如面、边缘、点、线、纹理、颜色等），并用参数进行表征和描述，从而有效地压缩了信息量，提升了匹配速度。然而，由于仅使用图像中的小部分信息，该算法对匹配误差较为敏感，可能会影响匹配精度。

基于特征点的匹配算法的主要思路是：首先，从两幅图像中提取关键的特征信息；其次，利用参数来描述这些特征点；最后，根据这些参数建立图像间的对应关系。值得注意的是，特征匹配算法中涉及的特征类型多样，所采用的算法也各不相同。

边缘检测算法是其中一种经典的算法，它通过检测图像中的边缘特征来进行匹配。对于一幅图像而言，边缘是其最基本且最显著的特征之一。边缘的形成源于图像中某些区域内灰度值的不连续性，当图像中某个像素点及其邻域内的像素灰度值发生阶跃性变化时，这些满足特定性质的像素点集合便构成了图像的边缘。

图像边缘检测的基本方法是：利用边缘检测算子定位图像的局部边缘位置，定义像素的“边缘强度”，通过设置检测阈值定位边缘的点集合。典型的检测算子有梯度算子、Canny 算子、拉普拉斯-高斯算子等。

2.7 知识梳理

序号	知识点	内容
1	传感器	定义：能感受被测量并按照一定的规律转换成可用输出信号的器件或装置
		组成：由敏感元件、转换元件和转换电路组成
		传感器的质量优劣一般通过相关性能指标来衡量，主要有灵敏度、线性度、分辨率、准确度、稳定性等指标
2	无线传感器网络	组成：无线传感器网络主要由传感器节点、汇聚节点、互联网和远程用户管理节点等组成
		无线传感器网络是通过节点的温度、湿度、压力、振动、光照、气体等微型传感器的协作，实时监测、感知和采集网络分布区域内的各种环境或监测对象的信息，并由嵌入式系统对信息进行处理，用无线通信多跳中继将信息传送到用户终端
3	RFID	概念：RFID 是通过射频信号自动识别目标对象，可快速地进行物品追踪和数据交换
		组成：① 电子标签（应答器）由耦合元器件及芯片组成，标签含有内置天线，用于与射频天线间进行通信； ② 阅读器是读取（在读写卡中还可以写入）标签信息的设备； ③ 天线是在电子标签和阅读器间传递射频信号
4	条形码	组成：条形码是利用条（着色部分）、空（非着色部分）及其宽、窄的交替变换来表达信息的
		内容：利用光电设备扫描设备识读条码符号，从而实现机器的自动识别并快速地将信息录入到计算机中进行处理
5	定位技术	定位是通过特定的位置标识与测距技术来确定物体的空间物理位置信息（经纬度坐标）
		位置信息包括所在地理位置（空间坐标）、处在该地理位置的时间（时间坐标）、处在该地理位置的对象（身份信息）
		方法：一类是基于卫星导航的定位；另一类是基于参考点的基站定位
		技术：基于距离（时间）的定位（ToA）、基于距离（时间）差的定位（TDoA）、基于接收信号强度的定位（RSSI）等
6	生物识别技术	虹膜识别：就是通过对比虹膜图像特征之间的相似性来确定其身份
		指纹识别：通过比较他的指纹和预先保存的指纹进行比较，就可以验证他的真实身份
		人脸识别：基于人的脸部特征信息进行身份识别的一种生物识别技术

2.8 习题

1. 什么是传感器？传感器是由哪几部分组成？说明各部分的作用。
2. 传感器有哪几种分类？各有什么特点？
3. 简述电容式传感器、电感式传感器、霍尔传感器、光纤传感器的工作原理。
4. 说明无线传感器的定义以及无线传感器网络的组成部分。
5. 无线传感器网络有哪些特点？
6. 传感器节点由哪些部分组成？
7. 什么是 RFID？简述 RFID 系统的组成。
8. 说明 RFID 基本工作原理及工作频率。

9. 简述 RFID 的分类。
10. 说明在 RFID 系统中电子标签的组成及工作流程。
11. 说明在 RFID 系统中阅读器的组成及工作流程。
12. 什么是条形码技术？其核心是什么？
13. 说明一维条形码和二维条形码的组成及特点。
14. 简述二维条形码的发展趋势。
15. 位置信息主要有哪些要素？
16. 常用的定位分为哪几类？
17. 定位技术的关键是什么？
18. 常用的定位技术是什么？
19. 人眼睛的外观图由哪几部分构成？
20. 虹膜位于哪里？包含什么？
21. 人体基因表达决定了虹膜的哪些方面？
22. 虹膜识别就是通过什么来确定人的身份？
23. 虹膜识别系统通常包括哪些步骤？
24. 虹膜识别有哪些特点？
25. 指纹总体特征是什么？包括哪些内容？
26. 什么是指纹局部特征？
27. 特征点的参数有哪些？
28. 指纹识别技术可分为哪两类？
29. 指纹图像采集设备基于哪几种技术？
30. 简述人脸识别技术原理。
31. 人脸识别技术的流程主要包含哪些？
32. 人脸检测的主要指标有哪些？
33. 人脸检测方法主要可分为哪几类？
34. 说明人脸图像预处理的过程。

第 3 章 网络通信技术

物联网的网络层主要完成信息传递和处理任务，网络层包括接入单元和接入网络两部分。接入单元是联接感知层的网桥，它汇聚从感知层获得的数据，并将数据发送到接入网络。接入网络即现有的通信网络，包括移动通信网、有线电话网及有线宽带网等。通过接入网络，人们将数据最终传入互联网。传送层是基于现有通信网和互联网建立起来的层。网络层的关键技术既包含了现有的通信技术，如移动通信技术、有线宽带技术、公用电话交换网（PSTN）技术及 WiFi 通信技术等，又包含了终端技术，如实现传感网与通信网结合的网桥设备、为各种行业终端提供通信能力的通信模块等。

知识目标

1）掌握通信系统的组成，理解通信的工作方式。
2）了解移动通信的发展历史，了解 5G 技术。
3）了解短距离无线通信的方法。
4）掌握窄带物联网的组成，理解窄带物联网的核心技术。

技能目标

1）能够使用相关通信模块。
2）能够使用蓝牙模块。

素养目标

1）培养通信技术开发的能力。
2）培养短距离无线通信技术开发的能力。

3.1 通信技术

3.1.1 通信系统概述

1. 通信系统的组成

通信是将信息从发送端传递给在另一个时空点的接收端。由于完成信息传递的通信系统的种类繁多，因此它们的具体设备和业务功能各不相同。概括来说，通信系统一般由信源、发送设备、信道（或传输介质）、接收设备和信宿 5 部分组成。通信系统的组成框图如图3-1所示。

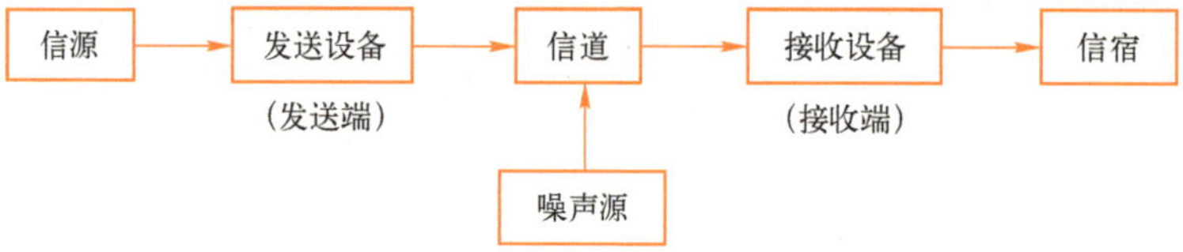

图3-1 通信系统的组成框图

发送端的作用是把各种消息转换成原始电信号。为了使原始电信号适合在信道上传输，需要对原始电信号进行某种变换，然后再送入信道。信道是信号传输的通道。接收端的作用是从接收到的信号中恢复出相应的原始电信号，再转换成相应的消息。通信系统各组成部分的作用如下。

1）信源（信息源）是信息的来源，其作用是将原始电信号转换为相应的电信号，即基带信号。信源可分为模拟信源和数字信源两种。

2）发送设备是产生适合于在信道中传输的信号，其功能是对基带信号进行各种变换和处理，比如放大和调制等。

3）信道是将来自发送设备的信号传送到接收端的物理媒介，分为有线信道和无线信道两大类。信道就是传输信号的传输介质，如电缆、光纤或空气（无线传输）等。不同的传输介质具有不同的传输速度、带宽和传播特性。

4）噪声源是分布于通信系统中各处噪声的集中表示，这些噪声可能会对信号造成干扰或减损。

5）接收设备是从受到减损的接收信号中恢复出原始电信号，其功能与发送设备的功能相反，将接收到的信号进行处理和变换。

6）信宿（受信者）是把原始电信号还原成相应的消息，即信息的接收者，与信源相对应。

此外，通信系统中还包含变换器和反变换器。变换器的作用是在发送端将信源产生的信息进行变换，以适合在信道中传输；而反变换器则在接收端将信号恢复为原始形式，以供受信者使用。

2. 模拟通信系统的组成

模拟通信系统的组成框图如图3-2所示。

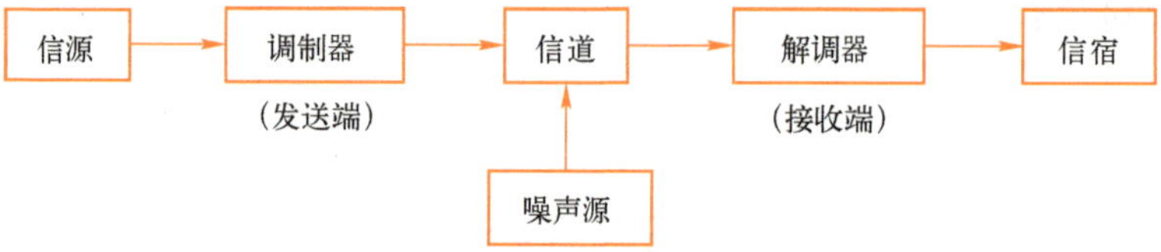

图3-2 模拟通信系统的组成框图

为了传递消息，各种消息需要转换成电信号，消息和电信号之间必须建立单一的对应关系，这样在接收端才能准确地还原出原来的消息。

发送端的连续消息需要变换成原始电信号，接收端收到的信号需要反变换成原连续消息。

这种变换和反变换通常被称为调制和解调。调制后的信号称为已调信号或频带信号，将发送端调制前和接收端解调后的信号（即原始电信号）称为基带信号。

3. 数字通信系统的组成

在数字通信系统中传输的是数字信号。数字通信系统的组成框图如图 3-3 所示。除调制器和解调器外，数字通信系统还包括信源编码器、信道编码器、信道解码器、信源解码器、同步系统等。

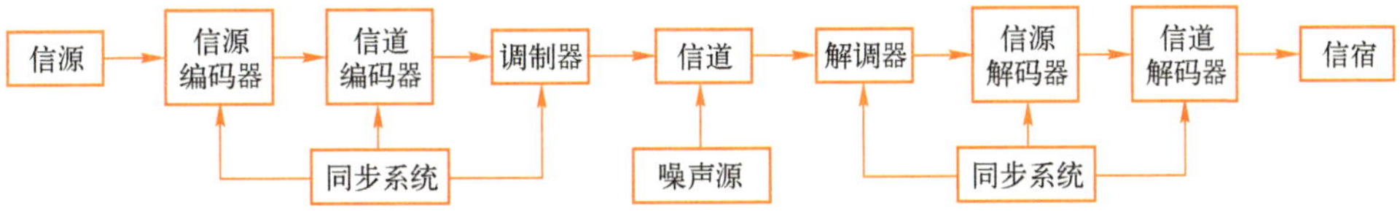

图 3-3　数字通信系统的组成框图

（1）信源编码器

信源编码器对信源输出的信号进行变换，主要实现模拟信号的数字化传输，即 A/D 转换。信源编码器的主要作用是提高数字信号传输的有效性。如果信源是数据处理设备，还要进行并/串变换，以便进行数据传输。通常的数字加密也可归到信源编码器中。

（2）信道编码器

信道编码器对信源编码器输出的信号进行再变化，是为了区分通路、适应信道条件以及提高通信可靠性而进行的编码。信道编码器的主要作用是提高数字信号传输的可靠性。由于传输信道内噪声的存在和信道特性不理想造成的码元间干扰，通信系统很容易产生传输差错，而信道的线性畸变所造成的码间干扰可通过均衡办法基本消除，因此信道中的噪声是导致传输差错的主要原因。减小这种差错的基本做法是在信码组中按一定规则附加上若干监视码元（或称冗余度码元），使原来不相关的数字信息序列变为相关的新序列，然后在接收端根据这种相关的规律性来检测或纠正序列码组中的误码以提高可靠性，因此信道编码器又称差错控制编码器。

（3）调制器

调制器是将经过编码的信号进行调制，把数字基带信号的频谱搬移到高频处，形成适合在信道中传输的频带信号，将其转换为适合传输介质的形式。调制器根据不同的传输介质和通信需求，选择合适的调制方式，如频率调制、相位调制等。

（4）解调器

解调器接收从信道中传来的信号，并将其解调为原始的编码信号。解调器采用与调制器相反的技术来还原编码信息。

（5）信源解码器

信源解码器将数字信号转换为模拟信号。

（6）信道解码器

信道解码器按照约定好的逆规则进行解码，从而发现错误或纠正错误，提高通信系统传输的可靠性。

（7）同步系统

同步系统用于建立通信系统收发相对一致的时间关系。只有这样，接收端才能确定每位码的起止时间，并确定接收码组与发送码组的正确对应关系，否则接收端无法恢复发送端的信息。因此同步是数字通信系统正常工作的前提，通信系统能否有效、可靠地工作，很大程度上依赖于同步系统性能的好坏。同步可分为载波同步、位同步、帧同步和网同步。

3.1.2 通信方式

1. 串行通信与并行通信

在通信中按照信号的排列顺序可分为串行通信与并行通信。

（1）串行通信

串行通信是数字序列以串行方式一个码元接一个码元地在一条信道上传输。远距离数字通信都采用这种传输方式，如图3-4所示。以1字节数据为例，在串行通信中，1字节的数据要通过一条传输线分8次由低位到高位按顺序一位一位地传输。串行通信的优点是只需一条通信信道，经济性好。缺点是速度慢。

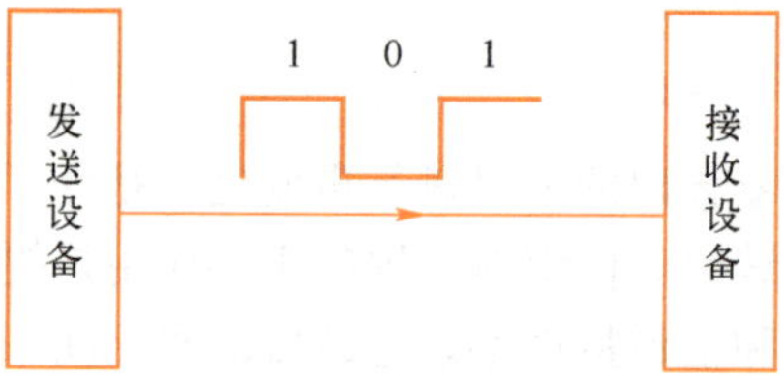

图3-4 串行通信

（2）并行通信

并行通信是将代表信息的数字序列以成组的方式在两条或两条以上的并行信道上同时传输，如图3-5所示。以1字节数据为例，在并行通信中，1字节的数据要通过8条并行传输线同时由信源传输到信宿。并行通信的优点是节省传输时间，速度快。缺点是需要的传输信道多，设备复杂，成本高，一般适用于计算机和其他高速数字系统，特别适用于近距离通信。

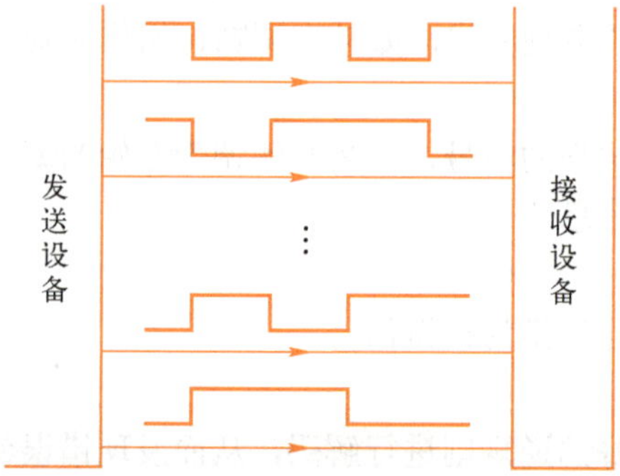

图3-5 并行通信

2. 单工通信与双工通信

（1）单工通信

单工通信是指消息只能单方向传输的工作方式。在单工通信中，通信的信道是单向的，发送端与接收端也是固定的，即发送端只能发送信息，不能接收信息；接收端只能接收信息，不能发送信息。基于这种情况，数据信号从一端传送到另外一端，信号流是单方向的。例如，生活中的广播就是一种单工通信的工作方式，如图 3-6 所示。广播站是发送端，听众是接收端。广播站向听众发送信息，听众接收信息。广播站不能作为接收端获取到听众的信息，听众也无法作为发送端向广播站发送信号。

图 3-6　单工通信

单工通信属于点到点的通信。根据收发频率的异同，单工通信可分为同频通信和异频通信。

（2）半双工通信

半双工通信可以实现双向的通信，但不能在两个方向上同时进行，必须轮流交替地进行。

在这种工作方式下，发送端可以转变为接收端；相应地，接收端也可以转变为发送端。但是在同一个时刻，信息只能在一个方向上传输。因此，也可以将半双工通信理解为一种切换方向的单工通信，如图 3-7 所示。例如，对讲机是日常生活中最为常见的一种半双工通信方式，手持对讲机的双方可以互相通信，但在同一个时刻，只能由一方在讲话。

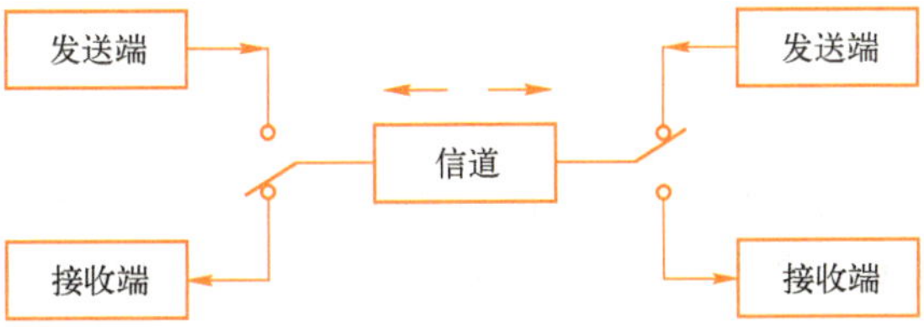

图 3-7　半双工通信

（3）全双工通信

全双工通信是指在通信的任意时刻，线路上存在 A 到 B 和 B 到 A 的双向信号传输，如图 3-8 所示。全双工通信允许数据同时在两个方向上传输，又称为双向同时通信，即通信双方可以同时发送和接收数据。在全双工方式下，通信系统的每一端都设置了发送器和接收器，因此，能控制数据同时在两个方向上传送。全双工方式无须进行方向的切换，因此，没有切换操作所产生的时间延迟，这对那些不能有时间延误的交互式应用（例如远程监测和控制系统）十分有利。这种方式要求通信双方均有发送器和接收器，同时，需要 2 根数据线传送数据信号（可能还需要控制线、状态线，以及地线）。

理论上，全双工传输可以提高网络效率，但是需要配合其他相关设备才有用。例如，必须选用双绞线的网络缆线，中间的集线器（Hub）也要支持全双工传输，所采用的网络操作系统也得支持全双工作业，如此才能实现全双工传输。例如，计算机主机用串行接口联接显示终端，而显示终端带有键盘。这样，一方面，键盘上输入的字符送到主机内存；另一方面，主机内存的信息可以送到屏幕显示。通常，从键盘输入 1 个字符以后，先不显示，计算机主机收到字符后，立即回送到显示终端，然后显示终端再把这个字符显示出来。这样，前一个字符的回送过程和后一个字符的输入过程是同时进行的，即工作于全双工方式。

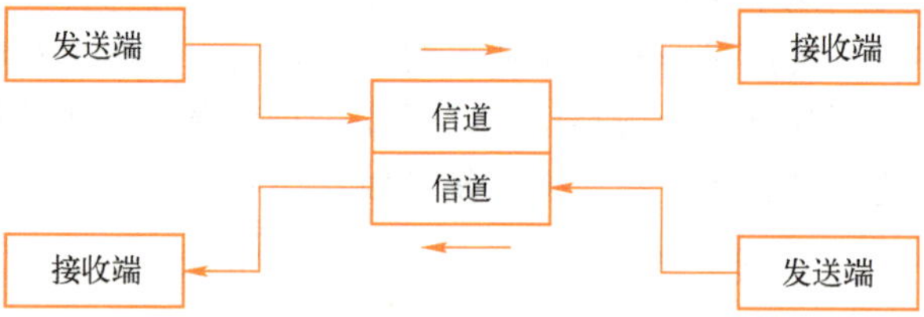

图 3-8 全双工通信

3. 基带通信与频带通信

（1）基带通信

在数据通信中，由计算机或终端等数字设备直接发出的信号是二进制数字信号，是典型的矩形脉冲信号，其频谱包括直流、低频和高频等多种成分。在数字信号频谱中，把直流（零频）开始到能量集中的一段频率范围称为基本频带，简称为基带。因此，数字信号被称为数字基带信号，在信道中直接传输这种基带信号就称为基带通信。在基带通信中，整个信道只传输一种信号，通信信道利用率低。

由于在近距离范围内，基带信号的功率衰减不大，从而信道容量不会发生变化，因此，在局域网中通常使用基带通信技术。在基带通信中，需要对数字信号进行编码来表示数据。

（2）频带通信

远距离通信信道多为模拟信道，例如，传统的电话（电话信道）只适用于传输音频范围（300～3400Hz）的模拟信号，不适用于直接传输频带很宽但能量集中在低频段的数字基带信号。

频带通信就是先将基带信号变换（调制）成便于在模拟信道中传输的、具有较高频率范围的模拟信号（称为频带信号），再将这种频带信号在模拟信道中传输。计算机网络的远距离通信通常采用的是频带通信。通过调制解调技术实现基带信号与频带信号的转换。

4. 同步通信与异步通信

串行通信通常情况下分为同步通信和异步通信，同步通信需要同步时钟信号，而异步通信则不需要同步时钟信号。一般多采用异步通信，主要因为接收端和发送端的时钟是可以独立的，这样有利于提高发送与接收的灵活性。

（1）同步通信

同步通信是发送端发出数据后，等接收端发回响应以后才发下一个数据包的通信方式。同步通信的原理是发送端在发送串行数据的同时，提供一个时钟信号，并按照一定的约定（例如在时钟信号的上升沿将数据发送出去）发送数据。接收端则根据发送端提供的时钟信号以及双方的约定接收数据，如图 3-9 所示。这种通信方式中，因为数据分组较大，所以效率更高，适用于对速度要求高的传输，但它对时序的要求也更高。

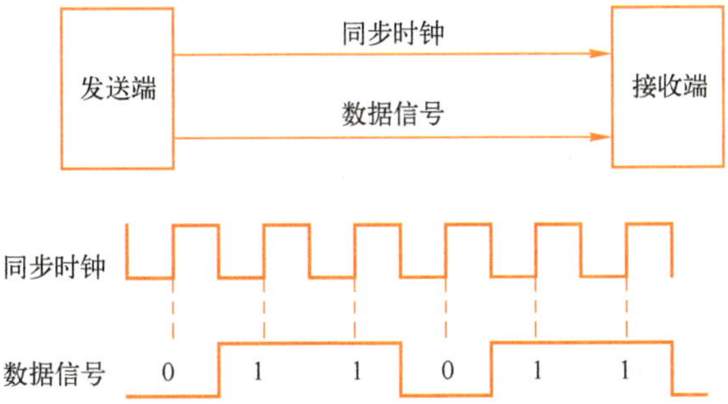

图 3-9　同步通信

（2）异步通信

异步通信是发送端发出数据后，不等接收端发回响应，接着发送下一个数据包的通信方式。异步通信的原理是接收端并不知道数据什么时候会到达，收发双方可以有各自的时钟。发送端发送的时间间隔可以不均，接收端是在数据的起始位和停止位的帮助下实现信息同步的，如图 3-10 所示。这种传输通常是很小的分组，比如一个字符为一组，数据组配备起始位和结束位。所以因为额外加入了很多的辅助位作为负载，这种传输方式的效率是比较低的，常用在低速的传输中。

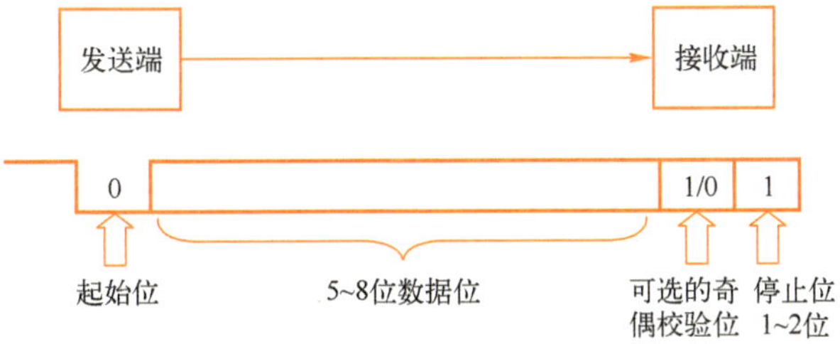

图 3-10　同步通信

具体来说，异步通信的工作原理可以分为以下几个步骤。

1）发送请求：异步通信的第一步是发送请求，请求可以是网络请求、文件读写请求、数据库请求等。发送请求后，程序不会阻塞以等待响应，而是继续执行其他任务。

2）接收请求：接收请求的程序会将请求放入队列中等待处理。在处理请求之前，程序不会阻塞以等待请求的到来。

3）处理请求：处理请求的程序会从队列中取出请求并进行处理。处理请求的过程可能需要一定的时间，但不会影响其他任务的执行。

4）发送响应：处理请求完成后，程序会发送响应。响应可以是网络响应、文件读写响应、数据库响应等。发送响应后，程序不会阻塞以等待响应的返回。

5）接收响应：接收响应的程序会将响应放入队列中等待处理。在处理响应之前，程序不会阻塞以等待响应的到来。

6）处理响应：处理响应的程序会从队列中取出响应并进行处理。处理响应的过程可能需要一定的时间，但不会影响其他任务的执行。

（3）同步通信与异步通信的区别

1）同步通信要求接收端和发送端时钟一致，发送端发送连续的比特流；异步通信时不要求接收端和发送端时钟同步，发送端发送完一个字节后，可经过任意长的时间间隔再发送下一个字节。

2）同步通信效率高，异步通信效率较低。

3）同步通信较复杂，双方时钟的允许误差较小；异步通信简单，双方时钟允许有一定误差。

4）同步通信可用于点对多点；异步通信只适用于点对点。

3.1.3 数据交换技术

对于计算机和终端之间的通信，交换是一个重要的问题。如果想使用任何遥远的计算机，若没有交换机，则只能采用点对点的通信。为避免建立多条点对点的信道，就必须使计算机与某种形式的交换设备相联。交换又称为转接，在多节点通信网络中，为有效利用通信设备和线路，一般希望动态地设定通信双方的线路。动态地接通或断开通信线路，称为“交换”。这种交换通过某些交换中心将数据进行集中和转送，可以大大节省通信线路。在当前的数据通信网中，有 3 种交换方式，即电路交换、报文交换和分组交换。图 3-11 所示为一个交换网络的拓扑结构图。一个通信网络的有效性、可靠性和经济性直接受网络中所采用的交换方式的影响。

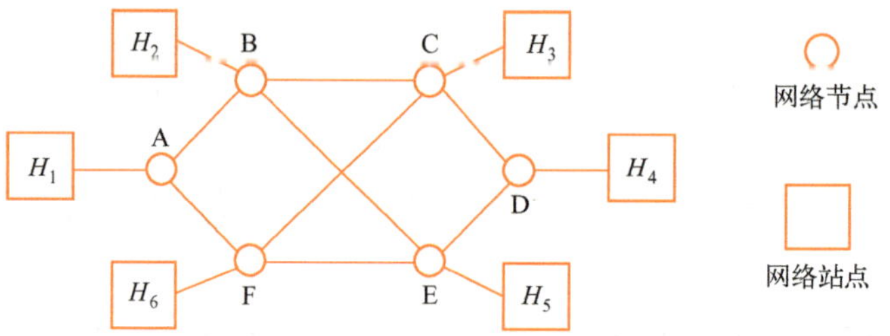

图 3-11 交换网络的拓扑结构图

1. 电路交换

电路交换（Circuit Switching）要求在输入线与输出线之间建立一条物理通道。电路交换原理是直接利用可切换的物理通信线路，联接通信双方。电路交换是最早出现的一种交换方式。

电路交换基本过程包括电路建立、数据传输、电路拆除 3 个阶段。

1）电路建立。在传输任何数据之前，要先经过呼叫过程建立一条端到端的电路。如图 3-11 所示，若 H_1 站要与 H_3 站联接，典型的做法是，H_1 站先向与其相连的 A 节点提出请求，然后 A 节点在通向 C 节点的路径中找到下一个支路。比如 A 节点选择经 B 节点的电路，在此电路上分配一个未用的通道，并告诉 B 它还要联接 C 节点。B 再呼叫

C，建立电路 BC，最后，节点 C 完成到 H_3 站的联接。这样 A 与 C 之间就有一条专用电路 ABC，用于 H_1 站与 H_3 站之间的数据传输。

2）数据传输。电路 ABC 建立以后，数据就可以从 A 发送到 B，再由 B 交换到 C；C 也可以经 B 向 A 发送数据。在整个数据传输过程中，所建立的电路必须始终保持联接状态。

3）电路拆除。在数据传输结束后，由某一方（A 或 C）发出拆除请求，然后逐节拆除到对方节点。

电路交换的特点是，在数据传送开始之前必须先设置一条专用的通路。在线路释放之前，该通路由一对用户完全占用。对于碎发式的通信，电路交换效率不高。常见的电路交换网络有电话网（Telephone Network）、综合业务数字网（Integrated Service Digital Network，ISDN）等。主要的电路交换方式有空分制电路交换和时分制电路交换。空分制电路交换采用物理信道转接的交换方式，交换的过程是相应物理信道的接通和断开。时分制电路交换采用时分多路复用原理，在一条公用的通信线路上接有多个终端，各终端按一定时间间隔轮流接通与终端相联的线路，被接通的线路使用公用线路进行通信。

2. 报文交换

当端点间交换的数据具有随机性和突发性时，采用电路交换会造成信道容量和有效时间的浪费。采用报文交换则不存在这种问题。

报文交换方式数据传输的单位是报文，报文就是站点一次性要发送的数据块，其长度不限且可变。当一个站点要发送报文时，它将一个目的地址附加到报文上，网络节点根据报文上的目的地址信息，把报文逐个节点地转送到目的节点。报文交换示意图如图 3-12 所示。

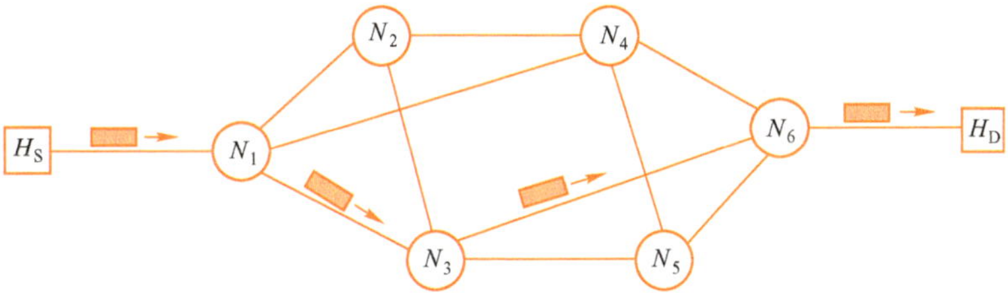

图 3-12 报文交换示意图

每个节点在收到整个报文并检查无误后暂存这个报文，然后，利用路由信息找出下一个节点的地址，再把整个报文传送给下一个节点。因此，端与端之间无须先通过呼叫建立联接。一个报文在每个节点的延迟时间，等于接收报文所需的时间加上向下一个节点转发所需的排队延迟时间之和。报文交换的特点如下。

1）报文从源点传送到目的地采用“存储-转发”方式，在传送报文时，一个时刻仅占用一段通道。

2）在交换节点中需要缓冲存储，报文需要排队，故报文交换不能满足实时通信的要求。

3. 分组交换

分组交换是报文交换的一种改进，它将报文分成若干个分组，每个分组的长度有一个上限，有限长度的分组使得每个节点所需的存储能力降低了，分组可以存储到内存中，提高了交换速度。它适用于交互式通信，如终端与主机通信。分组交换是计算机网络中使用最广泛的一种交换技术。分组交换又称为包交换。在分组交换系统中，报文被分割成若干个定长的分组，并在每个分组前都加上报头报尾。报头中含有地址和分组号等，报尾是该分组的校验码。这些分组可以在网络内沿不同的路径并行进行传输。分组交换示意图如图 3-13 所示。

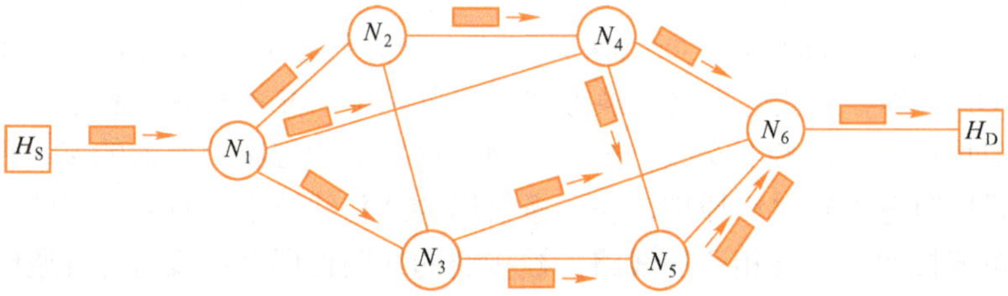

图 3-13　分组交换示意图

分组交换的原理是，信息以分组为单位进行存储和转发。源节点把报文分为分组，分组基本格式示意图如图 3-14 所示，在中间节点存储和转发，目的节点把分组合成报文。分组交换技术是在模拟线路环境下建立和发展起来的，规定的一套很强的检错/纠错和流量/拥塞控制机制使网络平均误码率低于 10^{-9}，既防止了网络拥塞，又使网络时延变大。

F	T		L	N（数据）	CRC	

图 3-14　分组基本格式示意图

分组基本格式中各字段的含义如下。

- F：分组开始和结束的字段。
- T：信息类型的字段。
- L：分组长度的字段。
- N（数据）：字段内为目的地址、源地址、分组号以及其他必需的控制字符或代码。
- CRC：在分组正文结束处附有 CRC 校验码（也可能是其他校验码），供分组内各个节点检查错误之用。

（1）分组交换的特点

1）每个分组头包括目的地址，独立进行路由选择。

2）在网络节点设备中不预先分配资源。

3）用统计复用技术动态分配带宽，避免带宽的浪费，保证合理、有效地利用网络资源和简化物理接口，因而线路利用率高。

4）节点存储器利用率高。

5）易于重传，可靠性高。

6）易于开始新的传输，让紧急信息优先通过。

7）适用于交互式短报文，数据传输速率在 64kbit/s 以下，能够容忍平均网络时延大约在 1s 以内的应用场合。

8）额外信息增加。

（2）分组交换采用的路由方式

分组交换采用的路由方式有数据报（Datagram）方式和虚电路（Virtual Circuit）方式。

1）数据报方式。每个分组被独立地传输。也就是说，网络协议将每一个分组当作一个单独的报文，对它进行路由选择。这种方式允许路由策略考虑网络环境的实际变化。如果某条路径发生阻塞，那么它就可以变更路由。

2）虚电路方式。在传输数据前，通过发送呼叫请求分组建立端到端的虚电路：一旦建立，同一呼叫的数据分组沿这一虚电路传送；呼叫终止，清除分组，拆除虚电路。虚电路方式的联接为逻辑联接，并不独占线路。可分为交换虚电路（SVC）和永久虚电路（PVC）两种方式。交换虚电路需要呼叫建立时间；永久虚电路不需要呼叫建立时间。

（3）电路交换、报文交换和分组交换的比较

图 3-15 所示为电路交换、报文交换和分组交换的比较。表 3-1 所示为对各种交换方式的比较。

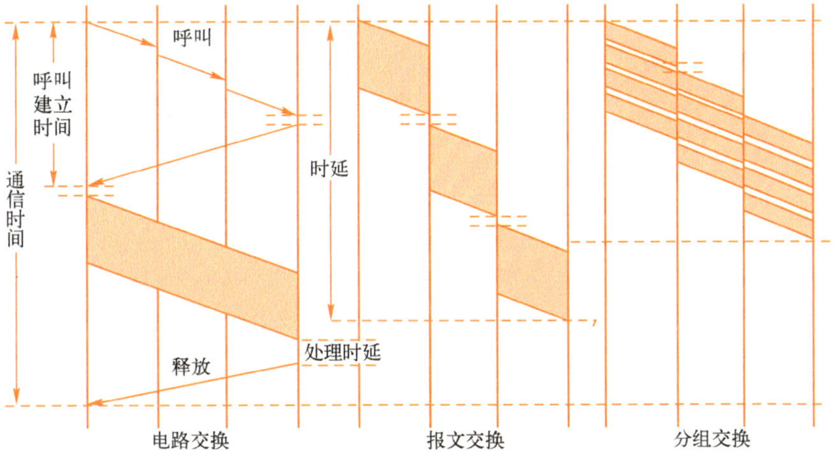

图 3-15　电路交换、报文交换和分组交换的比较

表 3-1　各种交换方式的比较

交换方式	优　点	缺　点
电路交换	快速。适用于不允许传输延迟的情况	由于网络线路是专用的，因此其他路由不能使用。与电话通话一样，通信双方必须同时参与
报文交换	路由是非专用的，在完成一个报文传输后，可以立即被重新使用，接收方无须立即接收报文	通常，报文需要用更长的时间才能到达目的地。由于中间节点必须存储报文，因此报文过长，这样也会产生问题。报文尾部仍沿用原先设定的路由，而不管网络状况是否已经改变
分组交换	当发生拥堵时，分组交换网络的数据报文方式会为报文的不同分组选择不同的路由，因此能更好地利用网络	由于每个分组被单独传送，费用将相应增加，因此须为每个分组选择路由。在数据报文方式中，分组可能不按次序到达

比较结论如下：

1）电路交换适用于实时信息和模拟信号传送，比较经济，适合在线路带宽比较低的情况下使用。

2）报文交换适用于线路带宽比较高的情况，可靠、灵活，但延迟大。

3）分组交换缩短了延迟，也能满足一般的实时信息传送。在高带宽的通信中更为经济、合理、可靠。随着通信技术的不断发展，在分组交换的思想基础上，产生了帧中继技术与异步传输模式（Asynchronous Transfer Mode，ATM）技术。

4. 帧中继

（1）帧中继的基本原理

由于光纤信道的大量使用，快速分组交换（Fast Packet Switching，FPS）应运而生。快速分组交换的目标是通过简化通信协议来减少中间节点对分组的处理，以获得高的分组吞吐量和小的分组传输时延，以适应当前高速传输的需要。帧中继（Frame Relay，FR）是快速分组交换网的一种，它是以 X.25 交换技术为基础，摒弃其中烦琐过程，改造了原帧结构，获得了良好的性能。分组交换在源端到目的端的每一步中都要进行复杂的处理；在每一个中间节点都要对分组进行存储，并检查数据是否存在错误。在采用帧中继方式的网络中，各中间节点没有网络层，并且数据链路层也只有一般网络的一部分（但增加了路由功能），中间节点不进行差错控制，也无须回送确认帧。分组交换与帧中继的数据链路应答过程如图 3-16 所示。

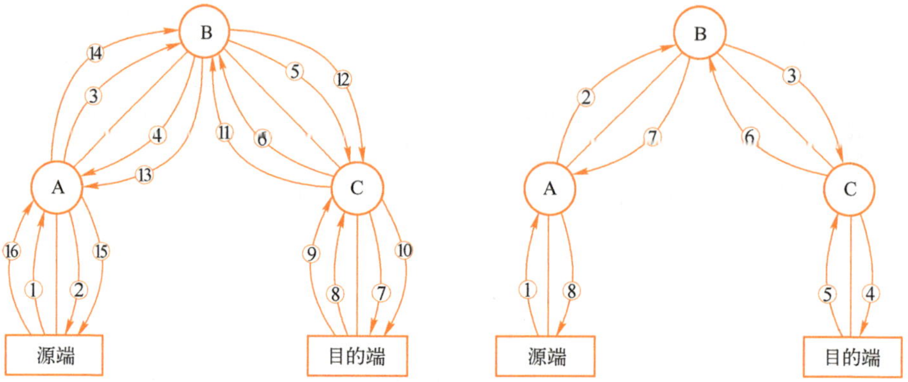

a)　　b)

图 3-16　分组交换与帧中继的数据链路应答过程

a) 分组交换　b) 帧中继

由于帧中继网络主要完成物理层和数据链路层的核心功能，而将流量控制和纠错控制等留给终端去完成，因此缩短了传输时延，提高了传输效率。帧中继网具有高效、经济、可靠、灵活和易发展的特点。

（2）帧中继的帧结构

F	H	I	FCS	F

图 3-17　帧中继的帧结构示意图

帧中继的帧结构示意图如图 3-17 所示。帧结构中各字段的含义如下。

- F：帧开始和结束的标志字段，规定其编码为 01111110。
- H：帧头字段，2～4B。其中最主要的是地址字段，用来指示联接的通路及目的端等。
- I：信息字段，其长度根据实际信息量而定。
- FCS：校验段，目的端利用它对收到的帧进行检查和纠错。

（3）帧中继的特点

1）用户接入速率为 64kbit/s～2Mbit/s，可以提供 PVC 和 SVC 业务。

2）采用统计复用技术，动态分配带宽，充分利用网络资源。

3）适用突发性业务，允许用户有效利用预先约定的带宽传送数据，同时允许用户在网络资源空闲时超过预定值，占用更多的带宽，而只需付预定带宽的费用。

4）简化 X.25 建议，纠错、流量控制等处理改由终端完成，提高了网络处理效率和吞吐量，降低了端到端的传输时延。

5）帧长度可变，网络时延和往返时延难以预测，对多媒体综合传输不利。

5. ATM 技术

传统网络普遍存在以下缺陷。第一，业务的依赖性，一般性网络只能用于专一服务，公用电话网不能用来传送 TV 信号，X.25 不能用来传送高带宽的图像和对实时性要求较高的语音信号；第二，无灵活性，即业务拓展的可能性不大，原有网络的服务质量很难适应今后出现的新业务；第三，效率低，一个网络的资源很难被其他网络共享。

随着社会不断发展，网络服务不断多样化，对网络的要求越来越高，有人不禁提出这样一个想法，即能否把这些对带宽、实时性、传输质量要求各不相同的网络服务由一个统一的多媒体网络来实现，做到真正的一线通？这就是异步传输模式（ATM）网。幸运的是，目前的半导体和光纤技术为 ATM 的快速交换和传输提供了坚实的保障。随着通信业务的发展，用户对传送高质量图像和高速数据的要求越来越高。ATM 是一种快速分组交换技术。ATM 技术是以信元（Cell）为信息传输、复接和交换的基本单位的传送方式。可以将 ATM 看作是一种特殊的分组型传递方式，建立在异步时分复用基础上，使用不连续的数据块进行数据传输，并允许在单个物理接口上复用多条逻辑联接。

（1）ATM 信元

ATM 所面临的挑战是建立一种物理网络，包容先前的所有网络功能和服务，还要能适应未来服务需求的变化。正因为如此，网络才会有五花八门的互相分离的类型。因此就像建造房屋那样，ATM 要发明可以建造任何需要的或想要的种类的网的砖瓦。这种砖瓦就是 ATM 的信元。

在 ATM 中，每一个逻辑联接上的信息流量都被组织成固定大小的称为信元的分组。每个信元包含 5B 的信息头与 48B 的信息段。ATM 信元是一种固定长度的数据分组，它以 53B 的等长信元为传输单位。ATM 的目标是要提供一种高速、低延迟的多路复用和交换网络，以支持用户所需的多种类型的业务传输，如声音、图像、视频及数据等。

（2）ATM 的虚电路概念

ATM 方式的优点是可以把用户线路灵活地分割成速率不同的各个子信道，以适应不同的通信要求。这些子信道就是虚路径和虚通道。在不同的时刻，用户的通信要求不同，虚路径和虚通道的使用就不一样。当需要某一个通信时，ATM 交换机就可为该通信选择一个空闲中的虚路径标识符（VPI）和虚通道标识符（VCI），在通信过程中，该 VPI/VCI 就始终表示该通信在进行，在该通信使用完毕后，某 VPI/VCI 就可以为其他通信所用了。这种通信过程就称为建立虚路径、虚通道和拆除虚路径、虚通道。

虚通道（Virtual Channel，VC）是指一条单向 ATM 信元传输信道，有唯一的标识符。虚路径（Virtual Path，VP）也是指一条单向 ATM 信元传输信道，含多条通路，有相同的标识符。

一条虚路径是一种可适用于所有虚通道的逻辑结构。一个虚路径标识符内可放入多条虚通道。路径/通道概念的使用允许 ATM 交换设备以相同的方式在一条路径上处理所有的通道。路径可以将许多通道绑在一起作公共处理。对于要求服务类的联接（通道），公共处理是需要的。使用虚通道降低了处理开销和缩短了联接建立时间。虚通道一旦建立，剩下的工作就不多了。通过在一条虚通道联接上预留容量以防后来呼叫的到达，新的虚通路联接可以通过在虚通道联接的端点执行简单的控制功能来建立；在转接节点中无须进行呼叫处理。因此，在已有的虚通道中增加新的虚通路涉及的处理很少。

一条信道的传输路径及 VP 与 VC 之间的复用关系如图 3-18 所示。虚通道的概念是为了响应高速联网的趋势而提出来的，在高速联网的情况下，网络控制费用成为占整个网络开销越来越多的一部分。虚通道技术有利于节省控制费用，因为它将共享公共通道的联接捆成一捆通过网络到一个网络用户单元。这样一来，网络管理动作能够被应用到一个少量的联接组而代替大量的单个联接。在物理链路中开辟多个虚通道，将每条通道分成多个虚通路，根据需要调整通路数，以满足使用需要。ATM 面向联接，通过建立虚电路进行数据传输.

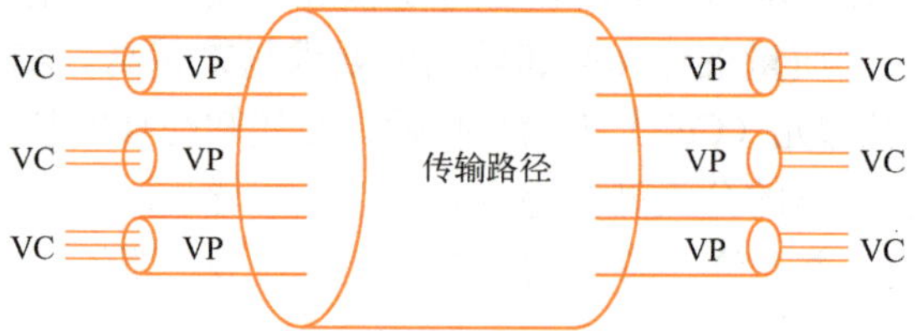

图 3-18 一条信道的传输路径及 VP 与 VC 之间的复用关系

（3）ATM 交换原理

在 ATM 交换机上联接用户线与中继线，所传送的数据单元都是 ATM 信元。因此，对 ATM 交换机而言，在很多情况下不必区分用户线与中继线，而仅需区分 ATM 的入线与出线。ATM 交换机的任务就是根据输入信元的 VPI 和 VCI，将该信元送到相应的出线。

1）入线处理与出线处理。入线处理部件对入线上的 ATM 信元进行处理，使它们成为适合交换单元进行交换的形式，并完成同步和对齐等工作。出线处理部件对交换单元送出的 ATM 信元进行处理，以转换成适合在线路上传输的形式。

2）交换单元。可以将交换单元的结构分为空分交换和时分交换两大类。交换单元的任务是将入线上的 ATM 信元，根据信头的 VPI/VCI 转送到相应的出线上。此外，ATM

交换单元还应该具备 ATM 信元的复制功能，以支持多播业务。

3）控制单元。ATM 控制单元的任务是对交换单元的动作进行控制。由于控制交换单元动作的信令和运行、维护等信息都是以 ATM 信元的形式传送的，因此，ATM 控制单元应具有接收和发送 ATM 信元的能力。在 ATM 交换单元中，控制部分根据信头地址（VPI 或 VCI）查找地址映射表，改写信头地址，并送往相应端口输出。整个交换过程十分简单，可以采用硬件寻址和并行交换方式，极大地提高了 ATM 信元的交换速度。ATM 采用统计时分复用技术进行数据传输。根据各种业务的统计特性，在保证业务质量要求的情况下，在各业务之间动态地分配网络带宽，以达到最优的资源利用率。ATM 交换机的结构原理图如图 3-19 所示。

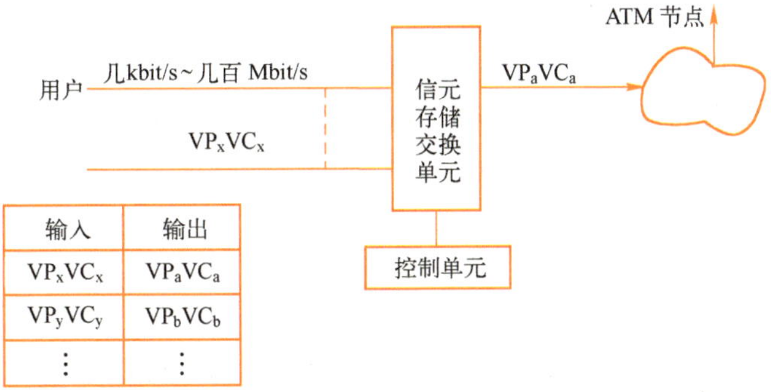

图 3-19　ATM 交换机的结构原理图

在大多数情况下，当 VP 通过 ATM 交换机时，在交换机输出端给信元分配一个不同的 VPI。这是由于给定的 VP 联接（VPC）必须能够从共享输出传输通道的新 VPC 组中被唯一地识别出来。当 ATM 交换机改变信元的 VPI 时，改变了虚电路，它通知其他的交换机以便它们能够重新配置虚电路来识别新的 VPI。虚通道交换（如图 3-20 所示）说明了当 VP 通过 ATM 交换机时，一个特定 VPC 的 VPI 是如何改变的。如图 3-20 所示的交换机入口处 VPI = 1，出口处变为 VPI=5。但是由于 VCI 从共享同一 VP 的所有 VC 中唯一地识别了每个 VC，因此 VCI 没有改变。

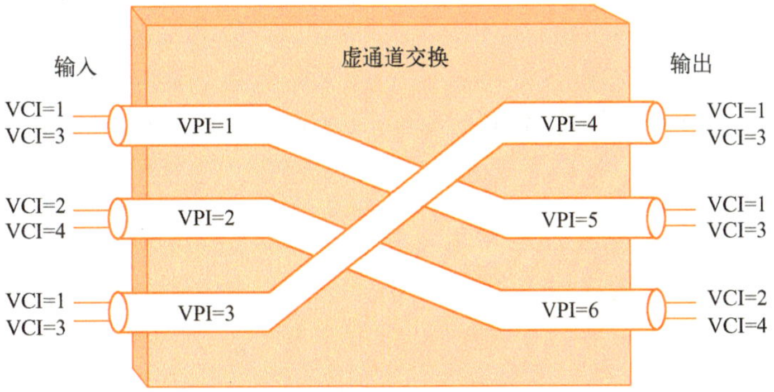

图 3-20　虚通道交换

（4）ATM 网络的特点

1）ATM 兼具电路交换方式和分组交换方式的基本特点。

2）适应高带宽应用的需求。

3）采用统计复用方式，充分利用网络资源。

4）能同时传输多种数据信息。

5）改进分组通信协议，交换节点不再进行差错控制，以减少延迟，提高了通信能力。

6）支持不同类型的宽带业务，如图像、高速数据等多媒体信息。

7）具有良好的可扩展性。

综上所述，既可以将 ATM 看作是电路交换方式的演进，也可以看作是分组交换方式的演进。ATM 和分组交换方式的主要不同之处如下。

① ATM 中使用了固定长度的分组——ATM 信元，并使用了空闲信元来填充信道。

② 可以由用户在申请信道时提出业务质量要求。

③ 不使用反馈重发方法，必要时可在用户之间进行端-端的差错纠正措施。

3.2 移动通信

移动通信是指移动体之间的通信，或移动体与固定体之间的通信。

3.2.1 移动通信概述

（1）移动通信的特点

移动通信属于无线通信，即通过空间传送信息。移动通信与其他有线通信相比，有以下几个特点。

1）电磁波传播的路径比较复杂。

2）移动通信是在强干扰环境下进行工作的。

3）移动通信具有多普勒效应。多普勒效应是指无线电波在波源快速移向观察者时接收频率变高，而在波源远离观察者时接收频率变低。当移动台达到一定速度时，基站台所接收到的载波频率将随运动速度的不同而产生不同的频移。移动台附近的散射体（地形、地物和移动体等）引起的多径传播信号在接收点相叠加，造成接收信号快速衰落的现象，所以在移动台高速移动时，多普勒效应会导致快速衰落，速度越高，衰落变换频率越高，衰落深度越深。

4）用户在经常地移动。

（2）移动通信的工作方式

移动通信与固定通信一样，可分为 3 种工作方式，即单工、半双工和全双工。

1）单工通信方式。单工又可分为同频单工和双频单工。

同频单工是指通信的双方使用相同的频率工作，采用“按-讲”方式。在某一时刻，一方发话，另一方只能收听。单工通信方式示意图如图 3-21 所示。平时，双方的接收机均处于守听状态。如果 A 方需要发话，可按一下“按-讲”开关，关掉 A 方接收机，并将

开关 S_A 拨至发射机（图 3-21 中 A 方的开关 S_A 用虚线，表示接到发射机），使其发射机工作。这时由于 B 方仍处在守听状态，即可实现由 A 到 B 的通话。同样，也可实现由 B 到 A 的通话。在这种通信方式中，同一部电台（A 方或 B 方）的发射和接收是交替工作的，故收发信息可使用同一部天线，而不需要使用天线共用器。

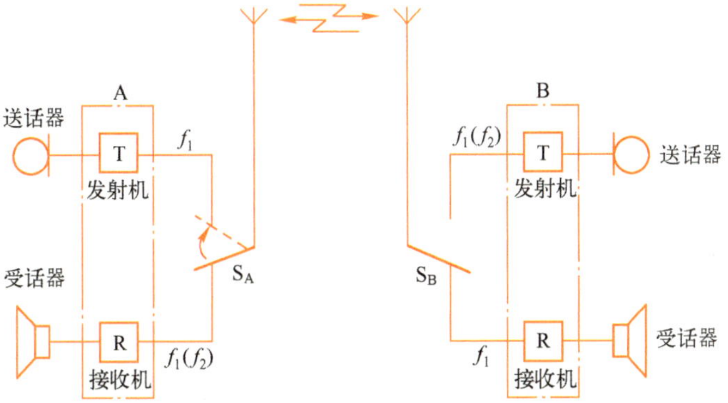

图 3-21 单工通信方式示意图

同频单工的优点是设备简单，功耗小。其缺点是操作不方便，如果配合不恰当，就会出现通话断断续续的现象。此外，若在同一地区有多部电台使用相邻的频率，则相邻较近的电台之间将会产生严重的干扰。

双频单工是指通信双方使用两个频率，而操作仍用“按-讲”方式。同一部电台的发射机和接收机也是交替工作的。只是收发各用一个频率，其优缺点与同频单工类似。单工通信方式适用于用户少、专业性强的移动通信系统。

2）半双工通信方式。半双工是指通信双方中有一方（如 A 方）使用双工方式，即收发信机同时工作，而且使用两个不同的频率，即 f_1 和 f_2，而另一方（如 B 方）则采用双频单工方式，即收发信机交替工作。半双工通信方式示意图如图 3-22 所示。

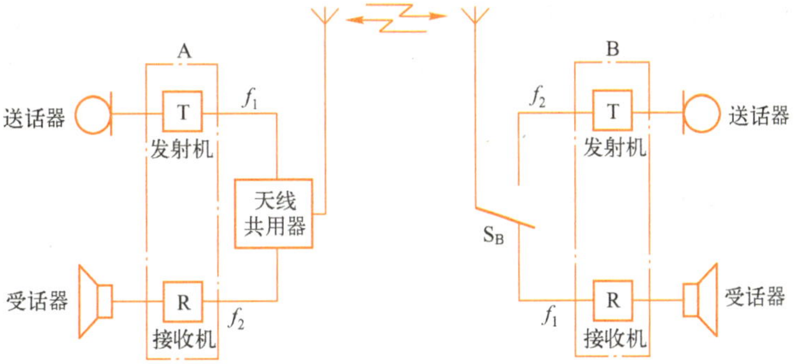

图 3-22 半双工通信方式示意图

平时 B 方处于守听状态，仅在发话时按下“按-讲”开关，切断接收机使发射机工作。半双工通信方式的优点是设备简单，功耗小，克服了通话断断续续的现象，但操作仍不太方便。所以半双工通信方式主要用于专业移动通信系统中，例如用于汽车和火车的调度、装卸调度等。

3）全双工通信方式。全双工是指通信双方的收发信机均同时工作，任何一方（A 方或 B 方）在发话的同时能听到对方发的语音，无须按“按-讲”开关，与普通市内电话的使用情况类似，拿起送话器就可以讲话或听对方讲话，操作极为方便。全双工通信方式示意图如图 3-23 所示。

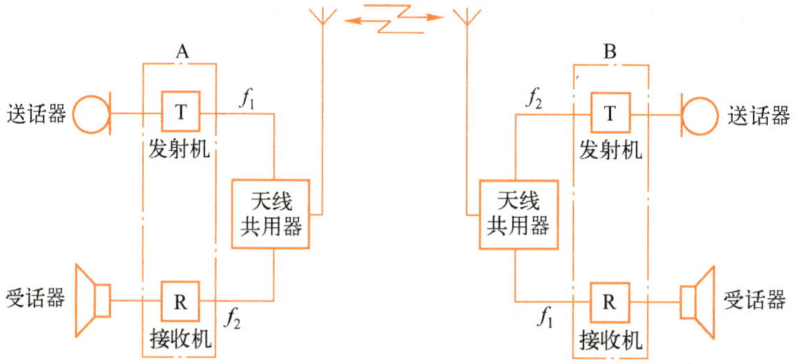

图 3-23 全双工通信方式示意图

但是，在使用这种通信方式的过程中，不管是否发话，发射机总处于工作状态。耗电较大，这一点对使用电池供电的移动台是十分不利的。因此，在某些系统中，移动电台的发射机仅在发话时才工作，而移动电台的接收机总是在工作，通常称这种系统为准双工系统，它可以和双工系统兼容。目前，准双工工作方式在移动通信系统中已得到广泛的应用。

（3）移动通信中的多址方式

实现无线多址通信的理论基础是信号分割技术，也就是在发送端，使发射的信号参量（发射频率、信号出现的时间或空间、信号的码型或波形等）有所差异，而在接收端具有信号识别能力，能从混合信号中分离选择出相应的信号。在移动通信系统中采用的多址方式主要有频分多址、时分多址和码分多址 3 种。

1）频分多址（FDMA）。频分多址是把通信系统的总频段划分成若干等间隔的互不重叠的频道，分配给不同的用户使用。这些频道的带宽可传输一路语音信息，各频道间互不重叠，相邻频道之间无明显干扰。为了实现全双工通信，收信、发信使用不同的频率（称为双频双工）。早期的模拟移动通信系统采用 FDMA 方式。FDMA 的缺点是频率利用率低。

2）时分多址（TDMA）。时分多址是把时间分割成周期性帧，每一帧又分割成若干个时隙（无论帧或时隙都互相重叠），然后根据一定的时隙分配原则，使移动台在每帧中按指定的时隙向基站台发送信号，而基站台可以分别在各时隙中接收到各移动台的信号而互不干扰；同时，基站台向多个移动台发送的信号都按规定的时隙发射，各移动台在指定的时隙中接收，从各路的信号中提取发给它的信息。TDMA 数字移动通信系统的突出优点是频率利用率高，同一频道可供几个移动台同时进行通信，抗干扰能力强。缺点是需要全网同步，技术比较复杂。

3）码分多址（CDMA）。码分多址是各发送端用各不相同、相互正（准）交的地址码调制其所发送的信号，在接收端利用码型的正（准）交性，通过地址识别（相关检测），从混合信号中选出相符的信号。在 CDMA 移动通信系统中，各移动用户传输信息所用的信号，不是靠频率的不同或时隙的不同来区分的，而是用各自不同的编码序列（地址码）来区分的。码分多址的特点是，网内所有用户使用同一载波，共同占用整个带宽，各个用户可以同时发送或接收信号，因此，各用户的发射信号在时间、频率上都可以互相重叠。

频分多址、时分多址和码分多址 3 种多址方式的比较如图 3-24 所示。

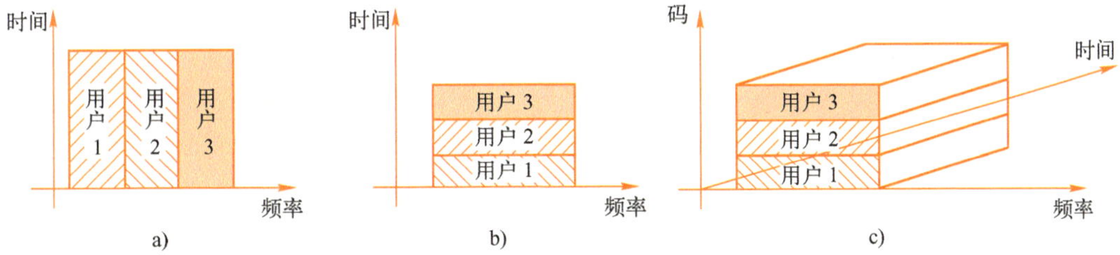

图 3-24　频分多址、时分多址和码分多址 3 种多址方式的比较

a) 频分多址　b) 时分多址　c) 码分多址

3.2.2　全球移动通信系统（GSM）

全球移动通信系统（Global System for Mobile Communications，GSM）标准的制定是由移动通信特别研究小组完成的。该小组成立于 1982 年，它的宗旨是制定 900MHz 泛欧数字蜂窝移动无线系统的标准。

GSM 网络由于采用了数字无线传输和无限小区之间的切换方法，因此能得到比模拟蜂窝移动电话系统更高的频率利用率，从而增加了服务的用户数量。GSM 提供了一种公共标准，使用户能够在整个 GSM 服务区域使用它们的移动电话。在 GSM 系统覆盖的所有国家之间和内部的漫游都是全自动的。此外，GSM 标准还提供了一些新的用户业务功能，如高速数据通信、传真和短信息业务等。

1. GSM 移动电话系统的组成

一个 GSM 网络的基本配置结构与其他蜂窝无线网络相类似，系统是由相邻的无线蜂窝小区组成的网络实现的。这些蜂窝一起对移动网络服务区域提供完全的覆盖。每个蜂窝小区有一个基站收发信台（BTS），它工作在一种特定的无线信道上，这些信道不同于相邻蜂窝小区所使用的信道。

GSM 移动电话系统由网络交换子系统（NSS）、基站子系统（BSS）、操作维护中心（OMC）和移动台（MS）4 部分组成，如图 3-25 所示。

（1）网络交换子系统（NSS）

网络交换子系统（NSS）由 5 部分组成，即鉴权中心（AUC）、漫游位置寄存器（VLR）、归属位置寄存器（HLR）、设备识别寄存器（EIR）和移动交换中心（MSC）。

1）鉴权中心（AUC）也称为认证中心。AUC 与 HLR 联接在一起。AUC 的功能是为 HLR 提供与特定用户有关的、安全方面的鉴别参数和加密密钥。GSM 系统采取了特别的安全措施，例如用户鉴权以及对无线接口上的语音、数据和信号信息进行保密等。因此，AUC 存储着鉴权算法和加密密钥，用来防止无权用户接入系统和保证通过无线接口的移动用户通信的安全。AUC 保证各种保密参数的安全性，并以加密形式在 AUC 与管理中心传输。AUC 应能根据 HLR 请求，一次向 HLR 提供 5 组鉴权三参数组。鉴权三参数组（RAND、SRES、Kc）是根据随机数 RAND 及 K_i，再根据相应算法产生的，鉴权三参数组存储于 HLR 中，支持鉴权、保密功能。

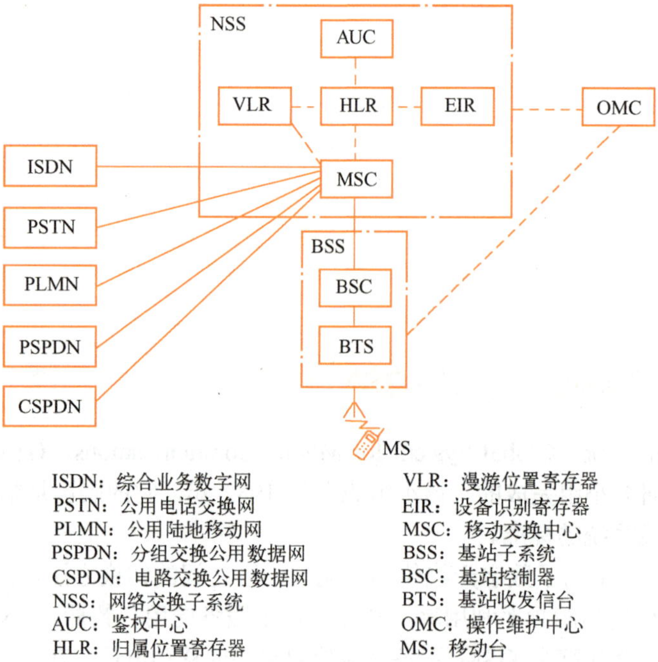

图 3-25 GSM 移动电话系统组成

2）漫游位置寄存器（VLR）。VLR 是一个用户数据库，用于存储当前位于该 MSC 服务区域内所有移动台的动态信息，即存储与呼叫处理有关的一些数据，如用户的号码、所处位置区的识别、向用户提供的服务等参数。因此，每个 MSC 都有一个自己的 VLR。HLR 和 VLR 除位置信息不同外，其区别还在于，HLR 存储的是移动用户目前所在的 MSC/VLR 的位置信息，而 VLR 存储的是移动用户目前所在位置区域（LA）的信息，其余均相同。

当需要寻呼某移动用户时，首先，通过 GMSC 或关口局向该用户登记的 HLR 询问该用户现在的 MSC/VLR 位置，然后，HLR 向该 VLR 索取该用户在该 MSC 的移动用户漫游号码（MSRN），经 HLR 送至 GMSC，这样，GMSC 就可以根据该用户的 MSRN，确定路由，接至该移动用户现在所处的 MSC，然后，根据 VLR 内存储的信息，在该位置区域寻呼该移动用户。

3）归属位置寄存器（HLR）。它是管理移动用户的主要数据库。网络的运营者对用户数据的所有管理工作都是通过留存在 HLR 中的数据完成的。每个移动用户都应在 HLR 中注册登记。HLR 主要存储两类信息数据：一类是有关用户的信息，如登记在该 HLR 中用户所注册的有关电信业务、承载业务和附加业务等方面的数据；另一类是用户位置信息，因为移动用户是移动的，为了能正确选择路由，迅速寻呼该用户，需要清楚地知道该用户目前所在的区域，即有关用户目前所处位置的信息，以便建立至移动台的呼叫路由（如 MSC、VLR 地址等），并随着业务的发展增加相应的存储内容。

GSM 对每一个注册的移动台都要分配两个号码，并存储在 HLR 中。一个号码是国际移动用户标志（IMSI）：它是在 GSM 网络中用来区分用户信息的；另一个是移动台 ISDN 号（MSISDN）：它是在 PSTN/ISDN 编号中用来区分注册的 GSM 移动台号的。

4）设备识别寄存器（EIR）（设备身份登记器）。EIR 是存储有关移动台设备参数的数据库，主要完成对移动设备的识别、监视、闭锁等功能。每个移动台有一个唯一的国际移动设备标志（IMEI），IMEI 是一个 15 位的十进制数字，相当于手机的身份证号码，标明了手机的型号、生产厂家、装配地点、序列号。

5）移动交换中心（MSC）。它是整个系统的心脏，负责呼叫的建立、路由选择控制和呼叫的终止，负责管理 MSC 之间和 MSC 与 BSC 之间的业务信道的转换（BSC 内的业务信道转换由 BSC 负责）。因此，它是对位于它所覆盖区域中的移动台进行控制、交换的功能实体。它除了完成固定网中交换中心所要完成的呼叫控制等功能外，还要完成无线资源的管理、移动性管理等功能。为了建立至移动台的呼叫路由，每个 MSC 还应具有完成关口移动交换中心（GMSC）的功能，即查询位置信息的功能。此外，还负责支持附加业务，如主叫号码识别和限制、被叫号码识别和限制及各种不同的呼叫转移、三方通话、会议呼叫、收费通知、免费电话服务等以及 ISDN 的各种附加业务，负责搜集计费和账单信息等。MSC 还起到 GSM 网络和公众电信网络（如 PSTN、ISDN、PSPDN）等之间的接口作用。

（2）基站子系统（BSS）

基站子系统是在一定的无线覆盖区中，由移动交换中心（MSC）控制、与 MSC 进行通信的系统设备。一个 BSS 的无线设备，可包含一个或多个小区的无线设备。根据其功能，用于对 BTS、移动台接续和传输网络的管理。BSS 可分为基站控制器（BSC）和基站收发信台（BTS）两部分。

1）基站控制器（BSC）。它具有对一个或多个 BTS 进行控制的功能。它一般分为译码设备和基站中央设备（BCE）两个部分。为了充分利用频谱，译码设备将 64kbit/s 的语音信道压缩编码为 13kbit/s 或 6.5kbit/s；基站中央设备（BCE）主要用于对用户移动性的管理、对基站发信机和移动台发信机的动态功率控制以及对无线网络、BTS、移动台接续和传输网络的管理。

2）基站收发信台（BTS）。它由 BSC 控制，是为一个小区提供服务的无线收发信和接收的设备。

（3）操作维护中心（OMC）

OMC 是一个功能实体。操作人员通过 OMC 来监视和控制 GSM 系统，对基站分系统和交换分系统分别进行操作和维护，以保证系统的正常运转。GSM 的技术规范确定了关于如何实现操作和维护功能的基本原则。

（4）移动台（MS）

移动台有手持机、车载台和便携台 3 类。它的主要功能是在 GSM 系统中提供无线电发送。移动台与移动终端设备是有区别的，装有 SIM 卡的才是移动台，否则只能称为移动设备（Mobile Equipment，ME）。SIM（Subscriber Identity Module，客户识别模块）卡是一种含有微处理器的智能卡片，SIM 卡中包含所有与用户有关的信息，其中也包括鉴权和加密信息。使用 GSM 标准的移动台都需要插入 SIM 卡，只有当处理异常的紧急呼叫时，可以在不用 SIM 卡的情况下操作移动台。SIM 卡的使用，使移动台设备与移动用户可以完全独立。也就是说，同一张 SIM 卡可以在不同的移动台设备上使用，而由此产生的费用自动记录在该 SIM 卡账户上。

2. GSM 的网络结构

（1）移动业务本地网的网络结构

移动业务本地网的网络结构图如图 3-26 所示。

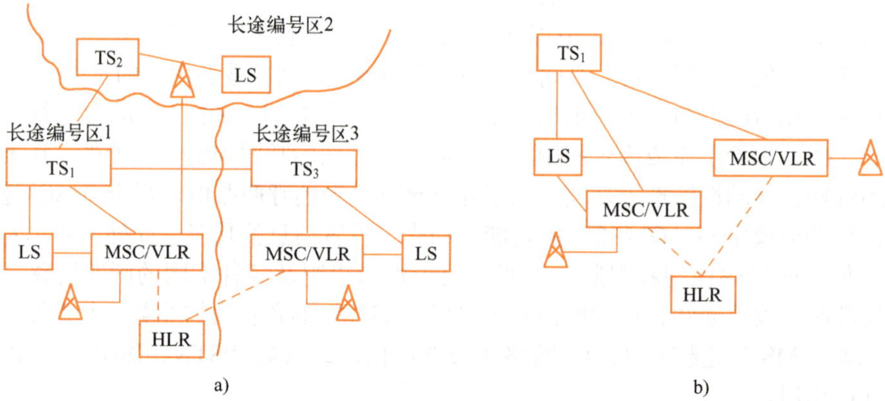

LS：本地网交换机 TS：长途网交换机 MSC：移动交换中心 VLR：漫游位置寄存器 HLR：归属位置寄存器

图 3-26 移动业务本地网的网络结构图

a) 移动业务本地网由几个长途编号区组成 b) 移动业务本地网由一个长途编号区组成

1）移动业务全国网划分为若干个移动业务本地网，原则上，长途编号区编号为 2 位、3 位的地区建立移动业务本地网。在每个移动业务本地网中应相应设立一个 HLR（必要时可增设 HLR），用于存储归属该移动业务本地网的所有用户的有关数据。在每个移动业务本地网中可设一个或若干个移动交换中心（移动端局）。

2）在移动业务本地网中，每个 MSC 与局所在地的长途局相联，并与局所在地的汇接局相连。在长途多局制地区，MSC 应与该地区的高一级长途局相联。在没有汇接局或话务量足够大的情况下，MSC 也可与本地端局相联。

3）每个 MSC 均为 GSM 的入口 MSC。

（2）省内网

1）省内 GSM 由省内的各移动业务本地网构成，省内设若干个移动业务汇接中心（也称二级汇接中心或省级汇接中心）。根据业务量的大小，二级汇接中心可以是单独设置的汇接中心（即不带用户，没有 VLR，甚至没有基站接口，只做汇接），也可以是既作为移动端局（与基站相联，可带用户），又可以作为汇接中心的移动交换中心。

2）省内 GSM 中的每一个移动端局，至少应与省内两个二级汇接中心相联。

3）省内的二级汇接中心之间为网状网。

4）当任意两个 MSC 之间有较大业务量时，可建立语音专线。

5）在建网初期，为节约成本，可先设一个二级汇接中心，每个 MSC 以单星形结构与汇接中心相联，逐步过渡。

（3）全国网

1）在大区设立一级移动业务汇接中心，通常为单独设置的移动业务汇接中心。

2）各省的二级汇接中心，应与其相应的一级汇接中心相联。

3）一级汇接中心之间为网状网。

3. 公共陆地移动网（PLMN）与公用电话交换网（PSTN）的联接

公共陆地移动网简称为移动网。公用电话交换网简称为固定网。移动网中的一级汇接中心、二级汇接中心和移动端局都分别与局所在地的固定网的长途局相联，并与局所在地的汇接局相联，也可与本地端局相联。移动网与固定网的联接示意图如图 3-27 所示。

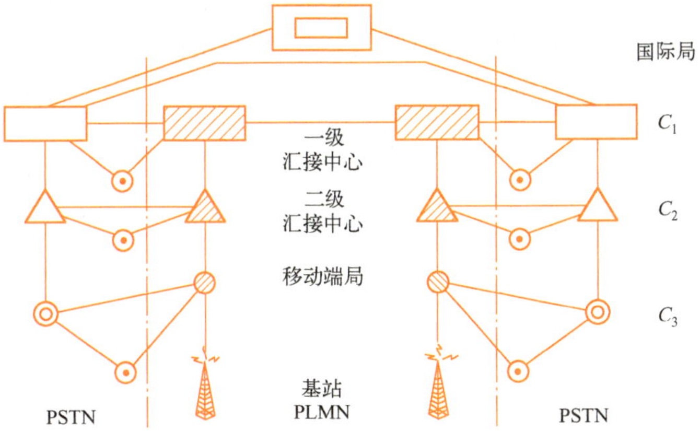

图 3-27　移动网与固定网的联接示意图

4. 路由及接续

（1）路由设置和路由选择的原则

各级移动汇接中心之间以及与移动端局之间，在设置语音专线时，可选择设置低呼损电路群和高效直达电路群两种。省内各移动端局至省级移动汇接中心之间设置低呼损电路群。省级移动汇接中心至相应的一级移动汇接中心之间设置低呼损电路群。在省级移动汇接中心之间、大区与汇接中心之间设置低呼损电路群。低呼损电路群的呼损指标≤1%，不溢出。若任意两个数字移动业务中心（包括汇接中心）之间业务量较大，则可根据需要建立高效直达路由。在进行路由选择时，应先选择高效直达路由，后选择低呼损路由。固定用户呼叫移动用户，应尽可能快地就近进入移动网查询路由进行接续；移动用户呼叫固定用户，应立即进入固定网，由固定网进行接续。

（2）具体规定

1）移动用户呼叫固定用户。一类是移动用户（包括漫游用户）呼叫 MSC 所在地的固定用户。经 MSC 至当地市话局（LS），接到固定用户，如图 3-28 所示。另一类是移动用户（包括漫游用户）呼叫外地的固定用户。经 MSC 接至长途局 TS，由公用固定网进行接续，如图 3-29 所示。

图 3-28 移动用户呼叫 MSC 所在地的固定用户

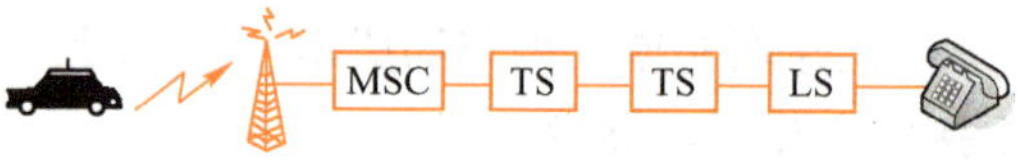

图 3-29 移动用户呼叫外地固定用户

2）固定用户呼叫移动用户。一类是固定用户呼叫本地移动用户（用户拨 13* $H_0H_1H_2H_3$ABCD），根据移动业务接入号（13*、15*、18*等），将呼叫就近接入当地的一个数字移动交换中心（GMSC），GMSC 分析 $H_0H_1H_2H_3$，若是本地 HLR，则通过 No.7 信令网，从 HLR 得到移动用户目前的路由信息，即 MSRN，在移动网中寻找路由，进行接续。若是外地 HLR，则不予接续。固定用户呼叫本地移动用户如图 3-30 所示。另一类是固定用户呼叫外地移动用户（用户拨 013* $H_0H_1H_2H_3$ABCD）。若当地有 MSC，则将呼叫接至长途局转至当地 MSC 或根据移动业务接入号（0）13*就近接入当地 MSC，当地 MSC（GMSC）分析 $H_0H_1H_2H_3$ 号码，导出被叫移动用户的 HLR 地址信息，通过 No.7 信令网，从 HLR 得到该用户目前的位置信息，即 MSRN，在移动网中寻找路由，进行接续。固定用户呼叫外地移动用户示意图如图 3-31 所示。若当地没有 MSC，则将呼叫接至长途局，长途局就近接入一个 GMSC，由 GMSC 分析 $H_0H_1H_2H_3$ 号码，导出被叫移动用户的 HLR 地址信息，通过 No.7 信令网，从 HLR 中得到该用户目前的位置信息，即 MSRN，在移动网中寻找路由，进行接续。当地无 MSC 时，固定用户呼叫外地移动用户示意图如图 3-32 所示。

图 3-30 固定用户呼叫本地移动用户示意图

图 3-31 固定用户呼叫外地移动用户示意图

图 3-32 固定用户呼叫外地移动用户（当地无 MSC）示意图

3）移动用户呼叫移动用户。由始发 MSC 查询被叫移动用户的路由信息 MSRN，在移动网中选择路由。

（3）漫游

漫游是指移动台在离开自己注册登记的业务区域（归属业务区），移动到另一业务区域（被访业务区）后，移动通信系统仍可向其提供服务的功能。移动电话系统的漫游方式有两种。

1）人工漫游。采用人工登记方式，给漫游移动台分配被访移动电话局的漫游号码，移动台能在多个地区得到服务。人工漫游每登记一地，即获得一个该地的移动电话号码，漫游用户要通知主叫用户按其漫游号码发起呼叫。目前已不再使用人工漫游方式。

2）自动漫游。不需要预先登记，当漫游用户到达被访地后，只要打开移动台电源，被访地的移动交换中心就会自动识别出该用户，并且自动查询用户资料，确认用户是否有相应权限，待判明用户为合法用户后，该用户即可享受漫游服务。自动漫游用户作被叫时，仍使用原用户号码。

（4）频道转接

频道转接是 GSM 的重要功能。它指的是移动台在通话过程中改变所用的语音信道，改变的原因通常是由于移动台远离基站或接近无线区，或者由于外界干扰而造成在原有语音信道上通话质量下降，这时必须转接到一条新的空闲语音信道上去，以保持通话不被中断。根据新、老语音信道的相对位置关系，频道转接可分为以下 4 种类型。

1）越区频道转接。新、老语音信道属于两个不同的蜂窝小区，对应于移动台跨越两个邻近小区的情况，如图 3-33 中的 MS_1 所示。其频道转接由 MSC_1 控制完成。还有一种强制频道转接，它并非是由原有语音信道质量下降引起的，而是出于小区话务调节的需要。如移动台所在小区话务密度较高，其邻近小区话务密度较低，在发生瞬时话务高峰时，本小区语音信道可能不够用。为了避免话务损失，交换机可以借用邻近小区的信道，强制正在通话中的靠近邻近小区的移动台转接到借用信道上去，将让出的信道分配给新的呼叫。这类转接属越区频道转接。

2）越局频道转接。新、老语音信道属于两个不同的蜂窝小区，且这两个小区分属不同的 MSC 管辖，对应于移动台跨越两个邻近交换业务区的情况，如图 3-33 中的 MS_2 所示。其频道转接由 MSC_1 和 MSC_2 协调完成，且新的语音通路要占用 MSC_1 和 MSC_2 之间的局间中继电路。

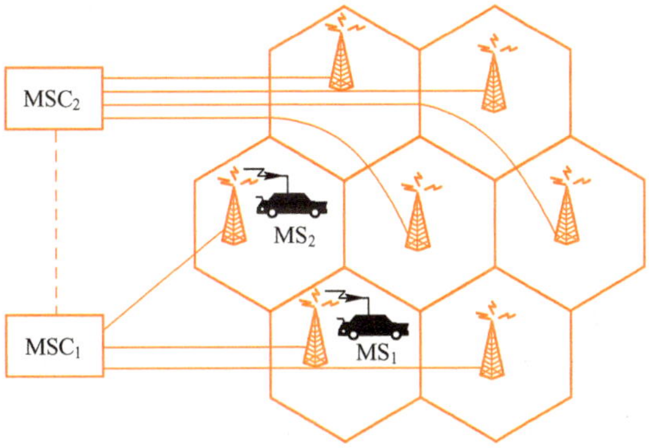

图 3-33　越区频道转接

3）不同系统间频道转接。新、老语音信道不但分属不同的交换业务区，而且这两个业务区属于不同的移动系统。

4）小区内频道转接。新、老语音信道属于同一蜂窝小区。这类转接发生于以下两种情况：一是原有语音信道由于干扰通话质量下降；二是语音信道设备需要维护。这类转接在同一基站范围内，实现较为简单。

由上述可见，频道转接犹如在通话过程中发生的动态漫游，但它要求在极短时间内完成，使用户没有察觉。

5. 数字移动台的构成

GSM 移动台原理框图如图 3-34 所示。

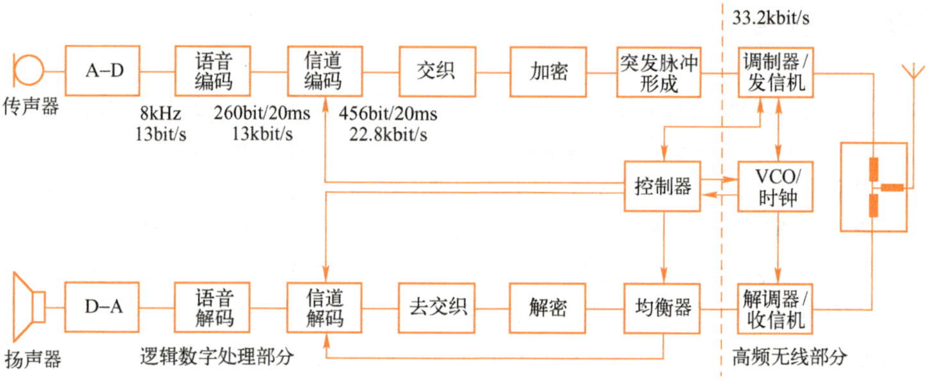

图 3-34 GSM 移动台原理框图

GSM 移动台具体可以分成两部分：一部分是高频无线部分，主要负责信号的接收、解调、发射和调制；另一部分是逻辑数字处理部分，主要负责语音处理、控制和信令处理。

6. GSM 无线接口信令

信令具有信号和指令的双重含义，它在移动通信系统内部实现的自动控制中起着关键作用。对于一个公用移动电话网，由移动交换中心到市话网的局间信令和基站到移动交换中心之间的信令，属于有线信令；而基站台到移动台之间的信令通过无线传输，属于无线接口信令。目前，在大容量的移动电话系统中，均采用数字信令（数字信令是将信令按数字方式编码进行传送的信令）。

（1）GSM 移动通信系统的帧结构

1）超高帧、超帧、复帧。GSM 的特性之一是用户信息的保密性，这是通过在发送信息前对信息进行加密实现的。加密机制要用 TDMA 帧号作为参数之一，因此基站收发信台（BTS）必须以循环形式对每一帧进行编号。选定的循环长度为 2 715 648，相当于 3h28min53s760ms，这种结构称为超高帧。一个超高帧分为 2048 超帧，每个超帧持续时间为 6.12s。一个超帧又可有以下两种类型的复帧。

① 26 帧的复帧：包含 26 个 TDMA 帧，持续时间为 120ms。这种复帧用于携带业务信道（TCH）和慢速随路控制信道（SACCH）加快速随路控制信道（FACCH），主要用于业务信道。51 个这样的复帧组成一个超帧。

② 51 帧的复帧：包含 51 个 TDMA 帧，持续时间为 235.385ms，这种复帧用于携带广播信道（BCH），公共控制信道（CCCH）主要用于控制信道，26 个这样的复帧组成一个超帧。超高帧、超帧、复帧和 TDMA 帧之间的关系如图 3-35 所示。

2）TDMA 帧、时隙及突发脉冲序列的结构。每个 TDMA 帧包含 8 个时隙，一个时隙中的信息格式称为突发脉冲序列，如图 3-36 所示。

（2）GSM 移动通信系统信道

无线接口是移动台与基站收发信台之间接口的统称。从基站到移动台的方向称为下行，移动台到基站的方向称为上行。移动台和基站之间传递信息的通道，统称为信道。GSM 的信道分为物理信道和逻辑信道两类。

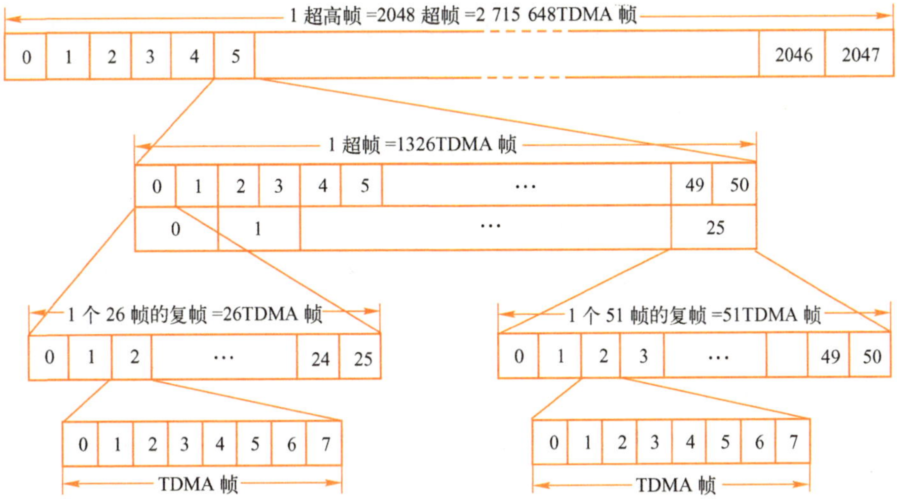

图 3-35　超高频、超帧、复帧和 TDMA 帧之间的关系

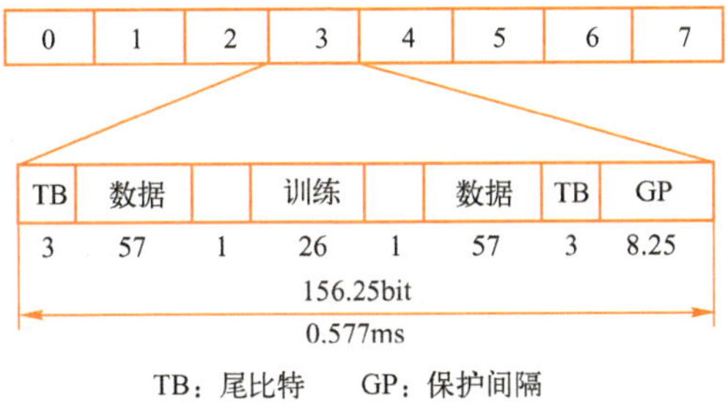

图 3-36　TDMA 帧、时隙及突发脉冲序列的结构

1）物理信道。一个载频上的 TDMA 帧的一个时隙称为一个物理信道，它相当于 FDMA 系统中的一个频道，GSM 中每个载波有 8 个时隙，即应有 8 个物理信道。

2）逻辑信道。按功能划分的信道称为逻辑信息。根据传递信息的种类，可定义不同的逻辑信道。这些逻辑信道又映射到物理信道上。可将逻辑信道分为两大类，即业务信道和控制信道。

① 业务信道（TCH）。业务信道用于传递用户数据，包括编码后的语音或数字数据，分为上行和下行，是点对点的。业务信道从传输速率上来划分有两种：一种是全速率语音业务信道——以 22.8kbit/s 的总速率携带信息（编码语音或用户数据），这是目前使用的语音传输信道，编码速率为 13kbit/s；另一种是半速率语音业务信道——以 11.4kbit/s 的总速率携带信息（编码语音或用户数据），留作未来使用，编码速率为 6.5kbit/s。

② 控制信道。控制信道用于传送控制信令或同步数据，根据任务的不同，可分为广播信道、公共控制信道和专用控制信道。

ⓐ 广播信道（BCH）。广播信道是由基站单方面发送的信道，用来向移动台提供与网络同步所需的信息。它是下行控制信道，点对多点。广播信道又可分为 3 种。

- 频率校正信道（FCCH）。频率校正信道携带用于校正移动台频率的信息，用于向移动台提供系统的基准频率，以便移动台校正其工作频率。

- 同步信道（SCH）。同步信道携带移动台的帧同步和 BTS 识别码（BSIC）信息，以便调节由基站发送的调制信号。
- 广播控制信道（BCCH）。广播控制信道广播每个 BTS 的通用信息，用于向移动台发送识别和接入网络所需的系统参数，如位置区识别码、移动网识别码、邻近小区频率和接入参数等。

ⓑ 公共控制信道（CCCH）。公共控制信道用于系统寻呼和移动台接入，也可分为3种。

- 寻呼信道（PCH）。寻呼信道由基站发往移动台，此信道用于寻呼移动台，是下行控制信道，点对点。
- 允许接入信道（ACCH）。允许接入信道用于为移动台分配一个独立专用控制信道，基站以此通知移动台所分配的业务信道和专用信道，是下行控制信道，点对点。
- 随机接入信道（RACH）。随机接入信道用于移动台通过此信道向系统申请分配一个独立专用控制信道，是上行控制信道，点对点。

ⓒ 专用控制信道（DCCH）。专用控制信道用于在网络和移动台间传送用于呼叫建立和用户登记的网络信息，也可分为3种。

- 独立专用控制信道（SDCCH）。独立专用控制信道是基站和移动台间的双向信道，用于在分配业务信道之前，在呼叫建立过程中传送系统信令，是上行/下行控制信道，点对点。
- 慢速随路控制信道（SACCH）。慢速随路控制信道与业务信道或独立专用控制信道一起使用，是一个传送连续信息的连续数据通道。只要基站分配一个业务信道或独立专用控制信道，就一定同时分配一个对应的慢速随路控制信道。它和 TCH（SDCCH）安排在同一时隙中，以时分复用方式插入传送信息，是上行/下行控制信道，点对点。
- 快速随路控制信道（FACCH）。快速随路控制信道传送的信息与 SDCCH 相同，但 SDCCH 是独立存在的信道，而 FACCH 与一个 TCH 相关，其用途是在呼叫进行过程中快速发送一些长的信令信息。若通过 SACCH 传送，则须每隔 12 个 TCH 才能插入 SACCH，这样速度太慢，不能及时保证通话质量。因此，借用 TCH 来传送信令信息，这一般在切换时发生，这种中断时间在 GSM 系统中不易被用户觉察。

（3）突发脉冲序列

在系统中有不同的逻辑信道，这些逻辑信道以某种方式在物理信道上传递。TDMA 信道上一个时隙中的信令格式称为突发脉冲序列，以固定的时间间隙（TDMA 信道上每 8 个时隙中的一个）发送某种信息的突发脉冲序列，移动台只在指定的时隙中发送信息，其余时隙让其他移动台用，处于一种间断性的突发工作状态。GSM 系统共有 5 种类型的突发脉冲序列。

1）普通突发脉冲序列（NB）。普通突发脉冲序列用于携带 TCH 和 RACH 及 SCH 和 FCCH 以外的控制信道上的信息。

2）频率校正突发脉冲序列（FB）。频率校正突发脉冲序列用于移动台的频率同步，它相当于一个带频移的未调制载波，此突发脉冲序列的重复称为 FCCH。

3）同步突发脉冲序列（SB）。同步突发脉冲序列用于移动台的时间同步，它包括一个易被检测的长同步序列，并携带有 TDMA 帧号和基站识别码（BSIC）信息，这种突发脉冲序列的重复称为 SCH。TDMA 帧号、计算加密序列的算法是以 TDMA 帧号为一个输入参数，因此，每一帧都必须有一个帧号。帧号是以 3.5h（2 715 648 个 TDMA 帧）为周期循环的，有了 TDMA 帧号，移动台就可以判断控制信道 TS_0 上传输的是哪种逻辑信道。

4）接入突发脉冲序列（AB）。接入突发脉冲序列用于随机接入 RACH，它有一个较长的保护间隔，这是为了适应移动台的首次接入。

5）空闲突发脉冲序列（DB）。空闲突发脉冲序列在某些情况下由 BTS 发出，不携带任何信息，它的格式可与 NB 相同，其中加密比特改为具有一定比特模型的混合比特。

3.2.3　CDMA 移动通信系统

码分多址（Code Divison Multiple Access，CDMA）移动通信系统（以下简称为 CDMA 系统）是一种以扩频通信为基础、载波调制与码分多址技术相结合的移动通信系统。本节重点介绍码分多址和扩频通信系统的基本原理以及 CDMA 系统的主要优势，并介绍 CDMA 系统的同步及地址码、扩频码的选择问题。

（1）码分多址技术的基本原理

码分多址的基础是要有足够的周期性码序列作为地址码，该序列码应具有很强的自相关性和互相关性，即码组内只有本身码相乘叠加后为 1（自相关值为 1），任意两个不同的码相乘叠加后为 0（互相关值为 0），如沃尔什（Walsh）码、*m* 序列伪随机码及戈尔德码等。在 CDMA 系统中的发送端，利用地址码与用户信息数据相乘（或模 2 加），经过调制发送出去；在接收端以本地产生的已知地址码作为参考，根据相关性差异对收到的所有信号进行鉴别，从中将地址码与本地地址码（简称为本地码）一致的信号选出来，把不一致的信号除掉（称为相关检测）。其工作原理简要叙述如下。

码分多址收发系统示意图如图 3-37 所示，其中：d_1～d_N 分别是 N 个用户的信息数据。W_1～W_N 分别是对应的地址码。为简明起见，假定系统内只有 4 个用户（即 N=4），则各自的地址码分别为

$$W_1=[\,1\quad 1\quad 1\quad 1\,]$$
$$W_2=[\,1\quad -1\quad 1\quad -1\,]$$
$$W_3=[\,1\quad 1\quad -1\quad -1\,]$$
$$W_4=[\,1\quad -1\quad -1\quad 1\,]$$

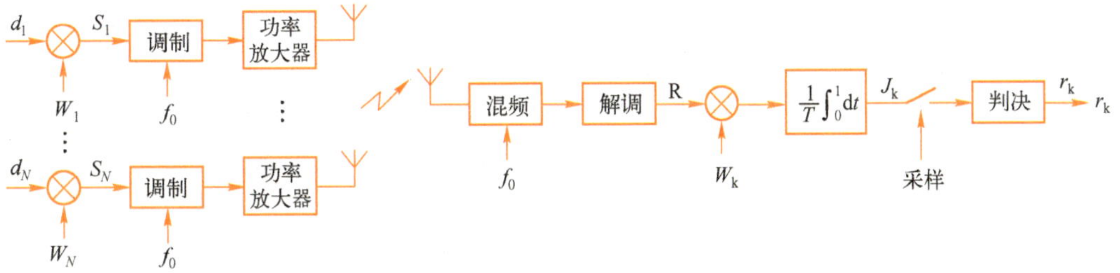

图 3-37　码分多址收发系统示意图

对应的波形如图 3-38a 所示。若在某一时刻用户信息数据分别为 $d_1=[1]$，$d_2=[-1]$，$d_3=[1]$，$d_4=[-1]$，则对应的波形如图 3-38b 所示。与各自对应的地址码相乘后的波形 $S_1\sim S_4$ 如图 3-38c 所示。

在接收端，当系统处于同步状态和忽略噪声的影响时，在接收机中解调输出 R 端的波形是 $S_1\sim S_4$ 的叠加。如果欲接收某一用户（例如用户 2）的信息数据，本地产生的地址码就应与该用户的地址码相同（$W_k=W_2$），并且用此地址码与解调输出 R 端的波形相乘，再送入积分电路，然后经过采样、判决电路得到相应的信息数据。如果本地产生的地址码与用户 2 的地址码相同（$W_k=W_2$），那么经过相乘积分电路后，产生的波形 $J_1\sim J_4$ 如图 3-38d 所示，即 $J_1=\{0\}$，$J_2=\{-1\}$，$J_3=\{0\}$，$J_4=\{0\}$。

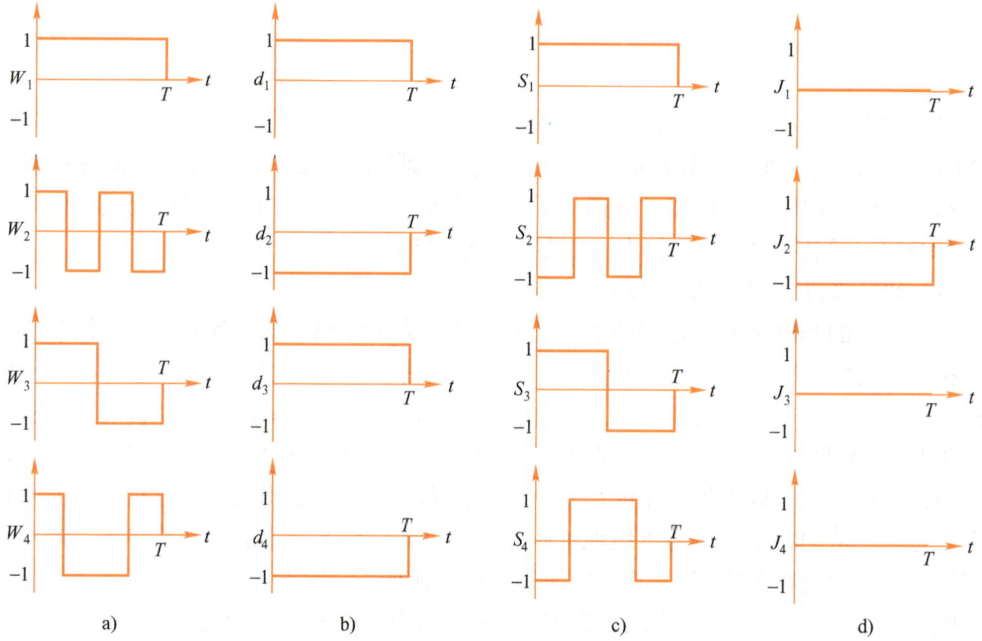

图 3-38 码分多址原理波形示意图

也就是在采样、判决电路前的信号是 0+(−1)+0+0。此时，虽然解调输出 R 端的波形是 $S_1\sim S_4$ 的叠加，但是，要接收的是用户 2 的信息数据，本地产生的地址码与用户 2 的地址码相同，经过相关检测后，用户 1、2、3、4 发送的信号加到采样、判决电路前的信号是 0，对信号的采样、判决没有影响。采样、判决电路的输出信号是 $r_2=[1]$，是用户 2 发送的信息数据。

如果要接收用户 3 的信息数据，本地产生的地址码应与该用户 3 的地址码相同（$W_k=W_3$），经过相乘、积分电路后，产生的波形 $J_1\sim J_4$ 是 $J_1=[0]$，$J_2=[0]$，$J_3=[1]$，$J_4=[0]$。

也就是在采样、判决电路前的信号是 0+0+1+0，此时，虽然解调输出 R 端的波形是 $S_1\sim S_4$ 的叠加，但是，因为要接收的是用户 3 的信息数据，本地产生的地址码与用户 3 的地址码相同，经过相关检测后，用户 1、2、4 发送的信号加到采样、判决电路前的信号是 0，所以对信号的采样、判决没有影响。采样、判决电路的输出信号是 $r_3=[1]$，是用户 3 发送的信息数据。若要接收用户 1、4 的信息数据，则其工作机理与上述相同。

以上通过一个简单例子，简要地叙述了 CDMA 系统的工作原理。实际上，CDMA 系统并不是这样简单，要复杂得多。

第一，要达到多路多用户的目的，就要有足够多的地址码，而这些地址码又要有良好的自相关特性。这是“码分”的基础。

第二，在 CDMA 系统中的各接收端，必须产生本地码，该本地码不但在码型结构上与对端发来的地址码一致，而且在相位上也要完全同步。用本地码对接收到的全部信号进行相关检测，从中选出所需要的信号。这是码分多址最主要的环节。

第三，由于 CDMA 系统的特点，即网内所有用户使用同一载波，各个用户可以同时发送或接收信号，所以接收的输入信号干扰比将远小于 1（负的若干 dB），这是传统调制解调方式无能为力的。为了把各用户之间的相互干扰降到最低限度，并且使各个用户的信号占用相同的带宽，CDMA 系统必须与扩展频谱（简称为扩频）技术相结合，使在信道中传输的信号占频带极大的展宽（一般达百倍以上），为接收端分离信号做好实际性的准备。以上是实现码分多址的必备条件，也是实现码分多址的 3 大关键技术。

（2）扩频通信系统的基本原理

扩频通信技术是一种信息传输方式。其系统占用的频带宽度远远大于要传输的原始信号带宽（或信息比特速率），且与原始信号带宽（或信息比特速率）无关。在发送端，频带的展宽是通过编码及调制（扩频）的方法来实现的。在接收端，则用与发送端完全相同的扩频码进行相关解调（解扩）来恢复信息数据。有许多调制技术所用的传输带宽大于传输信息所需要的最小带宽，但它们并不属于扩频通信技术，例如宽带调频等。设 W 代表系统占用带宽，B 代表信息带宽，则一般认为 $W:B$ 的值为 1 或 2 时为窄带通信，值为 50 以上时为宽带通信，值为 100 以上时为扩频通信。

扩频通信系统用 100 倍以上的信息带宽来传输信息，最主要的目的是提高通信的抗干扰能力，即在强干扰条件下保证安全可靠地通信。图 3-39 所示为扩频通信系统的基本组成框图。

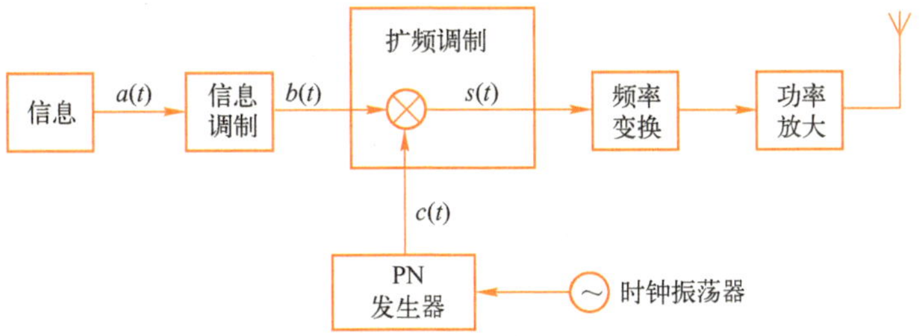

图 3-39　扩频通信系统的基本组成框图

扩频通信系统频谱示意图如图 3-40 所示。信息数据（速率 R_i）经过信息调制器后输出的是窄带信号，如图 3-40a 所示；经过扩频调制（加扩）后频谱被展宽，如图 3-40b 所示；其中 $R_c>R_i$，在接收机的输入信号中加有干扰信号，其功率谱如图 3-40c 所示；经过扩频解调（解扩）后，有用信号变成窄带信号，如图 3-40d 所示；再经过窄带中频滤波器，滤掉有用信号带外的干扰信号，如图 3-40e 所示，从而降低了干扰信号的强度，改善了信噪比。这就是扩频通信系统抗干扰的基本原理。

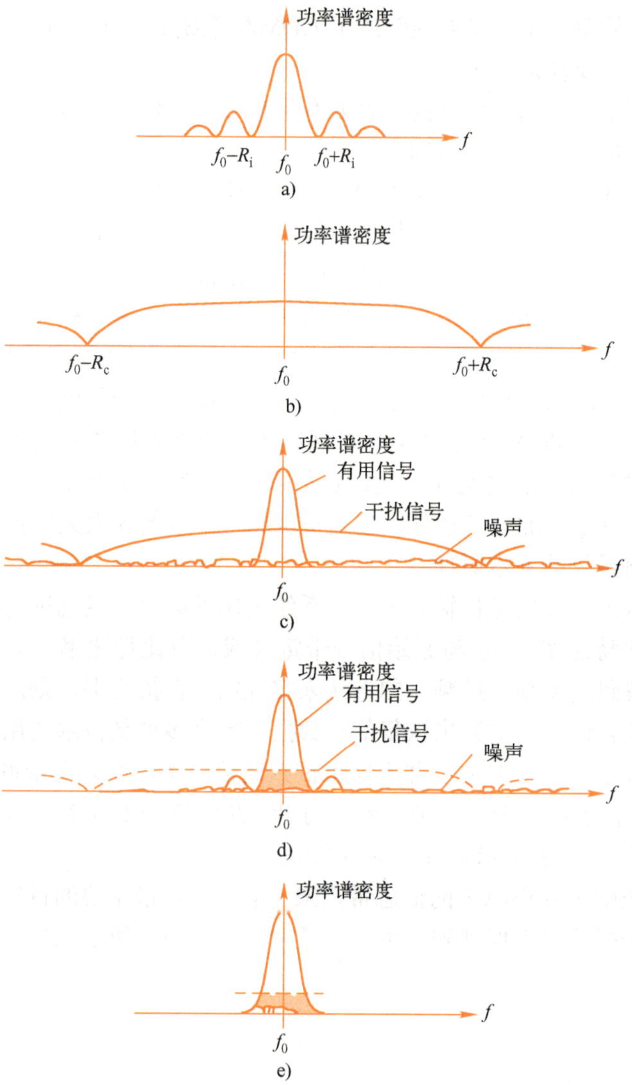

图 3-40 扩频通信系统频谱示意图

a) 信息调制器输出信号功率谱 b) 发送的扩频信号功率谱 c) 接收信号功率谱
d) 解扩后的信号功率谱 e) 窄宽中频滤波器输出信号功率谱

（3）码分多址直接序列扩频通信系统

直接序列扩频简称为直扩（DS），它直接用高速率的伪随机码在发送端扩展信息数据的频谱。在接收端，用完全相同的伪随机码进行解扩，把展宽的扩频信号还原成原始信号。由于 CDMA 系统中的各个用户同时工作于同一载波，占用相同的带宽，因此各用户之间必然相互干扰。为了把干扰降到最低限度，必须将码分多址与扩频技术结合起来使用。在民用移动通信中，码分多址主要与直接序列扩频技术相结合，构成码分多址直接序列扩频通信系统。

1）直接序列扩频系统的主要方式有两种。

第一种方式的系统简单框图，即码分多址直扩通信系统简图 1，如图 3-41 所示。在这种系统中，发送端的用户信息数据 d_i，首先和与之相对应的地址码 W_i 相乘（或模 2 加），进行地址码调制；再与高速伪随机码（PN 码）相乘（或模 2 加），进行扩频调制。在接收端，扩频信号经过由本地产生的与发送端伪随机码完全相同的 PN 码解扩后，再与相应的地址码（$W_k = W_i$）进行相关检测，得到所需用户信息（$r_i = d_i$）系统中的地址码是一组正交码，例如沃尔什码，各个用户分配其中的一个码，而伪随机码系统中只有一个，用于加扩和解扩，以增强系统的抗干扰能力。这种系统采用了完全正交的地址码组，各用户之间的相互影响可以完全消除掉，提高了系统的性能，但是整个系统更为复杂，尤其是同步系统。

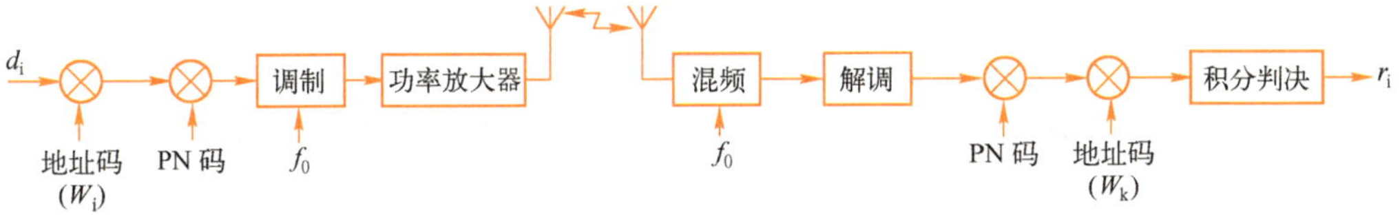

图 3-41　码分多址直扩通信系统简图 1

第二种方式的系统简单框图，即码分多址直扩通信系统简图 2，如图 3-42 所示。在这种系统中，发送端的用户信息数据 d_i 直接和与之对应的高速伪随机码（PN_i 码）相乘（或模 2 加），进行地址调制的同时又进行了扩频调制。在接收端，扩频信号经过与发送端伪随机码完全相同的本地产生的伪随机码（$PN_k = PN_i$）解扩及相关检测后，得到所需的用户信息（$r_i = d_i$）。这种系统中的伪随机码是一个采用一组正交性良好的伪随机码组，其两者之间的互相关值接近于 0。该组伪随机码既用作用户的地址码，又用于加扩和解扩，以增强系统的抗干扰能力。

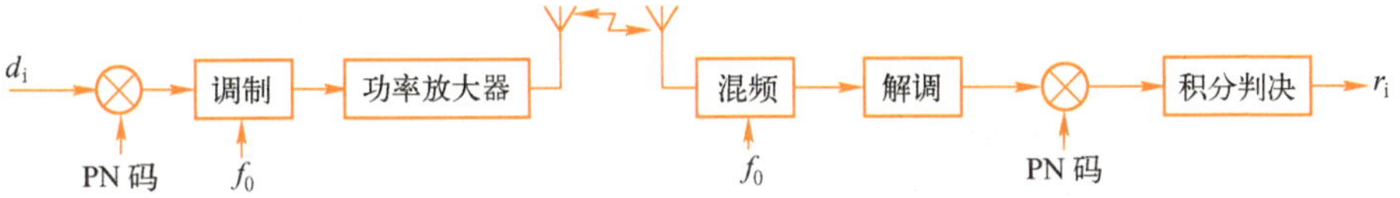

图 3-42　码分多址直扩通信系统简图 2

与第一种系统相比，第二种系统去掉了单独的地址码组，用不同的伪随机码来代替，所以整个系统相对简单一些。但是，伪随机码组不是完全正交的，而是准正交的，也就是码组内任意两个伪随机码的互相关值不为 0，各用户之间的相互影响不可能完全除掉，因此，整个系统的性能将受到一定的影响。

2）地址码和扩频码的选择。地址码和扩频码的选择对系统的性能具有决定性的作用；它直接关系到系统的多址能力，关系到抗干扰、抗噪声、抗衰落能力，关系到信息数据的隐蔽性和保密性，关系到捕获与同步系统的实现。理想的地址码和扩频码主要应具有如下特性。

- 有足够多的地址码。
- 有尖锐的自相关特性。
- 有处处为零的互相关特性。

● 不同码元数平衡相等。

然而，要同时满足这些特性是目前任何一种编码达不到的。就地址码而言，目前采用的是沃尔什码。该码是正交码，具有良好的自相关特性和处处为零的互相关特性。由于组内的各码所占频谱带宽不同等原因，该码不能用作扩频码。因为真正的随机信号和噪声是不能重复再现和产生的，作为扩频码的伪随机码（同时作为地址码）具有类似白噪声的特性。只用一种周期性的脉冲信号来近似随机噪声的性能，称之为伪随机码或 PN 码。此类码具有尖锐的自相关特性和较好的互相关特性，同一码组内的各码占据的频带可以做到很宽并且相等。但是伪随机码由于其互相关值不是处处为零，当用作扩频码且同时作为地址码时，系统的性能将会受到一定的影响。伪随机码有一个很大的家族，其中包含很多码组，例如 *m* 序列、*M* 序列、Gold 序列、GL（Gold Like）序列等。但经常使用的主要有 *m* 序列和 Gold 序列两种。

（4）CDMA 系统的主要优势

CDMA 系统的组成和网络结构与 GSM 移动通信系统基本相似，但是，CDMA 系统采用码分多址技术及扩频通信的原理，使得在系统中可以使用多种先进的信号处理技术，为该系统带来许多独特优点，主要有以下几个方面。

1）系统容量高。由于 CDMA 系统本身所固有的码分扩频技术，加上先进的内外环功率控制以及语音激活技术，其信道容量明显大于 FDMA 和 TDMA 系统，它的信道容量是模拟系统的 10～20 倍，是 TDMA 系统的 4 倍。

2）越区软切换，切换的成功率高。在 CDMA 系统中，所有的小区（或扇区）都使用相同的频率，小区（或扇区）之间是以码型的不同来区分的，当移动用户从一个小区移动到另一个小区时，不需要让手机的收发频率切换，只须在码序列上做相应的调整，称为软切换。其优点是：首先与新的基站接通，然后再切断原通话链路，这种先通后断的越区切换方式，不会产生“乒乓”效应，而且切换时间短，越区切换的成功率远大于 FDMA 和 TDMA 系统，尤其在通信的高峰期。

3）保密性好。CDMA 系统的信号扰码方式提供了高度的保密性，使这种 GSM 系统在防止串话、盗用等方面具有其他系统不可比拟的优点。

4）符合环保的要求。手机辐射对人体的影响越来越受到关注。目前普遍使用的 GSM 手机的 900MHz 频段最大发射功率为 2W（33dBm），1800MHz 频段最大发射功率为 1W（30dBm）。规范要求，对于 900Hz 和 1800Hz 频段，GSM 通信过程中手机最小发射功率分别不能低于 5dBm 和 0dBm。而 CDMA IS-95A 标准，又要求手机的最大发射功率为 0.2～1W（23～30dBm），实际上，目前网络允许手机的最大发射功率仅为 23dBm（0.2W）。CDMA 手机在通信过程中的平均发射功率保持在十几毫瓦，峰值不过几十毫瓦，辐射功率很小，从而享有“绿色手机”的美誉。

5）覆盖范围大。正常情况下，CDMA 系统的小区半径可达 60km，覆盖范围的扩大所带来的直接优点是减少了基站数量。这些都是 CDMA 技术本身带来的，是 GSM 技术所没有的。从另一个角度讲，对于相同的覆盖半径，CDMA 系统所需要的发射功率更低，手机的电池使用寿命更长。

6）语音音质好。CDMA 系统的语音质量明显高于 GSM 系统，更为接近固定网的语音质量，特别是在强背景噪声环境（如娱乐场所、商场、餐馆等）下，由于采用了伪随机序列进行扩频/解频，在用户通话中有明显的噪声抑制优点。

7）可提供数据业务。在数据通信方面，CDMA 系统传送单位比特的成本，比 GSM 系统的平台上使用 WAP、GPRS、EDGE 等补充技术都要低，因此，更适合作为无线高速分组数据（如 144kbit/s）业务或实时数据业务的接入手段，为移动/无线与 Internet 的融合提供了更好的技术条件。

8）CDMA 系统可以实现向第三代移动通信系统平滑过渡。基于 IS-95 标准的 CDMA 技术具有较好的后向兼容，从 IS-95A 到 IS-95B，再到 CDMA 2000 的 IX、CDMA2000 的 3X，或跳过 IS-95B 直接过渡到 CDMA 2000 的 IX 峰值速率均可达 144kbit/s，语音业务的容量是 IS-95 的 1.6～1.8 倍，而 CDMA 2000X 实际上标志着 CDMA 系统已从第二代平滑进入第三代移动通信 CDMA 2000 的第一阶段。

3.2.4　5G通信技术

1. 从 1G 到 5G 移动通信技术的发展史

从 1G 到 5G 移动通信技术的发展史

（1）1G 时代

1G 时代只能语音传输。1G（First Generation）表示第一代移动通信技术，以模拟技术为基础的蜂窝无线电话系统，如现在已经淘汰的模拟移动网。1G 无线系统在设计上只能传输语音流量，并受到网络容量的限制。1G 时代的街上随处可见公共电话亭、BB 机以及后来的手提电话（俗称“大哥大”）。

（2）2G 时代

2G 时代的手机能上网了。2G 时代是移动通信标准争夺的开始，GSM 脱颖而出成为被广泛采用的移动通信制式。第二代手机通信技术规格，以数字语音传输技术为核心。2G 时代一般定义为无法直接传送电子邮件、软件等信息，只具有通话和传送短信的功能。它克服了模拟移动通信系统的弱点，话音质量、保密性得到很大提高，并可进行省内、省际自动漫游。第二代移动通信系统完成了模拟技术向数字技术的转变。

（3）3G 时代

在 3G 时代，人们可以随时随地享受无线上网的便利。3G 是第三代移动通信技术，是指支持高速数据传输的蜂窝移动通信技术。3G 服务能够同时传送声音及数据信息，速率一般在几百千比特每秒以上。3G 是指将无线通信与国际互联网等多媒体通信结合的新一代移动通信系统。3G 最基本的特征是智能信号处理，智能信号处理单元将成为基本功能模块，支持语音和多媒体数据通信，它可以提供前两代产品不能提供的各种宽带信息业务，例如高速数据、慢速图像与电视图像等。在 3G 时代，可视电话和大量数据的传送更为普遍，移动通信有更多样化的应用，因此 3G 被视为开启移动通信新纪元的里程碑。

（4）4G 时代

4G 时代比拨号上网快 2000 倍。第四代移动电话行动通信标准指的是第四代移动通信技术，4G 是集 3G 与 WLAN 于一体，并且能够快速传输数据、高质量音频、视频和图像等。4G 能够以 100Mbit/s 以上的速度下载，比家用宽带 ADSL（4Mbit/s）快 25 倍，并能够满足几乎所有用户对于无线服务的要求。此外，4G 可以在 DSL 和有线电视调制解调器没有覆盖的地方部署，然后再扩展到整个地区。

（5）5G 时代

5G 时代，万物互联。第五代移动通信技术是新一代蜂窝移动通信技术，是 4G（LTE-A、WiMax）、3G（UMTS、LTE）和 2G（GSM）系统后的延伸。5G 的性能目标是高数据速率、减少时延、降低能耗、降低成本、提高系统容量和支持大规模设备联接。峰值速率达到 Gbit/s 的标准，以满足高清视频、虚拟现实等大数据量传输；无线接口时延水平需要在 1ms 左右，满足自动驾驶、远程医疗等实时应用的要求；超大网络容量，提供千亿设备的联接能力，满足物联网通信的要求；频谱效率比 LTE 提升了 10 倍以上；连续广域覆盖和高移动性下，用户体验速率达到 100Mbit/s；流量密度和联接数密度大幅度提高；系统协同化，智能化水平提升，表现为多用户、多点、多天线、多接入的协同组网，以及网络间灵活自动调整。

（6）6G，下一代移动通信的蓝图

6G，即第六代移动通信技术，可促进产业互联网、物联网的发展。2023 年 6 月，国际电信联盟（ITU）完成了《IMT 面向 2030 及未来发展的框架和总体目标建议书》，描绘了 6G 的 6 大应用场景：沉浸式通信、超大规模联接、极高可靠低时延、人工智能（AI）与通信的融合、感知与通信的融合、泛在联接。其中前 3 个是对 5G 场景的演进增强，后 3 个是面向融合创新诞生的新兴场景，具备极大的潜能与市场价值。6G 将进一步打破数字鸿沟，实现全域智联、感知泛在的移动网络。

5G 关键技术

2. 5G 关键技术

（1）高频段传输

移动通信传统工作频段主要集中在 3GHz 以下的频段，使得频谱资源十分拥挤，而在高频段（如毫米波频段、厘米波频段）可用频谱资源丰富，能够有效缓解频谱资源紧张的现状，可以实现极高速短距离通信，支持 5G 容量和传输速率等方面的需求。中国移动在 2.6GHz 频段上拥有 2515～2675MHz 的 160MHz 带宽，中国电信在 3.5GHz 频段（3400～3500MHz）上有一定的 5G 频谱资源，中国联通则在 3.5GHz 频段（3500～3600MHz）上有充足的 5G 频谱，中国广电则获得了 4.9GHz 频段（4900～5000MHz）的 5G 频谱。

高频段在移动通信中的应用是未来的发展趋势。足够的可用带宽，小型化的天线和设备，较高的天线增益是高频段毫米波移动通信的主要优点，但是，也存在着传输距离短、穿透和绕射能力差、容易受到气候环境影响等缺点。同时，射频器件、系统设计等方面的问题也有待进一步研究和解决。

高频段资源虽然目前较为丰富，但是仍需要进行科学规划，统筹兼顾，从而使宝贵的频谱资源得到最优配置。

（2）新型多天线传输

作为近年来备受关注的技术之一，多天线技术经历了从无源到有源，从二维（2D）到三维（3D），从高阶多进多出（MIMO）到大规模阵列的发展，将有望实现频谱效率提升数十倍甚至更高，是目前 5G 技术重要的研究方向之一。

由于引入了有源天线阵列，基站侧支持的天线协作数将达到 128。此外，原来的 2D 天线阵列拓展成为 3D 天线阵列，形成新颖的 3D-MIMO 技术，支持多用户波束智能赋型，减少用户间干扰，结合高频段毫米波的技术，将进一步改善无线信号覆盖性能。

目前研究人员正在针对大规模天线信道测量与建模、阵列设计与校准、导频信道、码本及反馈机制等问题进行研究，未来将支持更多的用户空分多址（SDMA），从而显著降低发射功率，实现绿色节能和提升覆盖能力。

（3）同时同频全双工

最近几年，同时同频全双工技术吸引了业界的注意。该技术在相同的频谱上，通信收发双方同时发射和接收信号，与传统的 TDD 和 FDD 双工方式相比，从理论上可使无线频谱效率提高 1 倍。

同时同频全双工技术能够突破 FDD 和 TDD 方式的频谱资源使用限制，使得频谱资源的使用更加灵活。然而，同时同频全双工技术需要具备极高的干扰消除能力，这对干扰消除技术提出了极大的挑战。同时，同时同频全双工技术还存在着相邻小区同频干扰问题。在多天线及组网场景下，同时同频全双工技术的应用难度更大。

（4）终端直通技术（D2D）

传统的蜂窝通信系统的组网方式是以基站为中心实现小区覆盖，而基站及中继站无法移动，其网络结构在灵活度上有一定的限制。随着无线多媒体业务不断增多，传统的以基站为中心的业务提供方式已无法满足海量用户在不同环境下的业务需求。

D2D 技术无需基站的帮助即实现通信终端之间直接通信，拓展网络联接和接入方式。由于短距离直接通信，因此信道质量高，能够实现较高的数据速率、较低的时延和较低的功耗；通过广泛分布的终端，能够改善覆盖，实现频谱资源的高效利用；支持更灵活的网络架构和联接方法，提升链路灵活性和网络可靠性。目前，D2D 采用广播、组播和单播技术方案，未来将发展其增强技术，包括基于 D2D 的中继技术、多天线技术和联合编码技术等。

（5）密集网络

在 5G 通信中，无线通信网络正朝着网络多元化、宽带化、综合化、智能化的方向演进。随着各种智能终端的普及，数据流量将发生井喷式的增长。未来数据业务将主要分布在室内和热点地区，这使得超密集网络成为了实现 5G 的 1000 倍流量需求的主要手段之一。超密集网络能够改善网络覆盖，大幅度提升系统容量，并且对业务进行分流，具有更灵活的网络部署和更高效的频率复用。与此同时，越发密集的网络部署，也使得网络拓扑更加复杂，小区间干扰已经成为制约系统容量增长的主要因素，极大地降低了网络能效。干扰消除、小区快速发现、密集小区间协作、基于终端能力提升的移动性增强方案等，都是目前密集网络方面的研究热点。

（6）新型网络架构

目前，LTE 接入网采用网络扁平化架构，减小了系统时延，降低了建网成本和维护成本。未来 5G 可能采用 C-RAN 接入网架构。C-RAN 是基于集中化处理（Centralized Processing）、协作式无线电（Collaborative Radio）和实时云计算构架（Real-time Cloud Infrastructure）的绿色无线接入网构架（Clean System）。C-RAN 的基本思想是通过充分利用低成本高速光传输网络，直接在远端天线和集中化的中心节点间传送无线信号，以构建覆盖上百个基站服务区域，甚至上百平方千米的无线接入系统。C-RAN 架构适于采用协同技术，能够减小干扰，降低功耗，提升频谱效率，同时便于实现动态使用的智能化组网，集中处理有利于降低成本，便于维护，减少运营支出。目前，研究的内容包括 C-RAN 的架构和功能，如集中控制、基带池 RRU 接口定义，基于 C-RAN 的更紧密协作，如基站簇、虚拟小区等。

3.2.5 移动互联网

3.2.5
移动互联网

移动互联网就是将移动通信和互联网二者结合起来成为一体，是指互联网的技术、平台、商业模式和应用与移动通信技术结合并实践的活动的总称。移动互联网的定义有广义和狭义之分。广义的移动互联网是指用户可以使用手机、笔记本式计算机等移动终端通过协议接入互联网，狭义的移动互联网则是指用户使用手机终端通过无线通信的方式访问采用 WAP 的网站。

（1）移动互联网的基本结构

从层次上看，移动互联网可分为终端/设备层、接入/网络层和应用/业务层，其最显著的特征是多样性。应用或业务的种类是多种多样的，对应的通信模式和服务质量要求也各不相同；接入层支持多种无线接入模式，但在网络层以 IP 为主；终端也是种类繁多的，注重个性化和智能化，一个终端上通常会同时运行多种应用。移动互联网参考模型如图 3-43 所示。

图 3-43 移动互联网参考模型

各种应用通过开放的应用程序接口（API）获得用户交互支持或移动中间件支持。移动中间件层由多个通用服务元素构成，包括建模服务、存在服务、移动数据管理、配置管理、服务发现、事件通知和环境监测等。互联网协议簇主要有 IP 服务协议、传输协议、机制协议、联网协议、控制与管理协议等，同时还负责网络层到链路层的适配功能。操作系统完成上层协议与下层硬件资源之间的交互。计算机通信硬件/固件则指组成终端和设备的器件单元。

（2）移动互联网的应用

移动互联网支持多种无线接入方式，根据覆盖范围的不同，可分无线个人区域网（WPAN）接入、无线局域网（WLAN）接入、无线城域网（WMAN）接入及无线广域网（WWAN）接入。

WPAN 主要用于家庭网络等个人区域网场合，以 IEEE 802.15 为基础，称为接入网的“附加一公里”。蓝牙（Bluetooth）是流行的 WPAN 技术，其典型通信距离为 10m，带宽为 3Mbit/s。其他技术，如超宽带（UWB）技术侧重于近距离高速传输，而 ZigBee 技术则专门用于短距离的低速数据传输。

WLAN 主要用于商务休闲和企业校园等网络环境，以 IEEE 802.11 标准为基础，广泛称为WiFi（无线相容性认证）网络，支持静止和低速移动，其中 802.119 的覆盖范围约为 100m，带宽可达 54Mbit/s。WiFi 技术成熟，目前处于快速发展阶段，在机场、酒店和校园等场合广泛应用。

WMAN 是一种适用于城域接入的技术，以 IEEE 802.16 标准为基础，常被称为全球微波互联接入（WiMax）网络，支持中速移动，视距传输可达 50km，带宽可至 70Mbit/s。WiMax 可以为高速数据应用提供更出色的移动性，但在互联互通和大规模应用方面尚存在很多亟待解决的难点问题。

WMAN 具有网络覆盖范围广、支持高速移动性、用户接入方便等优点。基站覆盖范围可达 7km，室内应用带宽可达 2Mbit/s，但在高速移动时仅支持 384kbit/s 的数据速率。

在 5G 时代，国内四大运营商均采用 NR（5G）作为主要的网络制式，同时保留部分 LTE（4G）网络作为补充。中国移动主要采用 NR 和 TD-LTE，并逐步关闭 2G（GSM）和 3G（TD-SCDMA）网络；中国电信主要采用 NR 和 LTE FDD，并已关闭 2G（CDMA）和 3G（CDMA2000）网络；中国联通主要采用 NR 和 LTE FDD，并逐步关闭 3G（WCDMA）和 2G（GSM）网络。中国广电作为新晋运营商，主要基于 700MHz 和 4.9GHz 频段部署 NR 网络，并与中国移动共建共享 5G 基础设施。

3.3 短距离无线通信

3.3.1 蓝牙技术

1. 蓝牙技术

“蓝牙”（Bluetooth）是一种短距离、低成本的无线联接技术标准的代称，蓝牙的实质内容就是要建立通用的无线电空中接口及其控制软件的公开标准。在近距离通信中，蓝牙无线接入技术使无线单元间的通信变得十分容易，将计算机技术与通信技术更紧密地结合在一起，使人们可随时随地进行信息的交换与传输。除此之外，蓝牙技术还可为数字网络和外设提供通用接口，以组建远离固定网络的个人特别联接设备群。蓝牙技术主要面向网络中各类数据及语音设备（如 PC、拨号网络、笔记本式计算机、打印机、数字照相机、移动电话和高品质耳机等），通过无线方式将它们联成一个微微网，多个微微网之间也可以互联形成分布式网络，从而方便、快速地实现各类设备之间的通信。它是实现语音和数据无线传输的开放性规范，是一种低成本、短距离的无线联接技术。其中无线收发器是很小的一块芯片，大约有 9mm×9mm，可方便地嵌入到便携式设备中，从而增加设备的通信选择性。

（1）蓝牙系统的基本术语

1）微微网（Piconet）。它是由采用蓝牙技术的设备以特定方式组成的网络。微微网的建立由两台设备（如便携式计算机和蜂窝电话）的联接开始，最多由 8 台设备构成。所有的蓝牙设备都是对等的，以同样的方式工作。然而，当一个微微网建立时，只有一台为主设备，其他均为从设备，而且在一个微微网存在期间将一直维持这一状况。

2）分布式网络（Scattemet）。它是由多个独立、非同步的微微网形成的。

3）主设备（Master Unit）。在微微网中，如果某台设备的时钟和跳频序列用于同步其他设备，则称它为主设备。

4）从设备（Slave Unit）。微微网中非主设备的设备均为从设备。

5）MAC 地址（MAC Address）。媒体访问控制地址，占 3 位，用于区分微微网中的单元。在蓝牙中，MAC 就是活动成员地址（AM_ADDR）。

6）休眠设备（Parked Units）。在微微网中，休眠设备只参与同步，而没有 MAC 地址。

7）监听及保持。监听和保持是指微微网中从设备的两种低功耗工作方式。

（2）蓝牙技术的特点

1）采用跳频技术，抗信号衰落。

2）采用快跳频和短分组技术，减少同频干扰，以保证传输的可靠性。

3）采用前向纠错（FEC）编码技术，减少远距离传输时的随机噪声影响。

4）使用 2.4GHz 的 ISM（即工业、科学、医学）频段，无须申请许可证。

5）采用 FM 调制方式，降低设备的复杂性。该技术的传输速率设计为 1MHz，以时分方式进行全双工通信，其基带协议是电路交换和分组交换的组合。

（3）蓝牙技术的系统结构

蓝牙技术的系统结构图如图 3-44 所示。蓝牙技术的系统结构分为 3 部分，即底层硬件模块、中间协议层和高层应用。底层硬件模块部分包括射频（Radio Frequency，RF）、基带（Base Band，BB）和链路管理器（Link Manager，LM）。射频通过 2.4GHz 无须授权的 ISM 频段的微波，实现数据位流的过滤和传输。本层协议主要定义了蓝牙收发器在此频带正常工作所需要满足的条件。基带负责跳频以及蓝牙数据和信息帧的传输。链路管理器负责联接、建立和拆除链路，并进行安全控制。

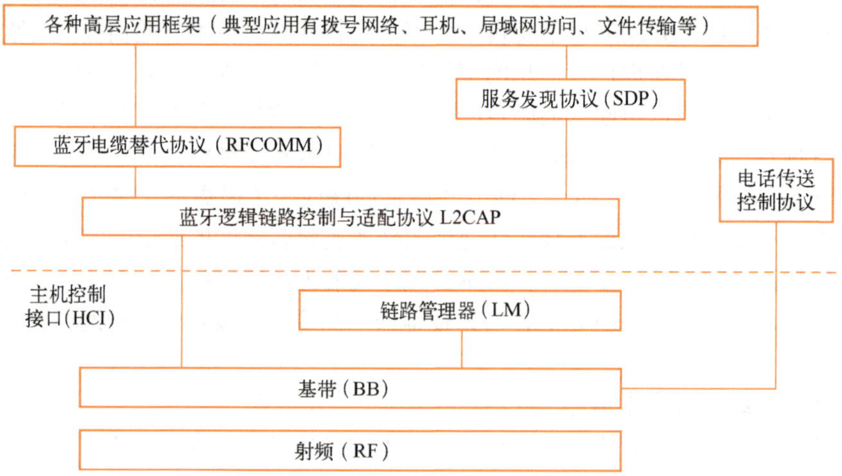

图 3-44 蓝牙技术的系统结构图

蓝牙技术结合了电路交换与分组交换的特点，可以进行异步数据通信，可以支持多达 3 个同时进行的同步语音信道，还可以使用一个信道同时传送异步数据和同步语音。每一个语音信道支持 64kbit/s 的同步语音；异步信道支持最大速率为 721kbit/s、反向应答速率为 57.6kbit/s 的非对称联接，或者 43.2kbit/s 的对称联接。在蓝牙系统 1.x 中，一个跳频频率发送一个同步分组，每个分组占用一个时隙，也可扩展到 5 个时隙。中间协议层包括蓝牙逻辑链路控制与适配协议、服务发现协议、蓝牙电缆替代协议和电话传送控制协议。蓝牙逻辑链路控制与适配协议具有完成数据拆装、控制服务质量和复用协议的功能，该层协议是其他各层协议实现的基础。服务发现协议为上层应用程序提供一种机制来发现网络中可用的服务及其特性。蓝牙电缆替代协议具有仿真 9 脚 RS-232 串口的功能。电话传送控制协议则提供蓝牙设备间语音和数据的呼叫控制指令。在蓝牙协议栈的最上部是各种高层应用框架。其中较典型的有拨号网络、耳机、局域网访问及文件传输等，它们分别对应一种应用模式。各种应用程序可以通过各自的应用模式实现无线通信。拨号网络应用可通过蓝牙电缆替代协议访问微微网，数据设备也可由此接入传统的局域网；用户可以通过协议栈中的电话传送控制协议层在手机或耳机中实现音频流的无线传输；在多台 PC 或笔记本式计算机之间不需要任何连线，就能快速、灵活地进行文件传输和共享信息，多台设备也可由此实现同步操作。此外，蓝牙规范还定义了主机控制接口（Host Controller Interface，HCI）作为蓝牙协议中软硬件之间的接口，它提供了一个调用基带、链路管理器、状态和控制寄存器等硬件的统一命令接口。当在蓝牙设备之间进行通信时，HCI 以上的协议软件实体在主机上运行，而 HCI 以下的功能由蓝牙设备来完成，二者之间通过一个对两端透明的传输层进行交互。

总之，整个蓝牙协议结构简单，使用重传机制来保证链路的可靠性，在基带、链路管理器和应用层中可实行分级的多种安全机制，并且通过跳频技术消除网络环境中来自其他无线设备的干扰。下面从无线频段的选择和抗干扰、多址接入体系、蓝牙系统的功能单元以及蓝牙技术的通信过程等方面具体介绍蓝牙技术。

2. 无线频段的选择和抗干扰

蓝牙技术采用 2400～2483.5MHz 的工业、科学和医学（ISM）频段，这是因为：其一，该频段内没有其他系统的信号干扰，同时该频段向公众开放，无须申请许可证；其二，该频段在全球范围内有效。世界各国、各地区的相关法规不同，一般只规定信号的传输范围和最大传输功率。对于一个在全球范围内运营的系统，其选用的频段必须同时满足所有规定，使任何用户都可接入，因此，必须将所需的要素最小化，在满足规则的情况下，可自由接入无线频段。因为 2.45GHz ISM 频段为开放频段，使用其中的任何频段都会遇到不可预测的干扰源（如某些家用电器、无线电话和汽车开门器等），此外，对外部和其他蓝牙用户的干扰源也应有充分估计，所以，抗干扰问题便变得非常重要。抗干扰方法分为避免干扰和抑制干扰两种。避免干扰可通过降低各通信单元的信号发射电平来达到；抑制干扰则可通过编码或直接序列扩频来实现。然而，在不同的无线环境下，专用系统的干扰和有用信号的动态范围变化极大。在超过 50dB 的远近比和不同环境功率差异的情况下，要达到 1Mbit/s 以上速率，仅靠编码和处理增益是不够的。相反，由于信号可在频率（或时间）没有干扰时（或干扰低时）发送，因此避免干扰更容易一些。若采用时间避免干扰法，则当遇到时域脉冲干扰时，发送的信号将会中止。大部分无线系统是受带宽限制的，而在 2.45GHz 频段上，系统带宽为 80MHz，可找到一段无明显干扰的频谱，同时利用频域滤波器对无线频带其余频谱进行抑制，以达到理想效果。因此，以频域避免干扰法更为可行。

3. 多址接入体系

蓝牙系统选择专用系统多址接入体系，是因为在 ISM 频段内尚无统一的规定。频分多址（FDMA）的优势在于信道的正交性仅依赖发送端晶振的准确性，结合自适应或动态信道分配结构，可免除干扰，但单一的 FDMA 无法满足 ISM 频段内的扩频需求。时分多址（TDMA）的信道正交化需要严格的时钟同步，在多用户专用系统联接中，保持共同的定时参考十分困难。码分多址（CDMA）可实现扩频，应用于非对称系统，可使专用系统达到最佳性能。直接序列（DS）CDMA 因远近效应，故需要一致的功率控制或额外的增益，与 TDMA 相同，其信道正交化也需要共同的定时参考，随着使用数目的增加，将需要更高的芯片速度、更宽的带宽（抗干扰）和更多的电路消耗。跳频（Frequency Hopping，FH）CDMA 结合了专用无线系统中的各种优点，信号可扩频至很宽的范围，因而，使窄带干扰的影响变得很小。跳频载波为正交，通过滤波，邻近跳频干扰可得到有效抑制，而对窄带和用户间干扰造成的通信中断，可依赖高层协议来解决。在 ISM 频段上，FH 系统（蓝牙 1.x 标准）的信号带宽限制在 1MHz 以内。

4. 蓝牙系统的功能单元

蓝牙系统一般由 4 个功能单元组成，即射频单元、联接控制（固件）单元、链路管理（软件）单元和蓝牙软件（协议）单元。

（1）射频单元

蓝牙系统的天线发射功率符合美国联邦通信委员会（FCC）关于 ISM 波段的要求。系统采用扩频技术，发射功率可增加到 100mW。系统的最大跳频速率为 1600 跳/s，在 2.402～2.480GHz 范围内，采用 79 个 1MHz 带宽的频点。系统的设计通信距离为 0.1～10m，若增加发射功率，这一距离也可以达到 100m。

（2）联接控制单元

联接控制单元（即基带）描述了数字信号处理的硬件部分——链路控制器，它实现了基带协议和其他的底层联接规程。

1）介质访问控制（Medium Access Control，MAC）。蓝牙系统可实现同一区域内大量的非对称通信。与其他专用系统实行一定范围内的单元共享同一信道不同，蓝牙系统设计为允许大量独立信道存在，每条信道仅为有限的用户服务。在蓝牙系统中，一个跳频（FH）蓝牙信道与一个微微网相联。微微网信道由一个主单元标识（提供跳频序列）和系统时钟（提供跳频相位）定义，其他为从单元。每个蓝牙无线系统有一个本地时钟，没有通常的定时参考。在微微网建立后，从单元进行时钟补偿，使之与主单元同步，微微网释放后，补偿亦取消，但可存储起来以便再用。不同信道有不同的主单元，因而，存在不同的跳频序列和相位。一条普通信道的单元数量为 8（1 主 7 从），可保证单元间有效寻址和大容量通信。蓝牙系统建立在对等通信的基础上，主从任务仅在微微网生存期内有效，在微微网取消后，主从任务随即取消。每个单元皆可为主/从单元，可定义建立微微网的单元为主单元。除定义微微网外，主单元还控制微微网的信息流量，并管理接入。接入为非自由竞争，625ps 的驻留时间仅允许发送一个数据包。基于竞争的接入方式需较多开销，效率较低。在蓝牙系统中，实行主单元集中控制，通信仅存在于主单元与一个或多个从单元之间。当主从单元间进行通信时，时隙交替使用。在进行主单元传输时，主单元确定一个欲通信的从单元地址，为了防止信道中从单元发送冲突，采用轮流检测技术，即对每个从到主时隙，由主单元决定允许哪个从单元进行发送。这一判定是以前一时隙发送的信息为基础实施的，且仅有恰为前一主到从被选中的从地址可进行发送。若主单元向某具体从单元发送了信息，则此从单元被检测，可发送信息；若主单元未发送信息，它将发送检测包来表明从单元的检测情况。主单元的信息流体系包含上行链路和下行链路。主单元控制可有效阻止微微网中的单元冲突。当在互相独立的微微网单元中用同一跳频现代通信技术时，可能发生干扰。系统利用 ALOHA 技术（原计算机之间的数据信息传输与交换设计的一种在地面通信网中进行的数据分组广播通信方式），当信息传送时，不检测载波是否空载（无侦听），若信息接收不正确，则进行重发（仅有数据）。由于驻留期短，因此 FH 系统不宜采用避免冲突结构。每一跳频都会遇到不同的竞争单元，后退（Backoff）机制效率不高。

2）差错控制。蓝牙系统的纠错机制分为 FEC（前向纠错编码）和包重发。FEC 支持 1/3 率 FEC 和 2/3 率 FEC。1/3 率 FEC 仅用 3bit 重复编码，大部分在接收端判决，既可用于数据包头，又可用于 SCO（同步联接）联接的包负载。2/3 率 FEC 使用一种缩短的汉明码，误码捕捉用于解码，它既可用于 SCO 联接的同步包负载，又可用于异步无联接的异步包负载。使用 FEC 码，编/解码过程变得简单、迅速。采用 FEC 方式的目的在于减少数据重发次数，但在无差错环境中，FEC 方式产生的无用检验位降低了数据吞吐量，因此，业务数据是否采用 FEC 方式，还将视需要而定。分组包头含有重要的联接信息和纠错信息，始终采用 1/3 率 FEC 方式进行保护性传输。

3）认证与加密。认证与加密服务由物理层提供。认证采用口令——应答方式，在联接过程中，可能需要一次或两次认证，或者无须认证。认证对任何一个蓝牙系统都是重要的组成部分，它允许用户自行添加可信任的蓝牙设备。例如，只有用户自己的笔记本式计算机才可以通过用户自己的手机进行通信。蓝牙系统采用流密码加密技术，适于硬件实现，密钥长度可以是 0 位、40 位或 64 位，密钥由高层软件管理。蓝牙安全机制的目的在于提供适当级别的保护，如果用户有更高级别的保密要求，就可以使用有效的传输层和应用层安全机制。

（3）链路管理单元

链路管理器（LM）软件实现链路的建立、认证及链路配置等。链路管理器可发现其他的链路管理器，并通过链路管理协议（LMP）建立通信联系，LM 利用链路控制器（LC）提供的服务实现上述功能。LC 的服务项目包括接收和发送数据、请求设备号、查询链路地址、建立链接、认证、协商并建立链接方式、确定分组的帧类型、设置监听方式、保持方式和休眠方式等。

（4）蓝牙软件单元

蓝牙的软件单元是一个独立的软件模块，适用于几种不同商用操作系统的蓝牙规范正在完善中。在蓝牙协议体系中设计协议和协议栈的主要原则是尽可能利用现有各种高层协议，保证现有协议与蓝牙技术融合及各种应用之间的互通性，充分利用兼容蓝牙技术规范的软硬件系统和蓝牙技术规范的开放性，便于开发新的应用。蓝牙软件结构标准包括核心（Core）和应用协议栈（Profile）两部分。Core 主要定义蓝牙的技术细节，Profile 定义相应的实现协议栈，从而为全球兼容性奠定基础。蓝牙标准主要定义的是底层协议，也定义了一些高层协议和相关接口。具体协议分为 4 层，即核心协议（链路管理协议 LMP、蓝牙逻辑链路控制与适配协议 L2CAP、服务发现协议 SDP）、蓝牙电缆替代协议（RFCOMM）、电话传送控制协议（TCS BIN/AT）与 Internet 应用相关的一些高层协议（PPP、UDP/TCP/IP、OBEX/vCard/vCal、IrMC、E-mail、WAP 和 WAE 等）。蓝牙系统的软件结构可实现配置及诊断、蓝牙设备的发现、电缆仿真、与外部设备的通信、音频通信及呼叫控制以及交换名片和电话号码等功能。

5. 蓝牙技术的通信过程

蓝牙技术的通信过程如图 3-45 所示。在蓝牙系统中，建立联接分为扫描、呼叫和查询 3 步。在微微网建立之前，所有设备都处于就绪（Standby）状态。在该状态下，未联接的设备每隔 1.28s 监听一次消息，设备一旦被唤醒，就会在预先设定的 32 个跳频频率上监听信息。跳频数目因地区而异，但 32 个跳频频率为绝大多数国家所采用。在空闲模式下，单元一般保持休眠状态，以节省能量，但为了允许建立联接，该单元必须经常侦听是否有其他单元欲建立联接。在实际的专用系统中，没有通用的控制信道（一个单元为侦听呼叫信息而锁定），这在常规蜂窝无线系统中是很普遍的。

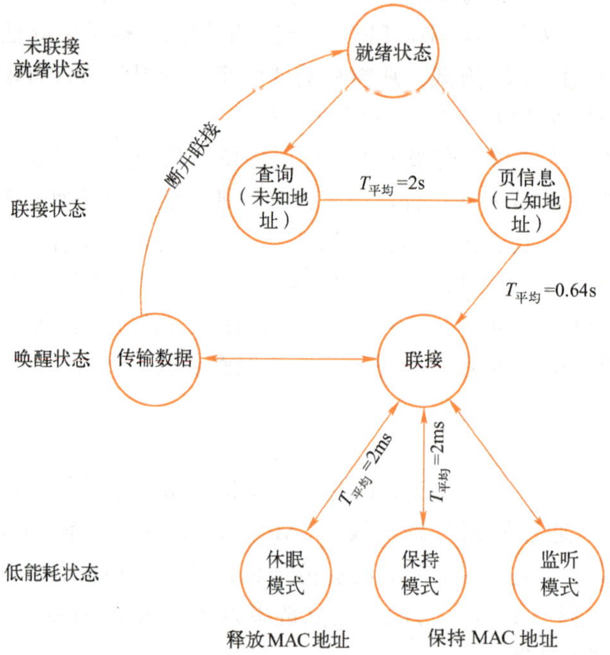

图 3-45 蓝牙技术的通信过程

联接进程由主设备初始化。在初始页状态，主设备在 16 个跳频频率上发送一串相同的页信息给从设备，如果没有收到应答，主设备就在另外的 16 个跳频频率上发送页信息。主设备到从设备的最大时延为两个唤醒周期（2.56s），平均时延为半个唤醒周期（0.64s）。当建立联接时，接收标志用于决定呼叫信息和唤醒序列。如果一个设备的地址已知，就采用页信息（Page Message）建立联接；若不知道该信息，则要进行联接的单元可发布一个查询消息，让接收端返回其地址和时钟信息。在查询过程中，查询者可决定哪个单元在需要的范围内，特性如何。查询信息也为一个接入码，但从预留标志（查询地址）得到。空闲单元根据跳频的查询序列侦听查询信息，收到查询信息的单元返回 FHS 包。在呼叫和查询过程中，使用了跳频载波。对于纯跳频系统，最少要使用 75 跳载波。然而，在现代通信技术的呼叫和查询过程中，仅有一个接入码用于信令。接入码用作直接序列编码，得到由直接序列编码处理增益结合 32 跳频序列的处理增益，可满足混合 DS/FH 系统规定所要求的处理增益。因此，在呼叫和查询过程中，蓝牙系统是混合 DS/FH 系统；而在联接时，为纯 FH 系统。

在微微网中，无数据传输的设备转入低能耗状态。主设备可将从设备设置为保持模式（Hold Mode），此时，只有内部定时器工作；从设备也可以要求转入保持模式。设备由保持模式转出后，可以立即恢复数据传输。当联接几个微微网或管理低功耗元器件（如温度传感器）时，常使用保持模式。监听模式（Sniff Mode）和休眠模式（Park Mode）是另外两种低能耗工作方式。在监听模式下，从设备监听网络的时间间隔增大，其间隔大小视应用情况由编程确定；在休眠模式下，设备放弃了 MAC 地址，仅偶尔监听网络同步信息和检查广播信息。各低能耗模式依电源效率从高到低排列为休眠模式、保持模式、监听模式。

蓝牙技术支持同步业务（如语音信息）和异步业务（如突发数据流），定义了两种物理联接类型：

- 同步面向联接（Synchronous Connection Oriented，SCO）方式：主要用于语音传输。
- 异步无联接（Asynchronous Connection-less Link，ACL）方式：主要用于分组数据传输。

SCO 方式为主单元与从单元的点对点联接，通过在常规时间间隔内预留双工时隙建立起来。ACL 方式是微微网中主单元到所有从单元的点到多点联接，可使用 SCO 联接未用的所有空余时隙，由主单元安排 ACL 联接的流量。微微网的时隙结构允许有效地混合利用异步联接和同步联接。在同一微微网中，不同的主/从设备可以采用不同的联接方式，在一次通信中，可以任意改变联接方式。每一种联接方式可支持 16 种不同的分组类型，其中控制分组有 4 种，是 SCO 和 ACL 通用的分组，这两种联接方式均采用时分双工（TDD）通信。SCO 为对称联接，支持限时语音传送，主/从设备无须轮询即可发送数据。SCO 的分组既可以是语音又可以是数据，当发生中断时，只有数据部分需要重传。

ACL 是面向分组的联接，它支持对称和非对称两种传输流量，也支持广播信息。在 ACL 方式下，主设备控制链路带宽，负责为从设备分配带宽；从设备通过轮询发送数据。蓝牙系统可优化到在同一区域中有数十个微微网运行时没有明显的性能下降（在同一区域的多个微微网称为分散网)。蓝牙时隙联接采用基于包的通信，使不同微微网可互联。欲联接单元可加入到不同微微网中，但因无线信号只能调制到单一跳频载波上，任一时刻单元只能在一个微微网中通信。通过调整微微网信道参数（即主单元标志和主单元时钟），单元可从一个微微网跳到另一个微微网中，并可改变任务。例如，某一时刻在一个微微网中的主单元，另一时刻在另一个微微网中可以为从单元。主单元参数标识了微微网的 FH 信道，因此一个单元不可能在不同的微微网中都为主单元。跳频选择机制应设计成允许微微网间相互通信，通过改变标志和时钟输入到选择机制，新微微网可立即选择新的跳频。为了使不同微微网间的跳换可行，数据流体系中设有保护时间，以防止不同微微网的时隙差异。在蓝牙系统中引入了保持模式，允许一个单元临时离开一个微微网而访问另一个微微网（保持模式也可在离开后无新的微微网访问期间作为一种附加低能耗模式）。

6. 蓝牙技术的应用领域

蓝牙技术的实质是要建立通用的无线接口及其控制软件的开放标准，使计算机与通信进一步结合，使不同厂家生产的便携式设备在没有电线或电缆相互联接的情况下，能在近距离范围内互联互通。蓝牙技术的具体应用实例如图 3-46 所示。

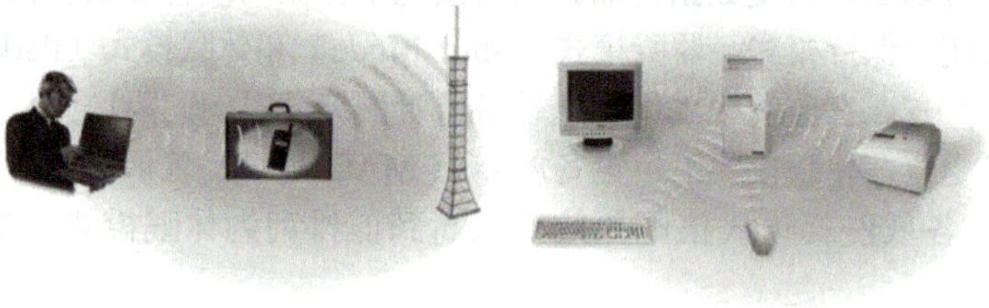

a) b)

图 3-46 蓝牙技术的具体应用实例

a) 将无线耳机与便携 PC 相联 b) 将 PC 联接到外部设备或 LAN

作为“电缆替代”提出的蓝牙技术发展到今天已经演化成一种个人信息网络的技术。它将内嵌蓝牙芯片的设备互联起来，提供语音和数据接入服务，实现信息的自动交换和处理。

蓝牙技术主要针对 3 大类应用，即语音/数据接入、外部设备互联和个人区域网。语音/数据的接入是将一台计算机通过安全的无线链路联接到通话设备上，以完成与广域通信网络的互联；外围设备互联是指将各种设备通过蓝牙链路联接到主机上；个人区域网的主要应用是个人网络和信息的共享和交换。从市场的角度看，蓝牙技术可制造出点对点联接、点对多点联接的市场应用产品及个人区域网等网络产品。

（1）点对点联接的市场应用产品

目前，这类产品应用比较广。第一代采用蓝牙技术的产品主要集中在语音通信方面，如移动电话使用的无线耳机，这种耳机使得移动电话在环境噪声很大的情况下仍可自由地通话。很多手机都可以通过蓝牙电话适配器与蓝牙耳机实现通话。蓝牙移动电话适配器可与任意一部手机联接，并使手机与其他蓝牙设备通信。为此，可将蓝牙 PC 卡插入笔记本式计算机中的扩展槽，笔记本式计算机就可与所有可以配对的蓝牙手机联接，从而接入互联网或发送电子邮件。这与红外联接不同的是，笔记本式计算机和手机之间不用直接联接。手表大小的掌上计算机是蓝牙信息产品，可以接收电子邮件，发出的回答信息可以传到工作范围内的笔记本式计算机或掌上计算机。无线操作的便携式硬盘是蓝牙技术应用的另一种市场产品。计算机用户在主机和硬盘间可进行无线操作，离开时将硬盘带走，防止他人非法操作。目前许多厂商都已开发了数款面向企业和普通消费者的蓝牙技术通信产品，如便携式硬盘，它可利用蓝牙技术无线接收数据，并加以存储（总容量可达200MB）。

（2）点对多点联接的市场应用产品

点对多点联接可实现微微网内设备的通信。它由工作在特定信道的两个或多个设备单元组成，主设备在信道上与其他设备通信。按规定，由建立微微网的单元作主设备，其他设备作为从设备，从设备之间可以进行数据交换。这样可实现将移动无线通信基站扩展为家庭服务站。点对多点联接还适用于公共建筑、地铁站或机场的热点服务，如旅行者在飞机场用短距离无线电通信实现公共互联网的访问。

（3）个人区域网

蓝牙技术应用的另一个实例体现在构成特设网络，在一个网络中可联接 8 个设备。个人区域网由便携式计算机、手机及打印机等组成，可形成点对点、点对多点联接。移动电话作为信息网关，在各种便携式设备之间交换内容，采用通用移动接口、开放的技术平台及标准。通过使用跳频、短数据包和前向纠错（FEC）方式，以保证各台站之间稳定、可靠的传输。当然，作为一种近距离的无线通信技术，蓝牙技术并不是唯一的。但是与其他相应的无线通信技术比较起来，蓝牙技术的优势体现在它具有全球统一的、开放的技术标准，同时兼顾技术先进性与经济性，更有世界蓝牙组织（SIG）知识产权共享。近年来，世界上一些权威的标准化组织也都在关注蓝牙技术标准的制定和发展。例如，IEEE 成立了 802.15 工作组，以专门关注有关蓝牙技术标准的兼容和未来的发展等问题。IEEE 802.15.1 TGI 就是讨论建立与蓝牙技术 1.0 版本相一致的标准；IEEE 802.15.2 TG2 是探讨蓝牙如何与 IEEE 802.11b 无线局域网技术共存的问题；而 IEEE 802.15.3 TG3 则是要研究蓝牙技术向更高速率（如 10～20Mbit/t）发展的问题。关于无线局域网 IEEE 802.11 与蓝牙技术共存、相互补充的问题，提出了一些可行的技术方案。例如，蓝牙采用自适应跳频的方式避开无线局域网的 22MHz 的频段，或者对蓝牙及无线局域网的发射功率加以控制，从而使其相互之间的干扰减至最小等。有些公司将蓝牙及 IEEE 802.11b 的功能集成到同一芯片上，解决了两种技术共存的问题。与此同时，世界蓝牙组织的各个技术工作组也在积极开展研究工作，以加快制定各种实用的纵向应用规范。例如，网络打印、静态图像的传输、汽车应用平台、电子商务、工业自动化及信息安全等。

以蓝牙技术为基础的无线体域网（WBAN）、无线个人区域网（WPAN）和无线局域网（WLAN）构成了完整的无线接入体系。一般认为，WBAN 联接距离最短，大多在 10m 以内，最高达 100m；而 WLAN 联接距离多为一百多米至数千米。其技术指标和市场定位不同，使得它们相互支持与补充，构成一种完整有效的 WLAN/WPAN/WBAN 无线接入。通用无线接入作为一种高效、灵活的手段，能实现接入网的全部或部分功能。它已成为有线接入的重要补充、有效支持与延伸，是快速、灵活部署与实现普遍服务的重要途径。无线接入目前以窄带为主，但中宽带与宽带（Wideband and Broadband）无线接入，包括 2.5G/3G/4G/5G 移动接入、非对称 IP 接入及卫星接入已逐步实现，而蓝牙及 WLAN/ WPAN/WBAN 技术作为一种最接近用户的短距离、微功率、微微小区（Picocell）型无线接入手段，在构筑全球个人通信网络及无线联接世界方面将发挥其独特重要的作用。通用无线接入支持多种覆盖模式，包括宏大区、大区、小区、微小区、微微小区、移动、半移动、可搬移（TransPortable）及固定接入。它可有效覆盖三维物理空间的任何一角落，并在任何时候联接至任何个人用户。这对未来全球个人通信中实际联接覆盖的普遍化很重要。而且无线接入与互联网的结合催生了无线互联网移动 IP 技术。在全球移动通信演进过程（1G→2G→2G+（2.5G，2.75G）→3G→3G+→4G→5G→6G）中，运用 Bluetooth、WLAN/WPAN/WBAN 等新技术，进入所谓嵌入式（Embedded）世界，实现以微微小区个人接入为中心的无线个人域网络（WPAN/WBAN）时代，这将成为未来全球个人通信世界中的重要组成部分。

7. 蓝牙技术的发展

（1）第一代蓝牙是短距离通信早期的探索

1999 年蓝牙 1.0 版本推出以后，蓝牙并未立即得到广泛的应用。

2001 年推出蓝牙 1.1 版本并将其正式列入 IEEE 802.15.1 标准，该标准定义了物理层（PHY）和媒体访问控制（MAC）规范，用于设备间的无线联接，传输率速为 0.7Mbit/s，但容易受到同频率产品的干扰，影响通信质量。

2003 年推出的蓝牙 1.2 版本，针对 1.1 版本暴露出的安全性问题，完善了匿名方式，新增屏蔽设备的硬件地址（BD_ADDR）功能，保护用户免受身份嗅探攻击和跟踪，同时向下兼容 1.1 版本。增加了 4 项新功能：适应性跳频（Adaptive Frequency Hopping，AFH）、扩展同步联接导向信道（Extended Synchronous Connection-Oriented links，eSCO）、快速联接（Faster Connection）、支持立体音效的传输要求。

（2）第二代蓝牙代表了 EDR 时代

2004 年推出的蓝牙 2.0 版本新增的增强数据速率（Enhanced Data Rate，EDR）技术，通过提高多任务处理和多种蓝牙设备同时运行的能力，使得蓝牙设备的传输率可达 3Mbit/s。蓝牙 2.0 支持双工模式：可以一边进行语音通信，一边传输文档/高质量图片。同时，EDR 技术通过减少工作负债循环来降低功耗，由于带宽的增加，蓝牙 2.0 增加了联接设备的数量。

2007 年推出的蓝牙 2.1 版本新增了 Sniff Subrating 省电功能，将设备间相互确认的信号发送时间间隔从旧版的 0.1s 延长到 0.5s 左右，大幅降低了蓝牙芯片的工作负载。新增的安全简易配对（Secure Simple Pairing，SSP）功能，不仅改善了蓝牙设备的配对体验，还增强了使用的便捷性和安全性。此外，蓝牙 2.1 还支持近场通信（Near Field Communication，NFC）。当两个内置 NFC 芯片的蓝牙设备相互靠近时，配对密码可通过 NFC 进行传输，无须手动输入。

（3）第三代蓝牙的特点是高速传输，传输速率高达 24Mbit/s

2009 年推出了蓝牙 3.0 版本，新增了可选技术——高速传输，传输率高达 24Mbit/s，是蓝牙 2.0 的 8 倍，轻松实现录像机至高清电视、PC 至 PMP、UMPC 至打印机之间的资料传输。蓝牙 3.0 的核心技术是通用的 AMP（Alternate MAC/PHY）。这是一种全新的交替射频技术，允许蓝牙协议栈针对任一任务动态地选择正确射频。在功耗方面，蓝牙 3.0 引入了增强电源控制（EPC）技术，再辅以 802.11，实际空闲功耗明显降低。此外，新的规范还加入单向广播无联接数据（UCD）技术，提高了蓝牙设备的相应能力。

（4）第四代蓝牙主推低功耗

2010 年推出的蓝牙 4.0 版本是第一个蓝牙综合协议规范，将 3 种规格集成在一起。其中最重要的变化就是低功耗功能（Bluetooth Low Energy，BLE），提出了高速蓝牙、传统蓝牙和低功耗蓝牙 3 种模式：高速蓝牙主攻数据交换与传输；传统蓝牙则以信息沟通、设备联接为重点；低功耗蓝牙以不占用太多带宽的设备联接为主，功耗较以前的版本降低了 90%。

BLE 的前身是 NOKIA 开发的超低功耗无线（Wibree）技术，它本是一项专为移动设备开发的超低功耗无线通信技术，后被 SIG 接纳并规范化而重命名为低功耗蓝牙。这 3 种协议规范还能够组合，从而实现更广泛的应用模式。蓝牙 4.0 的芯片模式分为单模（Single mode）与双模（Dual mode）。单模只能与蓝牙 4.0 互相传输，无法向下与蓝牙 3.0/2.1/2.0 版本兼容；双模可以向下兼容蓝牙 3.0/2.1/2.0 版本。此外，蓝牙 4.0 还把蓝牙的传输距离提升到 100m 以上（低功耗模式条件下），并实现更快的响应速度，最短可在 3ms 内完成联接设置并开始传输数据。使用 AES-128 CCM 加密算法进行数据报加密和认证，使其具有更高的安全性。

2013 年推出的蓝牙 4.1 版本在传输速度和传输范围上变化很小，但在软件方面有着明显的改进。此次更新目的是让蓝牙智能技术最终成为物联网发展的核心动力，支持与 LTE 无缝协作。当蓝牙与 LTE 无线电信号同时传输数据时，蓝牙 4.1 可以自动协调两者的信息传输，以确保协同传输，降低干扰性。允许开发人员和制造商“自定义”蓝牙 4.1 设备的重新联接间隔，为开发人员提供了更高的灵活性和掌控度。

2014 年推出的蓝牙 4.2 版本，传输速度比 4.1 版本提高了 2.5 倍，因为蓝牙智能数据报的容量提高，其可容纳的数据量相当于此前的 10 倍左右。蓝牙 4.2 改善了传输速率和隐私保护，蓝牙信号想要联接或者追踪用户设备，必须经过用户许可，用户可以放心使用可穿戴设备而不用担心被跟踪。

（5）第五代蓝牙开启“物联网”时代大门

2016 年推出的蓝牙 5.0 版本在低功耗模式下具备更快、更远的传输能力，传输速率是蓝牙 4.2 的两倍（速度上限为 2Mbit/s），有效传输距离是蓝牙 4.2 的 2 倍（理论上可达 300m），数据包容量是蓝牙 4.2 的 8 倍。蓝牙 5.0 支持室内定位导航功能，结合 WiFi 可以实现精度小于 1m 的室内定位。针对物联网进行底层优化，力求以更低的功耗和更高的性能为智能家居服务。

2019 年发布的蓝牙 5.1 版本新增了测向功能和厘米级的定位服务，将蓝牙定位的精准度提升到厘米级。这项功能的加入使得室内的定位会变得更加精准，并且能准确定位小物体，避免物品遗失。

2020年发布的蓝牙5.2版本新增了三项主要特性：增强版ATT协议、LE功率控制、LE同步信道。蓝牙5.2联接更快、更稳定，抗干扰性更好，为蓝牙低功耗音频方案提供基础。

2021年发布的蓝牙5.3版本，主要提升体现在传输效率、安全性、稳定性三个方面，解决了5.2版本无法传输低速率数据的问题，加密控制增强，周期性广播增强。

2023年发布的蓝牙5.4版本，主要更新了广播数据加密、广播编码选择、带响应的周期性广播，提升了LE GATT安全级别。

3.3.2 ZigBee无线接入技术

1. ZigBee技术的源起和发展

随着计算机技术和无线通信技术的发展，大量数字家用电器及各类数字手持式终端已经进入普通家庭，而网络通信的迅速普及又引起了无线通信的数字革命。设备联网正成为实现智能化网络业务与应用的关键技术。随着联网设备不断增多，机器间（Machine-to-Machine，M2M）通信能力的重要性日益凸显。有数据表明，预计未来用于人与人通信的终端可能仅占整个终端市场的1/3，而大部分则集中在M2M通信业务领域。2002年，英国Invensys公司、日本三菱电机、美国摩托罗拉公司宣布组成ZigBee技术联盟，共同研究ZigBee技术。IEEE也于2003年制定针对LR-WPAN（Low Rate Wireless Personal Area Network，低速无线个人区域网）的IEEE 802.15.4—2003无线规范，定义了一种新的无线设备的物理层和MAC层，并致力于开发一种可应用在固定、便携或移动设备上的以及低成本、低功耗、低速率的无线联接技术。

ZigBee技术主要应用在短距离范围内以及数据传输速率不高的各种电子设备之间，因此非常适用于工业控制、环境监测、智能家用电器和小型电子设备间的无线传输。典型的传输数据类型有周期性数据、间歇性数据以及重复且低延迟数据。其目标功能是自动化控制，它采用DSSS（直接序列扩频）扩频技术，使用的频段分为2.4GHz（全球）、868MHz（欧洲）及915MHz（美国），而且均为免收费的频段，有效覆盖范围根据不同速率为0～300m。

2. ZigBee技术研究的内容和实现的关键技术

当前，ZigBee应用的热点主要是无线传感网络，它广泛用于野外环境监控等，其中加州大学伯克利分校和洛杉矶分校的研究最为著名。采用Atmel公司的2.4GHz的ZigBee收发芯片AT86RF230和AVR单片机Mega1281来构建无线通信功能模块，期望对ZigBee系统的工作原理、基本协议有深入的分析和应用创新。所要实现的关键技术有：①低功耗、高性能的模块电路设计；②ZigBee协议栈的设计；③CSMA/CA算法的实现；④网络路由算法的实现。

3. ZigBee 技术概述

ZigBee 技术主要基于两个标准，一个是 ZigBee 联盟所制定的 V1.0 规范，另一个是 IEEE 802.15.4 工作组所制定的低速、近距离的无线个域网标准。V1.0 规范是基于 IEEE 802.15.4 标准基础之上的，两个规范都满足 OSI 参考模型。ZigBee 技术体系基本架构如图 3-47 所示。

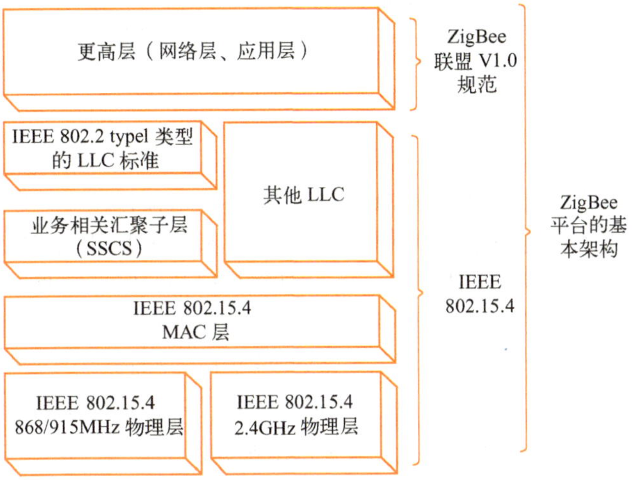

图 3-47　ZigBee 技术体系基本架构

ZigBee 技术是继 Bluetooth 之后，短距离、低功耗、低成本的应用于家庭、建筑自动化、消费类电子、工业控制和医疗传感器等应用领域的无线传感器网络新技术。它是一种介于无线标记和蓝牙之间的技术方案，有自己的无线电标准，在很多个微小的传感器之间相互协调、传递信息。ZigBee 的通信标准由 ZigBee 联盟开发，这是一个由半导体厂商、技术供应商和原始设备制造商加盟的组织。该联盟成立于 2001 年 8 月。2002 年下半年，英国 Hivensys 公司、日本三菱电机公司、美国摩托罗拉公司以及荷兰飞利浦半导体公司四大巨头共同宣布，它们将加盟“ZigBee 联盟”，以研发命名为“ZigBee”的下一代无线通信标准。这一事件成为该项技术发展过程中的里程碑。

ZigBee 技术标准基于 IEEE 802.15.4 低速率无线个人区域网，IEE 802.15.4 小组与 ZigBee 联盟共同制定了 ZigBee 规范。IEEE 802.15.4 小组负责制定物理层和 MAC 层规范，并在此之上包含网络层、安全层和应用层。相对于常见的无线通信标准，ZigBee 协议紧凑简单，对实际处理器的性能要求也不高，在普通 8 位单片机配上 4KB ROM 和 64KB RAM 等就可以满足其需要，从而降低了相应产品的成本。ZigBee 是一个由多达 65 000 个无线节点组成的无线数据传输网络平台，并且可以和现有的互联网联接。

ZigBee 技术弥补了低成本、低功耗和低速率的无线通信市场的空缺，其成功的关键在于丰富而便捷的应用。

4. ZigBee 技术体系基本架构

在 ZigBee 技术中，其体系结构是通过层来定义的，每一层完成自己的任务，并为上层提供服务，各层通过接口进行通信。此技术的基础是 IEEE 802.15.4，是建立在

IEEE 802.15.4 标准之上的 IEEE 无线个人区域网工作组的一项标准，其物理层和 MAC 层协议为 IEEE 802.15.4 协议标准，IEEE 处理低层的 MAC 层和物理层，而 ZigBee 联盟对网络层协议和应用框架进行了标准化，主要分为物理层、MAC 层、网络层、应用层。

（1）物理层

ZigBee 技术的物理层分 2.4GHz 物理层和 868/915MHz 物理层。其中，2.4GHz 物理层是运行在 2.4GHz ISM 频带上的；欧洲采用的是 868MHz 物理层，美国采用的是 915MHz 物理层，868/915MHz 物理层均采用直扩序列调制方式。物理层的主要功能包括激活和休眠射频收发器、信道能量检测、信道接收数据包的链路质量指示、空闲信道评估和收发数据。

（2）MAC 层

MAC 层使用物理层提供的服务实现设备之间的数据帧传输。它的核心是信道接入技术，主要是指随机接入信道技术（CSMA/CA）。这种机制就是节点在发送数据之前先监听信道，如果信道空闲，就发送数据，否则就要延迟一段随机时间，然后再进行监听。这个退避的时间是呈指数增长的，但有一个最大值，即如果上一次退避之后再次监听到信道忙，退避时间就要倍增，这样做的原因是如果多次监听到信道忙，就有可能表明信道上的数据量大，因此让节点等待更多的时间，以避免频烦监听。通过这种信道接入技术，所有节点竞争共享同一个信道。在 MAC 层当中还规定了两种信道接入模式，一种是信标（Beacon）模式，另一种是非信标模式。在信标模式中规定了一种“超帧”的格式，在超帧的开始发送信标帧，里面含有一些时序以及网络的信息，紧接着是竞争接入时期，在这段时间内，各节点以竞争方式接入信道，再后面是非竞争接入时期，节点采用时分复用的方式接入信道，然后是非活跃时期，节点进入休眠状态，等待下一个超帧周期开始再发送信标帧。而非信标模式则比较灵活，节点均以竞争方式接入信道，不需要周期性地发送信标帧。MAC 层的功能是协调器产生并发送信标帧，普通设备根据协调器的信标帧与协调器同步。

（3）网络层

ZigBee 网络层的主要功能是路由，路由算法是它的核心。目前，ZigBee 网络层主要支持树状路由和网状路由这两种路由算法。树状路由是把整个网络看作是以协调器为根，整个网络由协调器建立，而协调器的子节点可以是路由器或者是末端节点，路由器的子节点也可以是路由器或者末端节点，而末端节点没有子节点。网状路由是一种应用比较广泛的路由算法，可靠性很好，其主要依赖于多跳技术（多跳是指数据不断从一个节点跳到另一个节点）。因为数据从一个节点不断被传送到另一个节点，又因为网状网络有很多节点，所以任何一个节点到另一个节点之间的路径总是不止一个。在节点加入网络后，这些节点和目的地节点之间就会自动生成路径，节点本身就能够建立路由，只要发送信息，邻近信号收到信息后就转发出去。这个转发过程会逐个节点地重复下去，直到信息到达目的地为止。目的地节点提供的确认信号告诉始发节点，完全路径已建成，信息已成功抵达。ZigBee 网络层的功能主要包括组建网络、加入网络、离开网络、建立路由及数据传输等。

（4）应用层

应用层是 ZigBee 技术为实际应用提供的一些应用框架模型。该层为用户应用进程间的数据通信提供接口，应用进程在调用应用层服务时，应该提供所有服务所需要的参数，然后由应用层服务将数据经过编码后传给网络接口层对象，调用网络层数据传输服务把数据发送出去。在应用层收到来自通信端口的数据后，上传给应用层服务，由应用层服务根据服务报文中的目的应用进程标识 ID，将接收到的数据传送到应用层中相应的用户应用进程，由用户应用进程对相应的参数进行更新和进一步处理。应用层的主要功能是定义设备在网络中的角色（如协调器和终端设备）、组建网络、发起和响应绑定请求、在绑定设备间传递消息等。

5. ZigBee 网络拓扑结构

根据应用需要，ZigBee 网络拓扑结构分星形网络拓扑结构和对等网络拓扑结构，如图 3-48 所示。

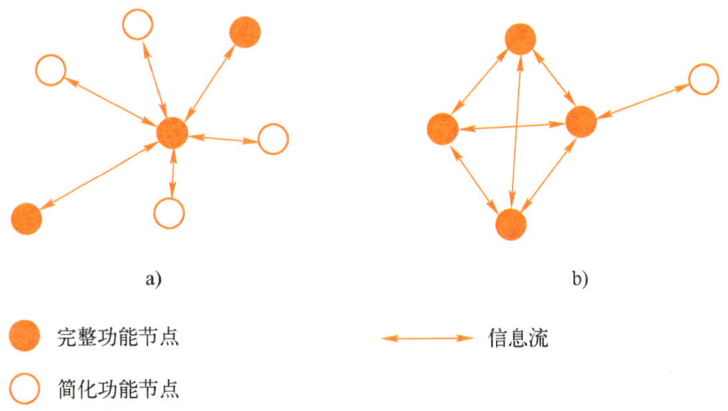

图 3-48　ZigBee 网络拓扑结构

a) 星形网络拓扑结构　b) 对等网络拓扑结构

（1）星形网络拓扑结构

星形网络由一个协调器和多个从设备组成。从设备可以是简化功能节点，也可以是完整功能节点。每个星形网络只有一个 PAN 主协调器，该协调器可以是起始设备、终端设备，也可以是路由设备。在该网络中，所有从设备只能与协调器进行通信，从设备之间的通信是禁止的。在同一个区域的不同星形网络是相互独立的，通过 PAN 标识符区分不同网络。

（2）对等网络拓扑结构

对等网络拓扑结构也是由协调器和从设备组成的。协调器可以是完整功能节点中的任意一个，一般可将通信中的第一通信设备定义为 PAN 主协调器。从设备可以是完整功能节点，也可以是简化功能节点，但是简化功能节点只能作为终端设备，并且只与最近的完整功能节点通信，而完整功能节点只要在其通信范围内就可以与其他设备通信。

6. 数据帧结构

在 ZigBee 技术中，每一个协议都增加了各自的帧头和帧尾，在 IEEE 802.15.4 中定义了 MAC 层和物理层的帧格式。物理层帧格式是在 MAC 层帧格式前加上物理层帧头。数据帧结构图如图 3-49 所示。

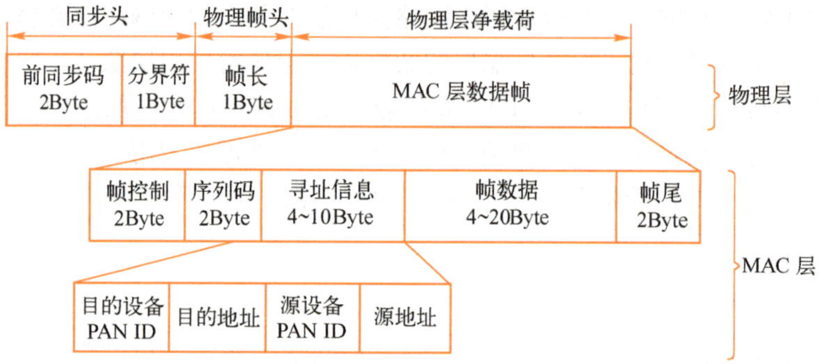

图 3-49 数据帧结构图

3.3.3 超宽带

近年来，超宽带（Ultra Wide Band，UWB）无线通信成为短距离、高速无线网络最热门的物理层技术之一。

1. UWB 的产生与发展

超宽带有着悠久的发展历史，但在 1989 年之前，超宽带这一术语并不常用，在信号的带宽和频谱结构方面也没有明确的规定。1989 年，美国国防部高级研究计划署（DARPA）首先采用超宽带这一术语，并规定：若信号在-20dB 处的绝对带宽大于 1.5GHz 或相对带宽大于 25%，则该信号为超宽带信号。此后，超宽带这个术语就被沿用下来。其中，f_H 为信号在-20dB 辐射点对应的上限频率，f_L 为信号在-20dB 辐射点对应的下限频率。为探索 UWB 应用于民用领域的可行性，自 1998 年起，美国联邦通信委员会（FCC）开始在产业界广泛征求意见，美国 NTIA 等通信团体对此提交了大约 800 多份意见书。

2002 年 2 月，FCC 批准 UWB 技术进入民用领域，并对 UWB 进行了重新定义，规定 UWB 信号为相对带宽大于 20%或-10dB 带宽大于 500MHz 的无线电信号。根据 UWB 系统的具体应用，可将 UWB 系统分为成像系统、车载雷达系统、通信与测量系统 3 大类。根据 FCC Part15 规定，UWB 通信系统可使用频段为 3.1～10.6GHz。为保护现有系统（如 GPRS、移动蜂窝系统、WLAN 等）不被 UWB 系统干扰，针对室内、室外的不同应用，对 UWB 系统的辐射谱密度进行了严格限制，规定 UWB 系统的最高辐射谱密度为-41.3dBm/MHz。当前，人们所说的 UWB 是指 FCC 给出的新定义。

自 2002 年至今，新技术和系统方案不断涌现，出现了基于载波的多带脉冲无线电超宽带（IR-UWB）系统、基于直扩码分多址（DS-CDMA）的 UWB 系统、基于多带正交频分复用（OFDM）的 UWB 系统等。在产品方面，Time-Domain、XSI、Freescale、Intel 等公司纷纷推出 UWB 芯片组，超宽带天线技术也日趋成熟。UWB 技术已成为短距离、高速无线联接最具竞争力的物理层技术。IEEE 已经将 UWB 技术纳入其 IEEE 802 系列无线标准，正在制定基于 UWB 技术的高速无线个人区域网（WPAN）标准 IEEE 802.15.3a

和低速无线个人区域网标准 IEEE 802.15.4a。以 Intel 公司为首的无线 USB 促进组织制定的基于 UWB 的 WUSB 2.0 标准即将出台。无线 1394 联盟也在抓紧制定基于 UWB 技术的无线标准。可以预见，在未来的几年中，UWB 将成为无线个人区域网、无线家庭网络、无线传感器网络等短距离无线网络中占据主导地位的物理层技术之一。

2. UWB 的技术特点

（1）传输速率高及空间容量大

根据香农（Shannon）信道容量公式，在加性高斯白噪声（AWGN）信道中，系统无差错传输速率的上限为

$$C=B\times\log_2(1+\text{SNR})$$

式中，B 为信道带宽（单位为 Hz），SNR 为信噪比。

在 UWB 系统中，信号带宽 B 的范围为 500MHz～7.5GHz。因此，即使信噪比 SNR 很低，UWB 系统也可以在短距离上实现每秒几百兆位至 1Gbit/s 的传输速率。例如，如果使用 7GHz 带宽，即使信噪比低至-10 dB，其理论信道容量也可达到 1Gbit/s。因此，将 UWB 技术应用于短距离高速传输场合（如高速 WPAN）是非常合适的，可以极大地提高空间容量。理论研究表明，基于 UWB 的 WPAN 可达的空间容量比目前的 WLAN 标准 IEEE 802.11.a 高出 1～2 个数量级。

（2）适合短距离通信

按照 FCC 规定，UWB 系统的可辐射功率非常有限，3.1～10.6GHz 频段总辐射功率仅为 0.55mW，远低于传统窄带系统。随着传输距离的增加，信号功率将不断衰减。因此，接收信噪比可以表示成传输距离的函数 SNRr(d)。根据香农信道容量公式，信道容量可以表示成距离的函数

$$C(d)=B\times\log_2[1+\text{SNRr}(d)]$$

另外，超宽带信号具有极其丰富的频率成分。众所周知，无线信道在不同频段表现出不同的衰落特性。随着传输距离的增加，高频信号衰落极快，这将导致 UWB 信号产生失真，从而严重影响系统性能。研究表明，当收发信机之间距离小于 10m 时，UWB 系统的信道容量高于 5GHz 频段的 WLAN 系统容量；当收发信机之间的距离超过 12m 时，UWB 系统在信道容量上的优势将不复存在。因此，UWB 系统特别适合于短距离通信。

（3）具有良好的共存性和保密性

由于 UWB 系统的辐射谱密度极低（小于-41.3dBm/MHz），对传统的窄带系统来讲，UWB 信号谱密度甚至低至背景噪声电平以下，UWB 信号对窄带系统的干扰可以视作宽带白噪声，所以 UWB 系统与传统的窄带系统有着良好的共存性。这对提高日益紧张的无线频谱资源的利用率是非常有利的。同时，极低的辐射谱密度使 UWB 信号具有很强的隐蔽性，很难被截获，对提高通信保密性非常有利。

（4）多径分辨能力强，定位精度高

由于 UWB 信号采用持续时间极短的窄脉冲，其时间、空间分辨能力都很强，因此 UWB 信号的多径分辨率极高。极高的多径分辨率赋予 UWB 信号高精度的测距、定位能力。对于通信系统，必须辩证地分析 UWB 信号的多径分辨率。无线信道的时间选择性和

频率选择性是制约无线通信系统性能的关键因素。在窄带系统中，不可分辨的多径将导致衰落，而 UWB 信号可以将它们分开，并利用分集接收技术进行合并。因此，UWB 系统具有很强的抗衰落能力。但 UWB 信号极高的多径分辨率也导致信号能量产生严重的时间弥散（频率选择性衰落），接收机必须通过牺牲复杂度（增加分集重数）以捕获足够的信号能量。这将对接收机的设计提出严峻挑战。在实际的 UWB 系统设计中，必须折中考虑信号带宽和接收机复杂度，以得到理想的性价比。

（5）体积小、功耗低

传统的 UWB 技术无须正弦载波，数据就被调制在纳秒级或亚纳秒级基带窄脉冲上传输，接收机可利用相关器直接完成信号检测。收发信机不需要复杂的载频调制/解调电路和滤波器，因此可以大大降低系统的复杂度，减小收发信机的体积和功耗。虽然 FCC 对 UWB 的新定义在一定程度上增加了无载波脉冲成形的实现难度，但随着半导体技术的发展和新型脉冲产生技术的不断涌现，UWB 系统仍然发挥了传统 UWB 体积小、功耗低的优势。

3. UWB 脉冲成形技术

任何数字通信系统都要利用与信道匹配良好的信号携带信息。对于线性调制系统，已调制信号可以统一表示为

$$g(t)=\sum \mathrm{In}g(t-T)$$

式中，In 为承载信息的离散数据符号序列；T 为数据符号持续时间；$g(t)$为时域波形。通信系统的工作频段、信号带宽、辐射谱密度、带外辐射、传输性能及实现复杂度等诸多因素都取决于 $g(t)$的设计。

对于 UWB 通信系统，成形信号 $g(t)$的带宽必须大于 500MHz，且信号能量应集中于 3.1～10.6GHz 频段。早期的 UWB 系统采用纳秒/亚纳秒级无载波高斯单周脉冲，信号频谱集中于 2GHz 以下。FCC 对 UWB 的重新定义和频谱资源分配对信号成形提出了新的要求，必须调整信号成形方案。近年来出现了许多行之有效的方法，如高斯单周脉冲、基于载波调制的成形技术、Hermit 正交脉冲、PSWF（椭圆球面波）正交脉冲等。

（1）高斯单周脉冲

高斯单周脉冲即高斯脉冲的各阶导数，是最具代表性的无载波脉冲。各阶脉冲波形均可由高斯一阶导数通过逐次求导得到。

随着脉冲信号阶数的增加，过零点数逐渐增加，信号中心频率向高频移动，但信号的带宽无明显变化，相对带宽逐渐下降。早期 UWB 系统采用 1 阶、2 阶脉冲，信号频率成分从直流延续到 2GHz。按照 FCC 对 UWB 的新定义，必须采用 4 阶以上的亚纳秒脉冲方能满足辐射谱的要求。

（2）基于载波调制的成形技术

从原理上讲，只要信号−10dB 带宽大于 500MHz 即可满足 UWB 的要求。因此，传统的用于有载波通信系统的信号成形方案均可移植到 UWB 系统中。此时，超宽带信号设计转化为低通脉冲设计，通过载波调制可以将信号频谱在频率轴上灵活地搬移。有载波的成形脉冲可表示为

$$w(t)=p(t)\cos(2\pi f_c t)\ (0 \leqslant t \leqslant T_p)$$

式中，$p(t)$是持续时间为 T_p 的基带脉冲；f_c 为载波频率，即信号中心频率。

形成脉冲的频谱取决于基带脉冲 $p(t)$，只要使 $p(t)$的-10dB 带宽大于 250MHz，即可满足 UWB 设计要求。通过调整载波频率 f_c 可以使信号频谱在 3.1～10.6GHz 范围内灵活移动。若结合跳频（FH）技术，则可以方便地构成跳频多址（FHMA）系统。在许多 IEEE 802.15.3a 标准提案中采用了这种脉冲成形技术。在典型的有载波修正余弦脉冲，中心频率为 3.35GHz，-10dB 带宽为 525MHz。

（3）Hermite 正交脉冲

Hermite 正交脉冲是一类最早被提出用于高速 UWB 通信系统的正交脉冲成形方法。结合多进制脉冲调制可以有效地提高系统传输速率。这类脉冲波形是由 Hermite 多项式导出的。这种脉冲成形方法的特点在于：能量集中于低频，各阶波形频谱相差大，须借助载波搬移频谱技术方可满足 FCC 要求。

（4）PSWF 正交脉冲

PSWF 正交脉冲是一类近似的“时限-带限”信号，在带限信号分析中有非常理想的效果。与 Hermite 脉冲相比，PSWF 脉冲可以直接根据目标频段和带宽要求进行设计，不需要复杂的载波调制进行频谱搬移。因此，PSWF 脉冲属于无载波成形技术，有利于简化收发信机的复杂度。

4. UWB 调制与多址技术

调制方式是指信号以何种方式承载信息，它不但决定通信系统的有效性和可靠性，而且影响信号的频谱结构和接收机复杂度。对于多址技术解决多个用户共享信道的问题，合理的多址方案可以在减小用户间干扰的同时极大地提高多用户容量。在 UWB 系统中采用的调制方式可以分为两大类，即基于超宽带脉冲的调制和基于正交频分复用（OFDM）的正交多载波调制。多址技术包括跳时多址、跳频多址、直扩码分多址及波分多址等。在系统设计中，可以对调制方式与多址方式进行合理的组合。

（1）UWB 调制技术

1）脉位调制。脉位调制（PPM）是一种利用脉冲位置（脉位）承载数据信息的调制方式。按照采用的离散数据符号状态数，可以将 PPM 分为二进制 PPM（2PPM）和多进制 PPM（MPPM）。在 PPM 调制方式中，在一个脉冲重复周期内，脉冲可能出现的位置有 2 个或 M 个，脉冲位置与符号状态一一对应。根据相邻脉冲位之间距离与脉冲宽度之间的关系，又可将 PPM 分为部分重叠 PPM 和正交 PPM（OPPM）。在部分重叠的 PPM 中，为保证系统传输可靠性，通常选择相邻脉位互为脉冲自相关函数的负峰值点，从而使相邻符号的欧氏距离最大化。在 OPPM 中，通常以脉冲宽度为间隔确定脉位。接收机利用相关器在相应位置进行相干检测。鉴于 UWB 系统的复杂度和功率限制，实际应用中常用的调制方式为 2PPM 或 2OPPM。PPM 的优点在于，它仅须根据数据符号控制脉冲位置，而不需要进行脉冲幅度和极性的控制，便于以较低的复杂度实现调制与解调。因此，PPM 是早期 UWB 系统广泛采用的调制方式。但是，由于 PPM 信号为单极性，其辐射谱中往往存在幅度较高的离散谱线。如果不对这些谱线进行抑制，就很难满足 FCC 对辐射谱的要求。

2）脉幅调制。脉幅调制（PAM）是数字通信系统常用的调制方式之一。在 UWB 系统中，考虑到实现的复杂性和功率的有效性，不宜采用多进制 PAM（MPAM）。UWB 系统常用的 PAM 有两种方式，即开关键控（OOK）和二进制相移键控（Binary Phase Shift Keying，BPSK）。前者可以采用非相干检测来降低接收机复杂度，而后者采用相干检测，可以更好地保证传输可靠性。与 2PPM 相比，在辐射功率相同的前提下，BPSK 可以获得更高的传输可靠性，且在辐射谱中没有离散谱线。

3）波形调制。波形调制（PWSK）是结合 Hermite 脉冲等多正交波形提出的调制方式。在这种调制方式中，采用 M 个相互正交的等能量脉冲波形携带数据信息，每个脉冲波形与一个 M 进制数据符号对应。在接收端，利用 M 个并行的相关器进行信号接收，利用最大似然检测法完成数据恢复。由于各种脉冲能量相等，因此可以在不增加辐射功率的情况下提高传输效率。在脉冲宽度相同的情况下，可以达到比 MPPM 更高的符号传输速率。在符号速率相同的情况下，其功率效率和可靠性高于 MPAM。由于这种调制方式需要较多的成形滤波器和相关器，其实现复杂度较高，因此在实际系统中较少使用，目前仅限于理论研究。

4）正交多载波调制。传统意义上的 UWB 系统均采用窄脉冲携带信息。FCC 对 UWB 的新定义拓展了 UWB 的技术手段。从理论上讲，-10dB 带宽大于 500MHz 的任何信号形式均可称作 UWB。在 OFDM 系统中，数据符号被调制在并行的多个正交子载波上传输，数据调制/解调采用快速傅里叶变换/逆快速傅里叶变换（FFT/IFFT）实现。由于具有频谱利用率高、抗干扰能力强、便于数字信号处理器（DSP）实现等优点，OFDM 技术已经广泛应用于数字音频广播（DAB）、数字视频广播（DVB）及 WLAN 等无线网络中，且成为 B3G/4G/5G 蜂窝网的主流技术。

（2）UWB 多址技术

1）跳时多址。跳时多址（THMA）是最早应用于 UWB 通信系统的多址技术，它可以方便地与 PPM、BPSK 调制相结合，从而形成跳时-脉位调制（TH-PPM）、跳时-二进制相移键控系统方案。这种多址技术利用了 UWB 信号占空比极小的特点，将脉冲重复周期（T_f，又称为帧周期）划分成 N_h 个持续时间为 T_c 的互不重叠的码片时隙，每个用户利用一个独特的随机跳时序列在 N_h 个码片时隙中随机选择一个作为脉冲发射位置。在每个码片时隙内，可以采用 PPM 或 BPSK 调制。接收端利用与目标用户相同的跳时序列跟踪接收。

由于用户在跳时码之间具有良好的正交性，多用户脉冲之间不会发生冲突，因此避免了多用户干扰。将跳时技术与 PPM 结合可以有效地抑制 PPM 信号中的离散谱线，达到平滑信号频谱的作用。由于每个帧周期内可分的码片时隙数有限，当用户数很大时必然产生多用户干扰，因此如何选择跳时序列是非常重要的问题。

2）直扩-码分多址。直扩-码分多址（DS-CDMA）是 IS-95 和 3G 移动蜂窝系统中广泛采用的多址方式，这种多址方式同样可以应用于 UWB 系统。在这种多址方式中，每个用户使用一个专用的伪随机序列对数据信号进行扩频，用户扩频序列之间的互相关性很小，即使用户信号间发生冲突，解扩后互干扰也会很小。但由于用户扩频序列之间存在互相关性，远近效应是限制其性能的重要因素，因此在 DS-CDMA 系统中需要进行功率控制。在 UWB 系统中，DS-CDMA 通常与 BPSK 结合。

3）跳频多址。跳频多址（FHMA）是结合多个频分子信道使用的一种多址方式，每个用户利用专用的随机跳频码控制射频频率合成器，以一定的跳频图案周期性地在若干个子信道上传输数据，使数据调制在基带完成。若用户跳频码之间无冲突或冲突概率极小，则多用户信号之间在频域正交，可以很好地消除用户间干扰。原理上讲，子信道数量越多，则容纳的用户数量越大，但这是以牺牲设备复杂度和功耗为代价的。在 UWB 系统中，将 3.1～10.6GHz 频段分成若干个带宽大于 500MHz 的子信道，根据用户数量和设备复杂度要求，选择一定数量的子信道和跳频码来解决多址问题。FHMA 通常与多带脉冲调制或 OFDM 相结合，调制方式采用 BPSK 或正交移相键控（Quadrature Phase Shift Keying，QPSK）。

4）PWDMA。PWDMA 是结合 Hermite 等正交多脉冲提出的一种波分多址方式。每个用户分别使用一种或几种特定的成形脉冲，调制方式可以是 BPSK、PPM 或 PWSK。由于用户使用的脉冲波形之间相互正交，因此在同步传输的情况下，即使多用户信号间相互冲突也不会产生互干扰。通常，正交波形之间的异步互相关不为零，因此在异步通信的情况下用户间将产生互干扰。

3.4 窄带物联网（NB-IoT）

窄带物联网（Narrow Band Internet of Things，NB-IoT）是一项广泛应用的物联网技术，因为低功耗、联接稳定、成本低、架构优化出色等特点而备受关注。

NB-IoT 概述和特点

3.4.1 NB-IoT 概述

物联网的无线通信技术很多，主要分为两类：一类是 ZigBee、WiFi、蓝牙、Z-wave 等短距离通信技术；另一类是低功耗广域网（Low Power Wide Area Network，LPWAN）通信技术，即广域网通信技术。LPWAN 又可分为两类：一类是工作于未授权频谱的 LoRa、SigFox 等技术；另一类是工作于授权频谱下，3GPP 支持的 2G、3G、4G、5G 蜂窝通信技术，比如 EC-GSM、LTE Cat-m、NB-IoT、mMTC 等。

NB-IoT 是万物互联网络的一个重要分支。NB-IoT 构建于蜂窝网络，只消耗大约 180kHz 的带宽，可直接部署于 GSM 网络、UMTS 网络或 LTE 网络，即 2G、3G、4G、5G 的网络上实现现有网络的复用，以降低部署成本，实现平滑升级。NB-IoT 支持低功耗设备在广域网的蜂窝数据联接。NB-IoT 支持待机时间长、对网络联接要求较高设备的高效联接。

3.4.2 NB-IoT 的特点

相对于传统的蓝牙、WiFi 等技术，NB-IoT 技术具有低功耗、低成本、强联接、广覆盖等优势，应用空间巨大。

（1）低功耗

低功耗特性是物联网应用的一项重要指标，特别是对于一些不能经常更换电池的设备和场合来说。NB-IoT 由于其终端以及各种设备待机时间较长，待机时间可以高达 10 年，具备超长的待机与良好的功耗控制。NB-IoT 聚焦小数据量、小速率应用，因此 NB-IoT 设备功耗可以做到非常小，并且低速率窄带物联网通信技术的功耗优势，使得其模块成本控制难度较低，保证了通信运营企业的盈利空间，同时在很大程度上降低了 NB-IoT 设备更新换代的难度，保证了物联网通信技术体系的无缝调整，减少了不必要的资源浪费与人员费用支出。

（2）低成本

NB-IoT 是基于 LTE 网络的技术，所以在现有 LTE 网络的基础上进行改造，就可以很快组网，扩大覆盖范围。目前各大运营商仍在大力推动 LTE 网络建设，也有利于 NB-IoT 的覆盖改善。

（3）强联接

蜂窝结构的特殊性使得 NB-IoT 与传统的通信技术相比有着良好的联接能力，满足海量用户的信息获取需求。在同一基站的情况下，NB-IoT 可以比原无线技术提供 50～100 倍的接入数。一个扇区能够支持 5 万个联接，支持低延时敏感度、超低的设备成本、低设备功耗和优化的网络架构。在一个不太大的空间，放置更多设备而又不会互相干扰，NB-IoT 足以轻松满足未来智慧家庭中大量设备联网的需求。例如：NB-IoT 一个扇区最多可以支持 10 万个用户端同时联接，并且即便是在满负荷的情况下，NB-IoT 通信技术也可以保持一个较低的延时率，提升了用户的满意度。

（4）广覆盖

NB-IoT 室内覆盖能力强，比 LTE 提升 20dB 增益，相当于覆盖区域能力提升了 100 倍，不仅可以满足农村这样的广覆盖需求，对于厂区、地下车库、井盖这类对深度覆盖有要求的场所同样适用。

3.4.3 NB-IoT 的主要技术

NB-IoT 着眼于低功耗、广域覆盖的通信应用。终端的通信机制相对简单，无线通信的耗电量相对较低，适合小数据量、低频率（低吞吐率）的信息上传，信号覆盖的范围则与普通的移动网络技术基本一样，行业内将此类技术统称为“LPWAN 技术”。NB-IoT 针对 M2M 通信场景对原有的 4G 网络进行了技术优化，其对网络特性和终端特性进行了适当的平衡，以适应物联网应用的需求。

1. NB-IoT 网络部署方式

为了便于运营商根据自由网络的条件灵活运用，NB-IoT 可以在不同的无线频带上进行部署，分为 3 种情况：独立部署（Stand Alone）、带内部署（In Band）和保护带部署（Guard Band），如图 3-50 所示。

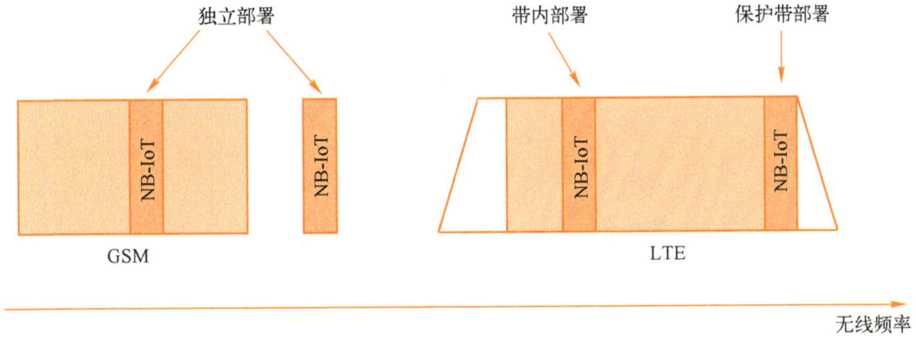

图 3-50 NB-IoT 在不同的无线频带上的 3 种部署模式

(1) 独立部署

独立部署模式利用独立的新频带或空闲频段进行部署，也就是将 NB-IoT 网络部署在 2G 频谱或其他离散频谱。利用现网的空闲频谱，不与现行 LTE 网络形成干扰。频谱系统带宽为 200kHz。NB-IoT 载波的中心频率是 100kHz 的整数倍。运营商所提的“GSM 频段重耕”也属于此类模式。

(2) 保护带部署

保护带部署模式是将 NB-IoT 网络部署在 LTE 系统频率边缘的保护频段，使用较弱的信号强度，可以最大化地利用频谱资源。可以在 5MHz、10MHz、15MHz、20MHz 的 LTE 系统带宽下部署。NB-IoT 载波的中心频率和信道栅格之间会有偏差，偏差为±7.5kHz、±2.5kHz。采用该模式需要满足一些额外的技术要求（例如原 LTE 频段带宽要大于 5Mbit/s），以避免 LTE 和 NB-IoT 之间的信号干扰。

(3) 带内部署

带内部署模式是将 NB-IoT 网络部署在 LTE 带内的一个 PRB 资源，作为 NB-IoT 的工作载波，可以在 3MHz、5MHz、10MHz、15MHz、20MHz 的 LTE 系统带宽下部署。NB-IoT 载波的中心频率和信道栅格之间会有偏差，偏差为±7.5kHz、±2.5kHz。为了避免干扰，3GPP 要求该模式下的信号功率谱密度与 LTE 信号的功率谱密度不得超过 6dB。

除了独立部署模式外，另外两种部署模式都需要考虑和原 LTE 系统的兼容性，部署的技术难度相对较高，网络容量相对较低。

2. NB-IoT 的覆盖增强

为了增强信号覆盖，在 NB-IoT 的下行无线信道上，网络系统通过向终端重复发送控制、业务消息（“重传机制”），再由终端对重复接收的数据进行合并来提高数据通信的质量。这样的方式可以增加信号覆盖的范围，但数据重传势必导致时延的增加，从而影响信息传递的实时性。

在 NB-IoT 的上行信道上，同样支持无线信道上的数据重传。此外，终端信号在更窄的 LTE 带宽中发送，可以实现单位频谱上的信号增强，使功率谱密度（Power Spectrum Density，PSD）增益更大。通过提高功率谱密度增益，提升了上行无线信号在空中的穿透能力，从而更利于网络端对信号进行解调，如图 3-51 所示。

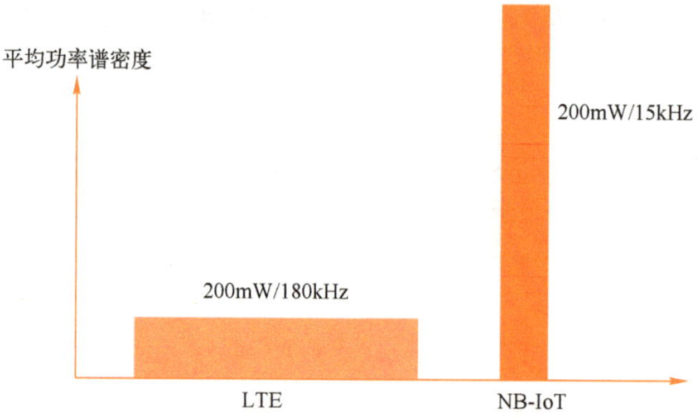

图 3-51　LTE 和 NB-IoT 的上行功率谱密度对比

注：NB-IoT 的功率谱密度和 LTE 的功率谱密度相差 12 倍，即 10.8dB

通过上行、下行信道的优化设计，NB-IoT 信号的耦合损耗（Coupling Loss）指能量从一个电路系统传播到另一个电路系统时发生的能量损耗，这里是指无线信号在空中传播的能量损耗，最高可以达到 164dBm。

为了进一步利用网络系统的信号覆盖能力，NB-IoT 还根据信号覆盖的强度进行了分级（CE Level），并实现“寻呼优化”：引入寻呼传输窗（PTW），允许网络在一个 PTW 内多次寻呼终端，并根据覆盖等级调整寻呼次数。

- 常规覆盖（Normal Coverage）。其 MCL（Maximum Coupling Loss，最大耦合损耗）小于 144dBm，与目前的 GPRS 覆盖强度一致。
- 扩展覆盖（Extended Coverage）。其 MCL 为 144～154dBm，相对 GPRS 覆盖强度提升了 10dBm。
- 极端覆盖（Extreme Coverage）。其 MCL 最高可达 164dBm，相对 GPRS 覆盖强度提升了 20dBm。

3. NB-IoT 低功耗的实现

若要终端通信模块低功耗运行，最好的办法就是尽量地让其“休眠”。NB-IoT 有两种模式，可以使得通信模块只在一段约定的很短暂的时间段内监听网络对其的寻呼，其他时间则都处于关闭的状态。这两种低功耗模式为 PSM（Power Saving Mode，省电模式）和 eDRX（extended Discontinuous Reception，扩展的不连续接收）。

（1）PSM

在 PSM 下，终端设备的通信模块进入空闲状态一段时间后，会关闭其信号的收发以及接入层的相关功能。当设备处于这种局部关机状态的时候，即进入了省电模式，终端以此可以减少通信元器件（天线、射频等）的能源消耗。终端进入 PSW 期间，网络无法访问到该终端。从语音通话的角度来说，即“无法被叫”。大多数情况下，采用 PSM 的终端，超过 99%的时间都处于休眠的状态，主要有两种方式可以激活它们和网络的通信。当终端自身有联接网络的需求时，它会退出 PSM 状态，并主动与网络进行通信，上传业务数据。

在每一个周期性的跟踪区更新（Tracking Area Update，TAU）中，都有一小段时间处于激活的状态。在激活状态中，终端先进入“联接（Connect）”状态，与通信网络交互其网络、业务的数据。在通信完成后，终端不会立刻进入 PSM 状态，而是保持一段时间为“空闲（IDLE）”状态。在空闲状态下，终端可以接受网络的寻呼。

在 PSM 的运行机制中，使用“激活定时器”（Active Timer，AT）控制空闲状态的时长，并由网络和终端在网络附着（Attach，终端首次登记到网络）或 TAU 时协商决定激活定时器的时长。终端在空闲状态下出现 AT 超时的时候，便进入了 PSM 状态。根据标准，终端的一个 TAU 周期最大可达 310h；“空闲状态”的时长最高可达到 3.1h（11 160s）。从技术原理可以看出，PSM 适用于那些几乎没有下行数据流量的应用。云端应用和终端的交互主要依赖于终端自主性地与网络联系。绝大多数情况下，云端应用是无法实时“联系”到终端的。

（2）eDRX 模式

在 PSM 下，网络只能在每个 TAU 最开始的时间段内寻呼到终端（在联接状态后的空闲状态进行寻呼）。eDRX 模式的运行不同于 PSM，它引入了 eDRX 机制，提升了业务下行的可达，即不连续接收（Discontinuous Reception，DRX）。

在 eDRX 模式下，在一个 TAU 周期内，包含多个 eDRX 周期，以便于网络更实时性地向其建立通信联接（寻呼）。eDRX 的一个 TAU 包含一个联接状态周期和一个空闲状态周期，空闲状态周期中则包含了多个 eDRX 寻呼周期，每个 eDRX 寻呼周期又包含了一个 PTW 周期和一个 PSM 周期。PTW 和 PSM 的状态会周期性地交替出现在一个 TAU 中，使得终端能够间歇性地处于待机的状态，等待网络对其呼叫，如图 3-52 所示。

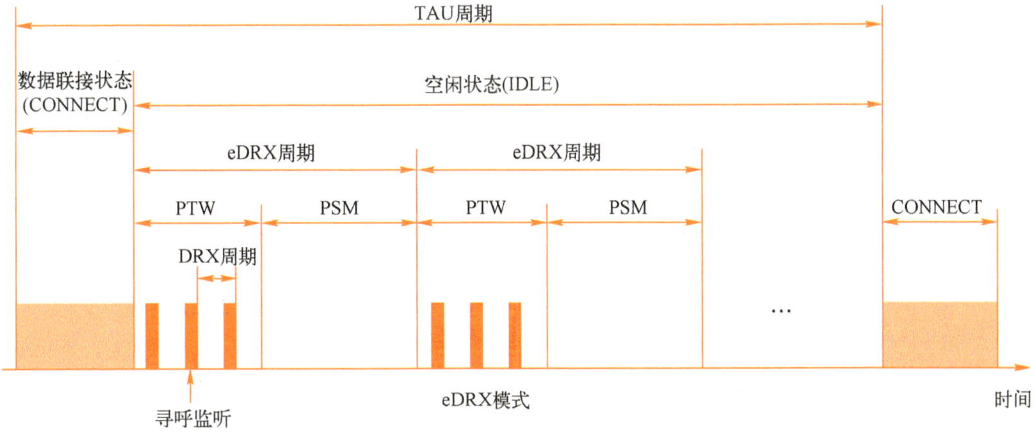

图 3-52　eDRX 模式

在 eDRX 模式下，网络和终端建立通信的方式是终端主动联接网络；终端在每个 eDRX 周期中的 PTW 内，接受网络对其的寻呼。

在 TAU 中，最小的 eDRX 周期为 20.48s，最大的 eDRX 周期为 2.91h。在 eDRX 中，最小的 PTW 周期为 2.56s，最大的 PTW 周期为 40.96s。在 PTW 中，最小的 DRX 周期为 1.28s，最大的 DRX 周期为 10.24s。在 TAU 一致的情况下，eDRX 模式与 PSM 相比，其空闲状态的分布密度更高，终端对寻呼的响应更为及时。eDRX 模式适用的业务，一般下行数据传送的需求相对较多，但允许终端接收消息有一定的延时（例如云端需要不定期地对终端进行配置管理、日志采集等）。根据技术差异，eDRX 模式在大多数情况下比 PSM

模式更耗电。

4. NB-IoT 低成本

针对那些对数据传输品质要求不高的应用，NB-IoT 具有低速率、低带宽、低功耗的特性，这些特性使得 NB-IoT 终端不必像个人用户终端那样复杂，简单的构造、简化的模组电路依然能够满足物联网通信的需要。

NB-IoT 采用半双工的通信方式，终端不能够同时发送或接收信号数据，与全双工方式的终端相比，减少了元器件的配置，节省了成本。业务低速率的数据流量使得通信模组不需要配置大容量的缓存。低带宽则降低了对均衡算法以及对均衡器性能的要求（均衡器主要用于通过计算抵消无线信道干扰）。

NB-IoT 通信协议栈基于 LTE 设计，但它系统性地简化了协议栈，使得通信单元的软件和硬件也可以相应地降低配置：终端可以使用低成本的专用集成电路来替代高成本的通用计算芯片，来实现协议简化后的功能。这样还能够减少通信单元的整体功耗，延长电池使用寿命。

（1）芯片低成本解析

NB-IoT芯片的设计必须满足标准、降低成本和设计复杂度。与 eMTC 和 Cat.4 的标准比较，NB-IoT 是 LTE 标准族群中用户终端设备（User Equipment，UE）复杂度最低的，如表 3-2 所示。

表 3-2 NB-IoT芯片与 eMTC 和 Cat.4 的标准比较

项目	NB-IoT UE（Rel-13 200kHz）	eMTC UE（Rel-13.14kHz）	普通 LTE UE（Rel-8 Cat.4）
下行峰值速率	200kbit/s	1Mbit/s	150Mbit/s
上行峰值速率	40kbit/s 或 200kbit/s	1Mbit/s	50Mbit/s
天线数量	1 或 2	1	2
双工方式	半双工	半双工	全双工
UE 接收带宽	200kHz	1.4kHz	20kHz
UE 发射功率	23dBm	20/23dBm	23dBm
UE 负责度	<15%	20%	100%
覆盖强度	+20dBm	+15dBm	— —

NB-IoT 具有较低的系统复杂度，物理层链路可以采用专用集成电路（Application Specific Intergrated Circuit，ASIC）来实现。相对于用数字信号处理（Digital Signal Processing，DSP）软件实现而言，ASIC 有更优的功耗和处理性能。用 DSP 软件处理时，内核运算需要将主频率提高到 100MHz 才可以处理比较复杂的算法；而用 ASIC 时，可以将主频率控制在 30MHz 以下，使整个基带部分的功耗得到极大降低。NB-IoT 的系统设计不复杂，链路处理的算法用电路实现比较容易。

NB-IoT 片上系统（System on a Chip，SoC）实现对数字基带电路（Base Band，BB）和 RF 的集成，这是 NB-IoT 低成本特性所必需的方案。由于 NB-IoT 具备较低的吞吐量和较弱的移动性，物理层的运算量可以控制在比较低的水平，这使得对 DSP 的需求得到减弱，可以使用主频更低的 DSP，以减少对功耗和配套存储器的需求。某些更为激进的方案甚至可以不用 DSP，而使用性能较好且支持 DSP 指令集扩展的 MCU 来兼任，进一步降低芯片成本。同时，NB-IoT 移动性的降低使协议栈软件得到了有效简化，对内存储器的需求可以降至最低，这也是降低芯片成本的因素之一。

（2）NB-IoT 模块的低成本解析

NB-IoT 模块是 M2M 模块的一种技术应用。传统的移动电话和 M2M 设备之间的一个主要区别在于设备的使用寿命。消费者一般每隔 18～24 个月就会更换蜂窝电话，而 M2M 设备通常要持续工作 5～10 年。

为了适应较长的使用寿命，理解 M2M 模块和电信运营商的技术路线图就显得非常重要。例如，虽然目前大多数 M2M 设备在 2G、3G、4G、5G 网络上可以很好地工作，但全球大多数运营商正在努力推进NB-IoT技术在物联网行业应用领域的规模化部署。由于不同的电信运营商对网络支持的策略稍有不同，因此设计过程中应尽早与运营商进行沟通，这一点非常重要。

M2M 设备的认证过程既费时又费钱，为了平衡产品的开发成本和上市时间，大多数设备商倾向于采用经过运营商预先认证的模块，而不是从芯片级别进行产品开发。BC95 是一款经典的 NB-IoT 系列模块，包含 3 个型号：BC95-B5，BC95-B8 和 BC95-B20。BC95 的引脚图如图 3-53 所示，引脚描述如表 3-3 所示。

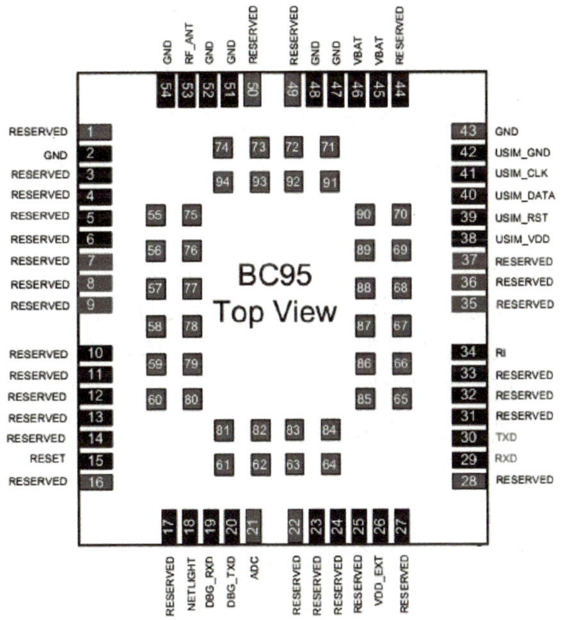

图 3-53　BC95 的引脚图

表 3-3　BC95 引脚描述

引　脚　号	引　脚　名	IO	描　　述
1	RESERVED		
2	GND		地
3～14	RESERVED		

（续）

引 脚 号	引 脚 名	IO	描 述
15	RESET	DI	模块复位信号
16～17	RESERVED		
18	NETLIGHT*	DO	指示模块网络状况，2.8V
19	DBG_RXD	DI	调试串口 RxD，3.0V
20	DBG_TXD	DO	调试串口 TxD，3.0V
21	ADC*	AI	通用模数转换器
22～25	RESERVED		
26	VDD_EXT	PO	3.0V
27～28	RESERVED		
29	RXD	DI	模块接收数据，3.0V
30	TXD	DO	模块发送数据，3.0V
31～33	RESERVED		
34	RI*	DO	模块输出振铃提示，3.0V
35～37	RESERVED		
38	USIM_VDD	PO	USIM 卡供电电源，3.0V
39	USIM_RST	DO	USIM 卡复位信号，3.0V
40	USIM_DATA	IO	USIM 卡数据信号，3.0V
41	USIM_CLK	DO	USIM 卡时钟信号，3.0V

表中 RESERVED 引脚和不使用的引脚，请保持悬空；GND 的引脚需要联接到地；“*”表示该端口功能尚在开发中；IO 表示双向端口；DI 表示数字输入；DO 表示数字输出；PI 表示电源输入；PO 表示电源输出；AI 表示模拟输入；AO 表示模拟输出。

5. NB-IoT 的大联接

NB-IoT的基站是基于物联网模型进行设计的。物联网模型和手机模型不同，终端接入数量很大，但每个终端发送的数据包都很小，对时延的要求也不敏感。

GPRS、3G、4G基站设计主要是保障用户的并发通信和减小时延。但是 NB-IoT 对业务时延不敏感，可以设计更多的用户接入，保存更多的用户上下文。这样就可以让 5 万个终端同时在一个小区，大量终端处于休眠状态，但是上下文信息由基站和核心网维持，一旦有数据发送，可以迅速进入联接状态。

NB-IoT 相比 GPRS、3G、4G 的通信系统，有 50～100 倍的上行容量提升。NB-IoT 仿真的结果是每个小区可以达到 5 万个 UE 的联接，在仿真模型中，80%的用户为周期上报，20%的用户为网络控制。

NB-IoT 要求 eNB 基站支持海量的低速率 UE 的接入，可以通过模型估算普通市区 NB-IoT 基站的容量，以伦敦模型为例，每个住户的设备数量是 40 个，算法如下：

基站间距离（Inter Site Distance，ISD）=1732m

R（小区半径）=ISD/3=1732m/3≈577.3m

小区覆盖面积=0.86km²（假设为正六边形）

住户密度=1517 户/km²

设备数量=40 台/户

每个小区的设备数量=小区覆盖面积×住户密度×设备数量≈52 184 台

在核心网侧必须做好针对性的优化以应对大容量的压力。物联网用户总数大，而且依然是永久在线（即使终端进入了 PSM 状态，核心网依然保存着用户的所有上下文数据），核心网无论是签约、用户上下文管理，还是 IP 地址的分配都有新的优化需求。此外，相对于 4G 系统，NB-IoT 核心网的业务突发性更强，可能某行业的用户集中在某个特定时段，同时收发数据，这就对核心网的设备容量与过负载控制提出了新的要求。

6. NB-IoT 的多址接入方式

NB-IoT下行物理层信道是基于传统的正交频分多址接入（Orthogonal Frequency Division Multiple Access，OFDMA）方式。一个 NB-IoT 载波对应一个资源块，包含 12 个连续的子载波，全部基于Δf=15kHz 的子载波间隔设计，并且 NB-IoT 用户终端只工作在半双工模式。NB-IoT 上行物理层信道除了采用 15kHz 子载波间隔之外，为了进一步提升功率谱密度，起到上行覆盖增强的效果，引入了 3.75kHz 子载波间隔。因此，NB-IoT 上行物理层信道基于 15kHz 和 3.75kHz 两种子载波间隔设计，分为 Single-Tone 和 Multi-Tone 两种工作模式。

NB-IoT 上行物理层信道的多址接入技术采用单载波频分多址接入（Single-Carrier Frequency Divison Multiple Access，SC-FDMA）。在 Single-Tone 模式下，一次上行传输只分配一个 15kHz 或 3.75kHz 的子载波。在 Multi-Tone 下，一次上行传输支持 1 个、3 个、6 个或 12 个子载波传输方式。

7. NB-IoT 工作频段

NB-IoT 沿用 LTE 系统定义的频段号，NB-IoT Rel-13 指定了 14 个工作频段。一个 NB-IoT 载波在频域上占用 180kHz 传输带宽。NB-IoT 支持的工作频段如表 3-4 所示。

表 3-4　NB-IoT 支持的工作频段

频段编号	上行频率范围/MHz	下行频率范围/MHz
Band 1	1920～1980	2110～2170
Band 2	1850～1910	1930～1990
Band 3	1710～1785	1805～1880
Band 5	824～849	869～894
Band 8	880～915	925～960
Band 12	699～716	729～746
Band 13	777～787	746～756
Band 17	704～716	734～746
Band 18	815～830	860～875
Band 19	830～845	875～890
Band 20	832～862	791～821
Band 26	814～849	859～894
Band 28	703～748	758～803
Band 66	1710～1780	2110～2200

表中的 Band 3 和 GSM DCS 1800MHz 频段重合，Band 8 和 GSM 900MHz 频段重

合，便于 GSM 运营商升级到 NB-IoT。

8. NB-IoT 的帧结构

一个 NB-IoT 载波相当于 LTE 系统中的一个 PRB 占用的带宽。在下行方向上，子载波间隔固定为 15kHz，由 12 个连续的子载波组成。在时域上由 7 个正交频分复用（Orthogonal Frequency Division Multiplexing，OFDM）符号组成 0.5ms 的时隙，这样保证了和 LTE 系统的相容性，对于带内部署方式至关重要。

当子载波间隔为 15kHz 时，NB-IoT 的下行和上行都支持 E-UTRAN 无线帧结构 1（FS1）。帧结构如图 3-54 所示。

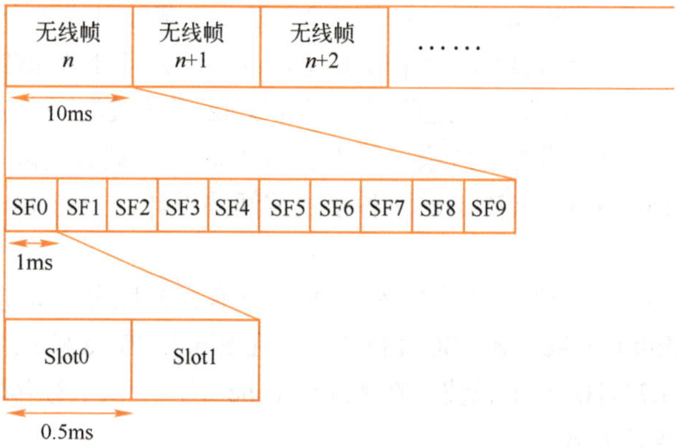

图 3-54 NB-IoT 的帧结构（上行、下行 15kHz 子载波间隔）

其中，每个时隙（Slot）为 0.5ms，2 个时隙组成 1 个 1ms 的子帧（Sub-Frame），10 个子帧组成 1 个 10ms 的无线帧（Radio Frame）。因此，1 个无线帧包含 20 个时隙。

当子载波间隔为 3.75kHz 时，NB-IoT 的上行通道定义了一种新的帧结构，每个间隙（Slot）为 2ms，5 个时隙组成一个 10ms 的无线帧，如图 3-55 所示。

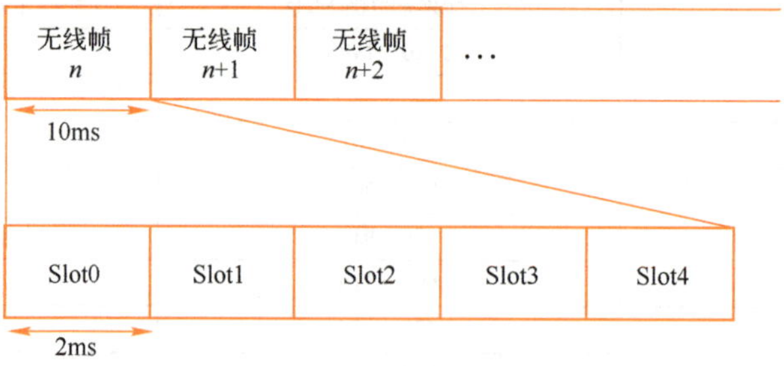

图 3-55 NB-IoT 的帧结构（上行 3.75kHz 子载波间隔）

9. NB-IoT 调制解调方式

对于NB-IoT下行物理信道，使用的调制解调方式是正交相移键控（QPSK）。在信道编码方面，为了降低 NB-IoT 用户设备译码的复杂度，下行的数据传输使用适合小数据包传输的咬尾卷积码（Tail Biting Convolutional Coding，TBCC）。这种信道编码可进一步简化系统架构，提高系统应对物联网需求的能力。

对于 NB-IoT 上行物理信道，在 Multi-Tone 模式中，上行采用 QPSK 调制解调方式；

在 Single-Tone 模式中，上行采用π/2 BPSK 或π/4 QPSK，此为考虑降低峰值功率比（Peak-to-Average Power Ratio，PAPR）的需求。在信道编码方面，上行的数据传输使用 Turbo 码。

10. NB-IoT 多波段操作

在 RRC 联接重配置（RRC Connection Reconfiguration）消息中，可在上下行设置一个额外的载波，即非锚定载波（Non-Anchor Carrier）。基于多载波配置，系统可以在一个小区里同时提供多个载波服务，因此，NB-IoT 的载波可以分为两类：提供 NB 的下行主同步信号（NPSS）、NB 的下行辅同步信号（NSSS）与承载下行物理信道（NPBCH）和系统信息的载波称为锚定载波，其余的载波则称为非锚定载波。当提供非锚定载波时，UE 在此载波上接收所有数据，但同步、广播和寻呼等消息只能在锚定载波上接收。NB-IoT 终端一律需要在锚定载波上面随机读写，基站会在随机读写过程中传送非锚定载波调度信息，以将终端卸载至非锚定载波上进行后续数据传输，避免锚定载波的无线资源吃紧。另外，单个 NB-IoT 终端同一时间只能在一个载波上传送数据，不允许同时在锚定载波和非锚定载波上传送数据。

3.4.4 NB-IoT 网络架构

1. NB-IoT 网络架构简介

NB-IoT 整体网络架构主要分为 5 部分：终端、无线网侧、核心网侧（EPC）、物联网支撑平台及应用服务器，如图 3-56 所示。

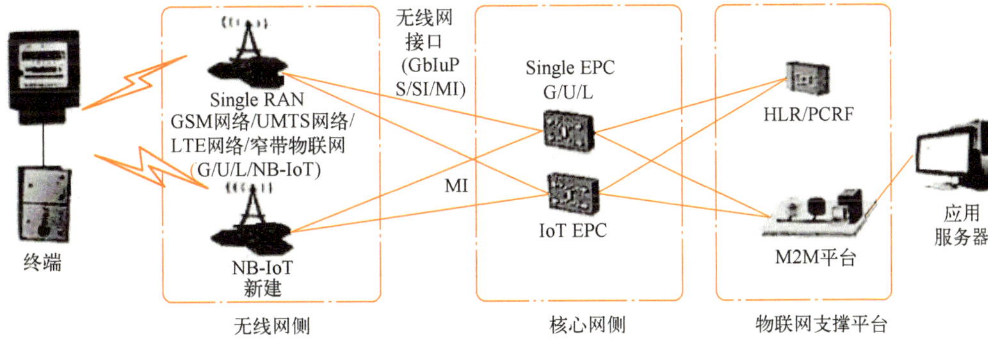

图 3-56　NB-IoT 网络架构图

（1）终端

终端主要是通过空口联接到基站。终端主要包含行业终端与 NB-IoT 模块。行业终端包括芯片、模组、传感器接口等；NB-IoT 模块包括无线传输接口、软 SIM 装置、传感器接口等。

（2）无线网侧

无线网侧包括两种组网方式，一种是整体式无线接入网（Single Radio Access Network，Single RAN），其中包括 2G、3G、4G、5G 以及 NB-IoT 无线网；另一种是 NB-IoT 新建。无线网侧主要承担空中接口接入处理、小区管理等相关功能，并通过 SI-lite 接口与 IoT 核心网联接，将非接入层数据转发给高层网元进行处理。

（3）核心网侧

核心网侧的网元有两种组网方式，一种是整体式的演进分组核心网（Single EPC）网元，包括 2G、3G、4G、5G 核心网；另外一种是物联网核心网（IoT EPC）网元。核心网侧通过 IoT EPC 网元，以及 GSM、UITRAN、LTE 共用的 EPC 来支持 NB-IoT 和 eMTC 用户接入。

（4）物联网支撑平台

物联网支撑平台汇聚从各种接入网得到的 IoT 数据，并根据不同类型转发至相应的应用服务器进行处理。其中包括归属位置寄存器（HLR）、策略控制和计费规则功能单元（Policy Control and Charging Rules Function，PCRF）、M2M 平台。

（5）应用服务器

应用服务器是 NB-IoT 数据的最终汇聚点，根据客户的需求进行数据处理等操作。

2. 数据传输方式

在 NB-IoT 的核心网络中，针对物联网业务的需求特性，蜂窝物联网（CIoT）定义了两种优化方案：一种方案是 CIoT EPS 用户面功能优化（User Plane CIoT EPS Optimisation），另一种方案是 CIoT EPS 控制面功能优化（Control Plane CIoT EPS Optimisation），如图 3-57 所示。

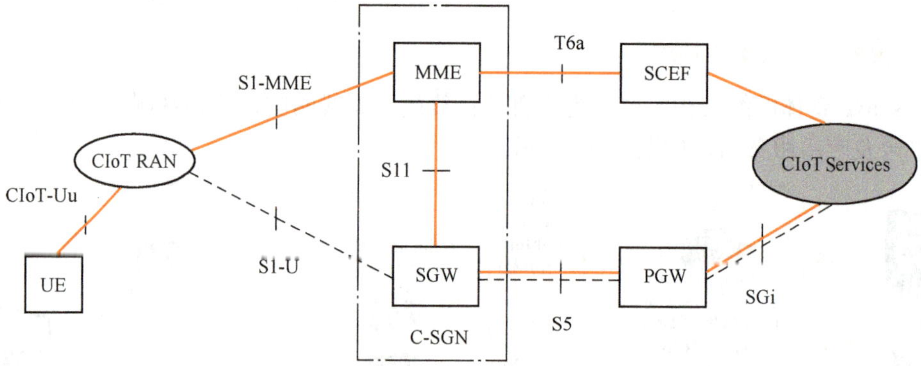

图 3-57　数据传输方式

在图 3-57 中，实线表示 CIoT EPS 控制面功能优化方案，虚线表示 CIoT EPS 用户面功能优化方案。

（1）CIoT EPS 用户面功能优化

“CIoT EPS 用户面功能优化”与原 LTE 业务的差异并不大，它的主要特性是引入无线资源控制（Radio Resource Control，RRC）的“挂起/恢复（Suspend/Resume）流程”，减少了终端重复进行网络接入的信令开销。

当终端和网络之间没有数据流量时，网络将终端置为挂起（Suspend）状态，但在终端和网络中仍旧保留原有的联接配置数据。当终端重新发起业务时，原配置数据可以立即恢复通信联接（Resume），以此减少了重新进行 RRC 重配、安全验证等流程，降低了无线空中接口上的信令交互量。

物联网数据传送方式和传统数据流量一样，在无线承载上发送数据，由 SGW 传送到 PGW 再到应用服务器。因此，这种方案在建立联接时会产生额外开销，不过，它的优势是数据包序列传送更快。这种方案支持 IP 数据和非 IP 数据传送。

（2）CIoT EPS 控制面功能优化

“CIoT EPS 控制面功能优化”包括两种实现方式（消息传递路径）。通过这两种方式，终端不必在无线空中接口上和网络建立业务承载，就可以将业务数据直接传递到网络中。通信系统的特性之一是控制与承载（业务）分离，直观来说就是业务的控制消息（建立业务、释放业务、修改业务）和业务数据本身并不在同一条链路上混合传递。CIoT EPS 控制面功能优化则简化了这种惯常的信息业务架构。CP 模式的两种实现方式，即两种数据传递的路径：一种是在核心网内，由 MME、SCEF 网元负责业务数据的转接；另一种是在核心网内，通过 MME 与业务面交互业务数据，如图 3-58 所示。

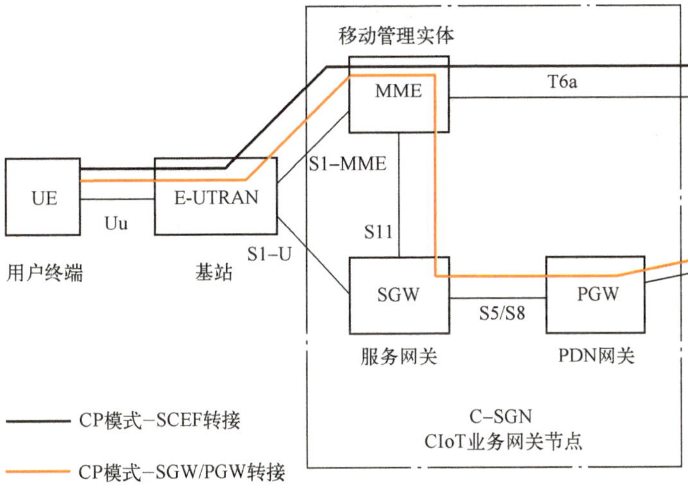

图 3-58　CP 模式的两种数据传递的路径

移动性管理实体（Mobility Management Entity，MME）是一个信令实体，是接入网络的关键控制节点，负责空闲模式 UE 的跟踪与寻呼控制。通过与归属用户服务器（Home Subscriber Server，HSS）的信息交流，完成用户验证功能。

服务网关（Serving GW，SGW）负责用户数据报的路由和转发。对于闲置状态的 UE，SGW 则是下行数据路径的终点，并且在下行数据到达时触发寻呼 UE。

分组数据网网关（Packet Data Network GW，PGW）提供 UE 与外部分组数据网络联接点的接口传输，进行业务上下行业务等级计费。

SCEF 是专门为 NB-IoT 设计而引入的，它用于在控制面上传送非 IP 数据报，并为鉴权等网络服务提供了一个抽象的接口。

1）在核心网内，由 MME、SCEF 网元负责业务数据的转接。

在该方式中，NB-IoT 引入了新的网元：服务能力开放平台（Service Capability Exposure Function，SCEF）。物联网终端接收或发送业务数据，是通过无线信令链路而非无线业务链路进行的。

当终端需要上传数据时，业务数据由无线信令消息携带，直接传递到核心网的网元 MME，再由 MME 通过新增的 SCEF 网元转发到 CIoT 服务平台（也称为 AP-应用服务）。云端向终端发送业务数据的方向则和上传方向正好相反。上传路径：UE（终端）-

MME-SCEF- CIoT 服务平台。

2）在核心网内，通过 MME 与业务面交互业务数据。

在该方式中，终端同样通过无线信令链路收发业务数据。对于业务数据的上传，是由 MME 设备将终端的业务数据送入核心网的业务面网元 SGW，再通过 PGW 进入互联网平台；对于下传业务数据，则由 SGW 传递给 MME，再由 MME 通过无线信令消息送给终端。业务数据上传和下传的路径也是相反的。上传路径：UE（终端）-MME-SGW-PGW-CIoT 服务平台。

按照传统流程（包括用户面优化方案），终端需要和网络先建立信令无线承载（Signaling Radio Bearer，SRB）再建立数据无线承载（Data Radio Bearer，DRB），才能够在无线通道上传输数据。而采用控制面优化方案（CP 模式），只需要建立 SRB 就可以实现业务数据的收发。

这种方案无须建立数据无线承载，数据包直接在信令无线承载上发送。因此，这一方案极适合非频发的小数据报传送。

（3）功能优化模式分析

CP 方式借鉴了短距离通信的一些设计思路，非常适合低频次、小数据报的上传业务，类似于短信业务。但网络中“信令面”的带宽有限，所以 CP 方式并不适合传递较大的业务数据报。UP 模式则可以满足大数据业务的传递。

不论是 UP 模式还是 CP 模式，本质上都是无线通信流程的简化，减少了终端的通信计算和能量消耗，提升了数据传递效率。

3.5 知识梳理

序号	知识点	内容
1	通信技术	概念：通信是将信息从发送端传递给在另一个时空点的接收端
		组成：包括信源、发送设备、信道（或传输媒质）、接收设备和信宿等
		分类：分为模拟通信系统和数字通信系统
		方式：主要分为并行通信与串行通信。串行通信又可分为同步通信和异步通信、单工通信与双工通信、基带通信与频带通信
2	移动通信	概念：是指移动体之间的通信，或移动体与固定体之间的通信
		组成：包括空间系统和地面系统两部分
		发展：移动通信系统从 20 世纪 80 年代诞生以来，到 2020 年大体经过了 5 代的发展历程，到现在的第五代（5G）以及正在研制开发的第六代（6G）
3	短距离无线通信	蓝牙：一种短距离、低成本的无线联接技术标准的代称，是一种能够实现语音和数据无线传输的开放性规范
		ZigBee：在此网络中，节点分为 3 种类型，即协调者、路由器和路由节点 ZigBee 的体系结构由物理层、MAC 层、网络层、应用层等组成
		超宽带（UWB）：是一种无线载波通信技术，利用纳秒级的非正弦波窄脉冲传输数据，因此其所占的频谱范围很宽
4	窄带物联网	概念：窄带物联网是一种 LPWAN 技术，在许可 LTE 架构下运行
		特点：覆盖广、大（海量）联接、功耗更小、成本更低等
		组成：包括终端、无线网侧、核心网侧（EPC）、物联网支撑平台及应用服务器

3.6 习题

1. 什么是通信?
2. 通信系统一般由哪些组成部分? 画出通信系统的组成框图。
3. 画出模拟通信系统的组成框图。
4. 画出数字通信系统的组成框图，并说明主要部分的作用。
5. 什么是并行通信和串行通信方式?
6. 什么是基带通信和频带通信?
7. 什么是同步通信和异步通信?
8. 说明异步通信的工作原理。
9. 同步通信和异步通信有什么区别?
10. 简述移动通信的特点。
11. GSM 移动电话由哪些部分组成?
12. CDMA 移动通信的主要特点是什么?
13. 说明移动通信技术的发展过程。
14. 5G 关键技术有哪些?
15. 什么是蓝牙技术? 蓝牙技术有什么特点?
16. 简述蓝牙技术的系统结构及蓝牙系统的功能单元。
17. ZigBee 技术研究的内容和实现的关键技术是什么?
18. 简述 ZigBee 技术体系结构及 ZigBee 网络拓扑结构。
19. UWB 的技术有什么特点?
20. UWB 的调制技术有哪些?
21. NB-IoT 有哪些特点?
22. NB-IoT 网络有哪些部署方式? 它们各有什么特点?
23. NB-IoT 有哪两种低功耗模式? 它们各有什么特点?
24. NB-IoT 主要技术有哪些?
25. NB-IoT 整体网络架构主要分为哪几部分? 说明各部分的作用。
26. NB-IoT 的核心网络定义了哪几种优化方案?

第 4 章 管理服务技术

物联网的应用层主要完成数据的管理和数据的处理，并将这些数据与各行业的应用相结合。应用层包括物联网中间件和物联网应用两部分。应用层的关键技术主要是基于软件的各种数据处理技术。此外，云计算技术是海量数据的存储、分析平台。区块链是一个分布在全球各地、能够协同运转的数据库存储系统，区别于传统数据库运作。边缘计算在网络边缘进行计算的新型计算模式等，也是物联网应用层的重要组成部分。

知识目标

1）掌握中间件的基本概念及分类。
2）掌握云计算的概念及架构，了解其关键技术。
3）了解 M2M 的系统架构和支撑技术，掌握其应用。
4）掌握数据库的基本结构及数字结构模型。
5）了解区块链的概念，掌握区块链的类型、架构模型及功能。
6）了解边缘计算的概念，掌握分布式计算，了解边缘计算的关键技术。
7）掌握数据挖掘技术的定义，了解常用的数据挖掘技术。

技能目标

1）能够理解各种技术中的关键技术。
2）能够掌握数据的处理方法。

素养目标

1）培养学生的技术开发能力。
2）培养学生综合利用多种技术的能力。

4.1 物联网中间件

物联网中间件是物联网软件的基础组成部分，是 RFID 运行的中枢。物联网中间件向上提供了不同的应用开发框架，同时屏蔽了异构网络和硬件平台的差异，有利于生成具有良好的可扩充性、易管理性、高可靠性和可移植性的物联网服务。

4.1.1 中间件的基本概念

在互联网普及之后的分布式异构环境中，通常存在多种硬件平台，在这些平台上又运行着各种各样的系统和软件，它们的操作界面风格各异。这些硬件平台还可能使用不同的网络协议和网络体系结构进行联接。为了解决分布异构的问题，人们提出了中间件（Middleware）的概念。中间件是位于平台和应用之间的具有标准程序接口和协议的通信服务。它们可以有符合接口和协议规范的多种实现来满足不同操作系统和硬件平台的需求。可以简单地用等式“中间件=平台+通信”来表示中间件，这也很好地将中间件与实用软件和支撑软件区分开来，同时也限定了只有分布式系统中的系统软件或者服务程序才可称为中间件。中间件有如下特点。

1）标准的协议和接口。

2）分布计算，提供网络、硬件和操作系统的透明性。

3）满足大量的应用需要。

4）能运行在多种硬件和操作系统平台上。

中间件的工作机制如下：应用程序需要从网络中的某地获取数据服务，而这些数据服务则可能处于任何可能的数据库中，且操作系统有不确定性。中间件则负责接收应用程序指令，完成在网络中的数据服务搜寻过程，查询完成后将结果传输回应用程序。

4.1.2　中间件的分类

中间件将操作系统的复杂性屏蔽，使程序人员面对的是一个简单而统一的开发环境，可以将注意力集中在业务上，从而降低了程序设计的复杂度。随着应用需求的不断增多，目前市场中涌现出了各具特色的中间件产品。鉴于中间件在系统中所起到的作用和采用的技术不同，可以把中间件大致分为以下几类。

（1）数据访问中间件（Data Access Middleware，DAM）

数据访问中间件在系统中建立数据应用资源互操作模式，能够实现异构环境下的数据联接或者文件系统联接，方便了网络中的虚拟缓存提取、解压、格式转换。它是中间件中技术最成熟、应用最广的一种，比较典型的就是开放数据库互连（ODBC）。然而，在数据访问中间件处理模型中，中间件仅实现通信功能，而数据库才是信息存储的核心单元。由于 DAM 需要大量的数据进行通信，而且当网络故障发生时系统不能正常工作，因此这种方式虽然灵活，但是不适合高性能处理要求的场合。

（2）远程过程调用（Remote Procedure Call，RPC）中间件

远程过程调用中间件是通过发送命令到远程的应用程序，待完成远程处理后将信息返回的中间件。它在客户机/服务器（C/S）计算方面比数据访问中间件更进一步。由于 RPC 较好的灵活性，远程过程调用中间件比数据访问中间件具有更广泛的应用，可被应用于更复杂的 C/S 计算环境中。但在一些大型的应用中，程序员需要考虑网络或者系统故障、处理缓冲、流量控制、并发操作以及同步等复杂问题，此时同步通信方式就不适合了。

（3）面向消息中间件（Message Oriented Middleware，MOM）

面向消息中间件是指利用高效、可靠的消息传递机制进行平台无关的数据交流，并对数据通信进行分布式的集成。通过提供消息排队和消息传递模型，它可在分布式环境下扩展进程间的通信，并支持多通信协议、应用程序、语言、硬件和软件平台。目前使用较广

泛的 MOM 产品有 ActiveMQ、RabbitMQ、RocketMQ 等。

面向消息中间件常被用来屏蔽各种平台及协议之间的特性，实现应用程序之间的协同，能在不同平台之间进行通信，以实现分布式系统中可靠的、高效的、实时的跨平台数据传输。其优点是能在用户和服务器之间提供同步和异步的链接，并在任何时刻都可以将消息进行传送或者存储转发。它适用于需要在多个进程之间进行可靠数据传递的分布式环境。

（4）面向对象中间件（Object Oriented Middleware，OOM）

在大型应用软件开发中，通常采用组件技术（组件通常指的是一组对象的集成），为此，联接这些组件环境的面向对象的中间件便应运而生。面向对象的中间件是对象技术和分布式计算发展的产物，它提供一种通信机制，透明地在异构的分布式计算环境中传递对象请求，而这些对象可以位于本地或者远程机器上。在面向对象的中间件中，功能最强大的是 CORBA，可以跨任意平台，但是体积庞大；JavaBeans 较简单灵活，很适合作为浏览器使用，但运行效率差；DCOM 模型主要运行在 Windows 平台，已被广泛使用。但是 DCOM 和 CORBA 两者有很大的区别，这在一定程度上阻碍了面向对象中间件的标准化进程。

（5）事务处理中间件（Transaction Processing Middleware，TPM）

事务处理中间件是针对复杂环境下分布式应用的速度和可靠性要求而实现的，是在分布、异构环境下提供保证交易完整性和数据完整性的一种环境平台。程序员可以使用它提供的应用程序接口（API）来编写高速、可靠的分布式应用程序和基于事务处理的应用程序。

（6）网络中间件

网络中间件在物联网、边缘计算等领域是当前研究的热点，包括网管、接入、网络测试、虚拟缓冲、虚拟社区等。

（7）终端仿真-屏幕转换中间件

终端仿真-屏幕转换中间件实现了客户机图形用户接口与已有字符接口方式的服务器应用程序之间的互操作。

4.2 云计算

云计算（Cloud Computing）是一种全新的服务模式，将传统的以桌面为核心的任务处理转变为以网络为核心的任务处理，利用互联网实现自己想完成的一切处理任务，使网络成为传递服务、计算力和信息的综合媒介，真正实现按需计算、网络协作。

4.2.1 云计算的概念

云计算是分布式计算的一种，指的是通过网络“云”将巨大的数据计算处理程序分解成无数个小程序，然后，通过多台服务器组成的系统处理和分析这些小程序后将得到的结果返回给用户。云计算在早期就是简单的分布式计算，主要解决任务分发和计算结果的合并，因而，云计算在早期又称为网格计算。通过这项技术，可以在很短的时间（几秒钟）内完成对海量数据的处理，从而提供强大的网络服务。

“云”实质上就是一个网络，从狭义上讲，云计算就是一种提供资源的网络，用户可以随时获取“云”上的资源，按需求量使用，只要按使用量付费就可以。

从广义上说，云计算是一种与信息技术、软件、互联网相关的服务。这种计算资源共享池叫作“云”，云计算把许多计算资源集合起来，通过软件实现自动化管理，只需要很少的人参与，就能让资源被快速提供。也就是说，计算能力作为一种商品，可以在互联网上流通。

云计算是一种将计算资源和服务通过互联网提供给用户的模式，它是一种动态的、可扩展的、虚拟化的计算资源。在云计算中，计算资源包括硬件资源（如服务器、存储设备和网络设备等）和软件资源（如操作系统、数据库和应用程序等）。

云计算包含互联网上的应用服务及在数据中心提供这些服务的软硬件设施。互联网上的应用服务通常被称为软件即服务（Software as a Service，SaaS），所以我们沿用这个术语。而数据中心的软硬件设施则被称为“云”（Cloud）。

云计算的基本原理是：利用远程的分布式或集群计算机为互联网用户提供服务（计算、存储、软硬件等服务）。云计算可以把普通的服务器或者 PC 联接起来，实现超级计算机级别的计算和存储功能。云计算的出现使高性能并行计算不再是科学家和专业人士的专属，普通用户也可以享受并行计算和分布式计算带来的便利。用户不需要知道服务器的位置和内部运作机制，通过高速互联网就可以透明地使用各种资源。通过这项技术，网络服务提供商可以在数秒之内处理数以千万计甚至亿计的信息，提供和“超级计算机”同样效能强大的网络服务。

4.2.2　云计算的架构

云计算抽象了计算与存储资源并动态地分配给需要使用的用户，它是一个高伸缩性、高可靠性、底层透明、安全的底层架构并具有友好的监控与维护接口。图 4-1 所示为云计算系统的体系架构。

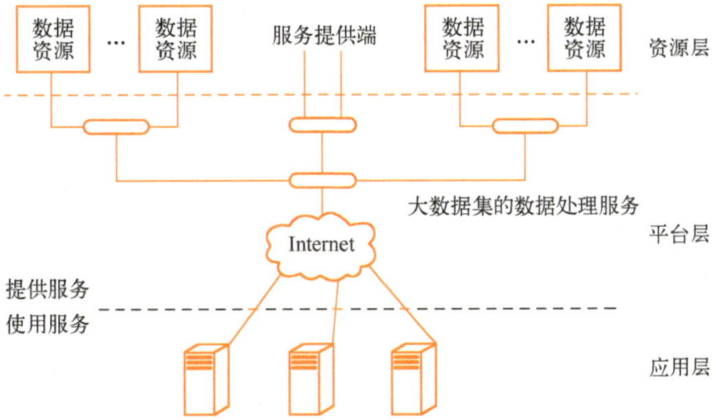

图 4-1　云计算系统的体系架构

从图中看出云计算系统的体系架构的一些特点，云端的设备众多，规模很大。另外，云计算还采用了虚拟化技术，接收任意设备、任意地点的接入，并提供定制的服务。体系架构中主要包含资源层、平台层与应用层 3 部分。

（1）资源层

资源层汇聚支撑云计算上层服务的各种物理设备，如服务器、网络设备、存储设备等。将这些物理设备采用相应技术虚拟化成动态资源池，并对资源池的各种资源进行管理，通过一个网络服务界面将计算能力、存储能力、网络处理能力作为一种服务向用户提供。这种服务模式被称为基础设施即服务（Infrastructre as a Service，IaaS）。

（2）平台层

平台层在资源层之上，它把软件开发环境当作服务提供给用户。平台层主要为应用程序开发者设计，面向广大互联网应用开发者，把分布式软件开发、测试、部署、运行环境以及复杂的应用程序托管当作服务，使得开发者可以从复杂、低效的环境搭建、配置和维护工作中解放出来，将精力集中在软件编写上，从而大大提高软件开发的效率。平台层是整个云计算系统的核心层，包括并行程序设计和开发环境、管理系统和管理工具等。这种服务模式被称为平台即服务（Platform as a Service，PaaS）。

（3）应用层

应用层面向用户提供软件服务和用户交互接口，它为用户搭建信息化所需要的所有网络基础设施及软硬件运作平台，负责前期的实施、后期的维护等一系列工作，用户可根据自己的需要租赁软件服务，不必再购买软硬件、建设机房及配备维护人员。这种服务模式被称为软件即服务（Software as a Service，SaaS）。

基于这 3 个层次，云计算系统不但整体实现了信息应用服务的定制化，而且实现了底层逻辑基础资源、基础软件和应用的一体化，即信息服务以一个整体的形式出现，颠覆性地改变了传统 IT 服务的商业模式，实现“按需即用，随需应变”，使人们使用信息服务像使用水电一样的方便、快捷、廉价。

4.2.3 云计算的关键技术

云计算是一种以数据为中心的新型计算方式，在数据存储、数据管理及编程模式等多方面具有自身独特的技术，同时还涉及了众多其他技术。

（1）编程模型

云计算中的编程模型对编程人员来说非常重要，为了能让用户轻松地使用云计算带来的服务，利用编程模型可以轻松地编写并发执行的程序。云计算系统的编程模型应尽量简单，而且保证后台复杂的并发执行和任务调度对编程人员透明。

目前云计算大都是采用 Map-Reduce 编程模型，大部分 IT 厂商云计划中采用的都是用 Map-Reduce 思想开发的编程工具。它是针对云计算的大数据量并行计算所设计的编程模型，而且它比较简单，缺乏并行计算开发经验的编程人员也可以开发应用。Map-Reduce 模型包含两个阶段：一个是 Map 阶段，该阶段负责对各个分块数据进行处理；另一个是 Reduce 阶段，该阶段负责在 Map 阶段对各分块数据处理的中间结果进行规约。图 4-2 表示了 Map-Reduce 的具体执行过程。

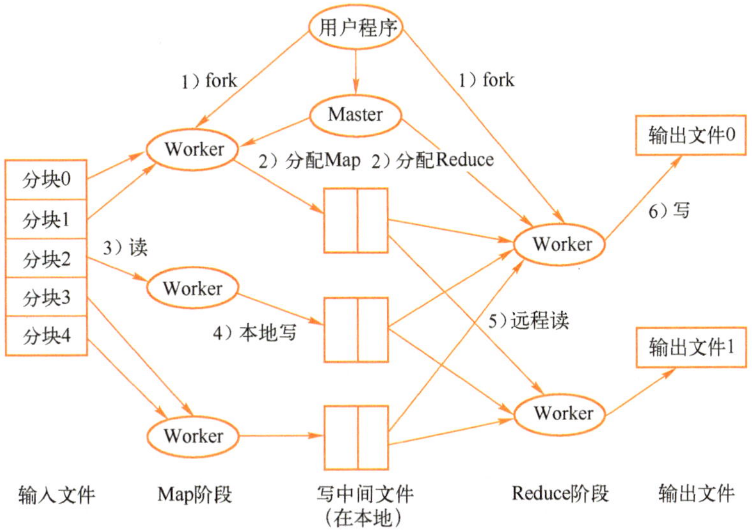

图 4-2 Map-Reduce 的具体执行过程

由图 4-2 可以看出，Map-Reduce 的执行过程分为 5 个步骤。

1）输入文件。输入文件都分割成某个大小的分片。

2）Map 阶段。在所有进程中有一个称为 Master 的主控进程，将分片文件分配到多个 Worker 并行执行。

3）写中间文件（本地写）。Worker 通过 Map 操作处理后将中间结果缓存到本地硬盘中。

4）Reduce 阶段。Master 通知 Reduce 工作节点存放中间结果的位置，Reduce 工作节点通过远程读操作从 Map 工作节点所在硬盘上读取中间数据。它将中间结果排序，通过 Reduce 函数进行规约操作。

5）输出文件。当所有的 Map 和 Reduce 操作都完成后，输出最终结果。

（2）数据存储技术

云计算采用了分布式存储的方式来存储数据，同时也保证了数据的高可用性和高伸缩性。通过采用冗余存储的方式来保证数据的可靠性，即同一份数据会在多个节点保存副本。另外，为了保证大量用户并行地使用云计算服务，满足大量的用户需求，云计算中的存储技术必须具有高吞吐率和高传输率的特点。Hadoop 开发的 GFS 开源实现 Hadoop 分布式文件系统（Hadoop Distributed File System，HDFS）是云计算的主要数据存储技术。

2019 年，阿里云正式推出全球首个云原生 HDFS 存储服务——文件存储 HDFS，为数据分析业务在云上提供可线性扩展的吞吐能力和免运维的快速弹性伸缩能力。

HDFS 采用主/从架构，其架构如图 4-3 所示。一个 HDFS 集群由一个主服务器和一定数目的块服务器组成。主服务器管理文件系统的块服务器和客户端对文件的访问。块服务器在集群中一般是一个节点配置一个，负责管理该节点上附带的存储。在块服务器内部，一个文件被分成多个块。块服务器在主服务器的指挥下进行块的创建、删除和复制。

典型的部署方式是一台机器运行一个单独的主服务器点，而其他机器各运行一个块服务器实例。

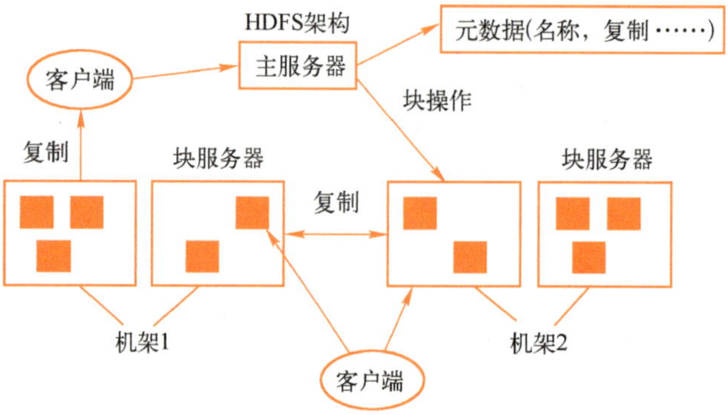

图 4-3 HDFS 架构

HDFS 架构是 Hadoop 云计算系统分布式计算的存储基础。因为云计算系统要求有成百上千台服务器来分别存储文件系统的某部分数据，这个集群是非常庞大的，所以服务器出错的概率是很大的。HDFS 采用存储文件副本的方式来保证可靠性。一个文件被切分成多个块，块大小一般是固定的，服务器给每个块分配一个 64 位的全球唯一句柄对它进行标识，以后将通过块句柄和字节偏移来读取该块的数据。在默认情况下，块会保存 3 个备份，复制到不同的块服务器中保存。主服务器则保存名称空间、块的控制信息、文件中块的信息以及各个块所在的位置。因此主服务器将决定块复制相关的所有操作。另外，主服务器还会周期地收集整个集群中每个块服务器的心跳回应和对应的块报告。收到块的心跳回应表示当前块服务器在正常工作，块报告则是记录当前块服务器的所有块信息的一个列表。

HDFS 具备分布式存储系统的一些基本特点，如集群的名称空间，文件的分块存储。另外，HDFS 也具有数据一致性的特质，适合一次写入多次读取的模型。由于云计算的特点是支持超大规模数据的计算，而在大文件中进行随机读写会造成极大的读写开销，根本无法满足用户的需求，因此在 HDFS 系统中，一个文件一旦被创建并写入就不应该被修改，以保证 HDFS 能提供高数据访问吞吐量。

（3）数据管理技术

云计算系统针对超大数据量进行处理、分析，从而为用户提供高效的服务。因此，系统中的数据管理技术必须能够高效地管理这些大数据集，并且能够在这些超大规模数据中查询特定的数据。

因为云计算系统的读操作频率远远大于数据的更新频率，所以云系统中的数据管理技术也是一种主要针对读优化的数据管理技术。为提高读取速度，云计算系统的数据管理技术采用的是一种基于列存储的模型，将数据表按列划分后存储。

（4）虚拟化技术

云计算平台利用软件来实现硬件资源的虚拟化管理、调度以及应用。虚拟化是对计算资源进行抽象的一个广义概念。虚拟化对上层应用或用户隐藏了计算资源的底层属性。它既包括把单个的资源（比如一台服务器，一个操作系统，一个应用程序，一个存储设备）

划分成多个虚拟资源，也包括将多个资源（比如存储设备或服务器）整合成一个虚拟资源。虚拟化技术是指实现虚拟化的具体的技术性手段和方法的集合性概念。在云计算中利用虚拟化技术可以大大降低维护成本和提高资源的利用率。简单来说，云计算中的服务器虚拟化使得在单一物理服务器上可以运行多个虚拟服务器。

（5）云计算平台管理技术

云计算资源规模庞大，服务器数量众多，并分布在不同的地点，同时运行着数百种应用程序，如何有效地管理这些服务器以保证整个系统提供不间断的服务，是巨大的挑战。

云计算系统的平台管理技术能够使大量的服务器协同工作，方便地进行业务部署和开通，快速发现和修复系统故障，通过自动化、智能化的手段实现大规模系统的可靠运营。

4.2.4　云计算的主要服务形式

云计算目前已发展到一个相对成熟的阶段，各类厂商开发了不同的云计算服务。云计算的表现形式多种多样，简单的云计算在日常网络应用中随处可见。目前，云计算的主要服务模式有软件即服务（SaaS）、平台即服务（PaaS）及基础设施即服务（IaaS）。

（1）软件即服务

软件即服务模式是指提供商将应用软件统一部署在自己的服务器上，用户根据需求通过互联网向厂商订购应用软件服务，服务提供商根据客户所定软件的数量、时间的长短等因素收费，并且通过浏览器向客户提供软件的模式。这种服务模式的优势是，由服务提供商维护和管理软件、提供软件运行的硬件设施，用户只须拥有能够接入互联网的终端，即可随时随地使用软件。这种模式下，用户不再像在传统模式中那样花费大量资金在硬件、软件、人员维护上，只需要支出一定的租赁服务费用，通过互联网就可以享受到相应的硬件、软件和维护服务，这是网络应用最具效益的营运模式。对于小型企业来说，SaaS 是采用先进技术的最好途径。

从企业管理软件来说，SaaS 模式的云计算 ERP 可以让用户根据并发用户数量、所用功能多少、数据存储容量、使用时间长短等因素的不同组合按需支付服务费用。这种模式下，客户无须承担以下费用：一是软件许可费用；二是采购服务器等硬件设备的费用；三是购买操作系统、数据库等平台软件的费用；四是软件项目定制、开发、实施的费用；五是 IT 维护部门开支费用。实际上，云计算 ERP 继承了开源 ERP 免许可费用只收服务费用的重要特征，是一款以服务为核心的 ERP 产品。

（2）平台即服务（PaaS）

平台即服务模式是指把开发环境作为一种服务来提供。这是一种分布式平台服务，厂商提供开发环境、服务器平台、硬件资源等服务给客户，用户在其平台基础上定制开发自己的应用程序并通过其服务器和互联网传递给其他用户。PaaS 能够给企业或个人提供研发的中间件平台，提供应用程序开发、数据库、应用服务器、试验、托管及应用服务。

（3）基础设施即服务（IaaS）

基础设施服务模式是指把厂商的由多台服务器组成的“云端”基础设施，作为计量服务提供给用户。它将内存、I/O 设备、存储和计算能力整合成一个虚拟的资源池为整个业界提供所需要的存储资源和虚拟化服务器等服务。这是一种托管型硬件方式，用户付费使用厂商的硬件设施。例如 Amazon Web 服务（AWS），IBM 的 BlueCloud 等均是将基础设施作为服务出租。

该模式的优点是用户只需低成本硬件，按需租用相应计算能力和存储能力，大大降低了用户在硬件上的开销。

4.2.5 我国典型的云计算平台

我国云计算平台为中小型企业提供办公软件、财务软件、营销软件、推广软件、网络营销软件等的在线购买和快速部署，其独有的应用软件与云计算服务器一体化的概念可以帮助企业快速部署各项软件应用，实现快速的云应用。

阿里云创立于 2009 年，是我国的云计算平台，服务范围覆盖全球 200 多个国家和地区。阿里云在全球各地部署高效节能的绿色数据中心，利用清洁计算支持不同的互联网应用。目前，阿里云在杭州、北京、青岛、深圳、上海等城市及新加坡、美国、俄罗斯、日本等国家和地区设有数据中心。

阿里云的主要服务包括如下内容。

1. 底层技术平台

阿里云自主研发的飞天开放平台（Apsara Stack）是其关键所在。该平台负责高效地管理数据中心内 Linux 集群的物理资源，控制分布式程序的运行，并隐藏下层故障恢复和数据冗余等细节。

2. 弹性计算

1）云服务器（ECS）：提供简单、高效、处理能力可弹性伸缩的计算服务。

2）云引擎（ACE）：ACE 不仅能够帮助开发者快速开发和部署服务端应用程序，还能简化系统维护工作，提高开发效率。

3）弹性伸缩：根据用户的业务需求和策略，自动调整弹性计算资源的管理服务。

3. 云数据库

阿里云提供了多种云数据库服务，以满足不同场景下的数据存储和访问需求。

1）关系数据库服务（RDS）：即开即用、稳定可靠、可弹性伸缩的在线数据库服务。

2）开放结构化数据服务（OTS）：构建在阿里云飞天分布式系统之上的 NoSQL 数据库服务，提供海量结构化数据的存储和实时访问能力。

3）开放缓存服务（OCS）：在线缓存服务，为热点数据的访问提供高速响应。

4）键值存储（KVStore for Redis）：兼容开源 Redis 协议的 Key-Value 类型在线存储服务，支持多种数据类型和高级功能，如事务、消息订阅与发布等。

5）数据传输：提供以数据库为核心的结构化存储产品之间的数据传输服务，包括数据迁移、数据订阅和数据实时同步等功能。

4. 存储与内容分发网络

1）对象存储（OSS）：提供海量、安全、高可靠的云存储服务，可适用于各种存储场景。

2）归档存储：提供低成本、高可靠的数据归档服务，适用于海量数据的长期归档和备份。

3）消息服务：提供高效、可靠、安全、便捷、可弹性扩展的分布式消息与通知服务，帮助应用开发者在分布式组件上自由传递数据。

4）内容分发网络（CDN）：将源站内容分发至所有节点，缩短用户访问延迟，提高网站响应速度和可用性。

5. 网络

1）负载均衡：对多台云服务器进行流量分发的服务，通过流量分发扩展应用系统对外服务的能力，提高系统的可用性。

2）专有网络（如 VPC）：帮助用户构建隔离的网络环境，用户可以完全掌控自己的虚拟网络，包括选择 IP 地址范围、划分网段、配置路由表和网关等。

6. 大规模计算

1）开放数据处理服务（ODPS）：提供针对 TB/PB 级数据、实时性要求不高的分布式处理能力，广泛应用于数据分析、挖掘、商业智能等领域。

2）采云间（DPC）：基于 ODPS 的 DW/BI 工具解决方案，提供全链路的数据处理工具，降低用户在数据仓库和商业智能上的实施成本。

3）批量计算：适用于大规模并行批处理作业的分布式云服务，支持海量作业并发规模，广泛应用于电影动画渲染、生物数据分析等领域。

4）数据集成：为阿里云大数据计算引擎提供离线（批量）、实时（流式）的数据进出通道。

7. 云盾

阿里云提供了一系列安全服务，以保障用户数据和业务的安全，具体如下。

1）DDoS 防护服务：用户可以通过配置高防 IP 将攻击流量引流到高防 IP，确保源站的稳定可靠。

2）安骑士：云服务器安全管理软件，提供木马文件查杀、防密码暴力破解、高危漏洞修复等安全防护功能。

3）阿里绿网：提供多样化的内容识别服务，降低用户违规风险。

4）安全网络：提供就近访问的动态加速功能和安全防护。

5）网络安全专家服务：为企业提供定制化的防护策略优化和重大活动保障等服务。

6）服务器安全托管：为云服务器提供定制化的安全防护策略、木马文件检测和高危漏洞检测与修复工作。

7）渗透测试服务：通过模拟黑客攻击的方式，对用户的网站或业务系统进行专业性的入侵尝试，评估出重大安全漏洞或隐患。

8）态势感知：结合云主机和全网的威胁情报，利用机器学习进行安全大数据分析，提供全面、快速、准确的安全威胁感知能力。

8. 管理与监控

1）云监控：开放性的监控平台，可以实时监控用户的站点和服务器，并提供多种告警方式（短信、邮件等），确保及时预警。

2）访问控制：通过访问控制将阿里云资源的访问及管理权限分配给企业成员。

9. 应用服务

1）日志服务：收集云服务和应用程序生成的日志数据并编制索引，提供实时查询海量日志的能力。

2）开放搜索：解决用户结构化数据搜索需求的托管服务，支持数据结构、搜索排序、数据处理的自由定制。

3）媒体转码：将多媒体数据转码成适合在 PC、TV 及移动终端上播放的格式。

4）性能测试：强大的分布式压测能力，可模拟真实的海量用户业务场景，帮助用户发现应用性能问题。

5）移动数据分析：移动 App 数据统计分析产品，提供通用的多维度用户行为分析。

10. 万网服务

阿里云旗下的万网域名服务，拥有近千万个域名注册量。除了域名服务外，万网还提供云服务器、云虚拟主机、企业邮箱、建站市场、云解析等服务。

阿里云凭借其强大的技术实力和丰富的产品线，为全球 200 多个国家和地区的用户提供从基础设施构建到应用层面的全栈服务。阿里云的优势不仅体现在技术层面，更体现在其丰富的应用生态和解决方案上，能够根据不同规模的企业和不同行业的需求，提供定制化的服务，助力企业的数字化转型。

4.3 M2M

物联网的核心之一是 M2M（Machine to Machine），让机器与机器实现互联互通。当前各种设备都是孤立的，不具备联网和通信功能，需要在这些设备里嵌入通信模块，将设备中的采集数据和运营状况通过系统传递到后台，这样就能够实现人们对设备的运营管理和监控。

4.3.1 M2M 概述

M2M 是一种理念，也是所有增强机器设备通信和网络能力的技术的总称。在人与人之间的很多沟通也是通过机器实现的，例如通过手机、电话、计算机及传真机等机器设备之间的通信来实现人与人之间的沟通。另外一类技术是专为机器和机器建立通信而设计的，如许多智能化仪器仪表都带有 RS-232 接口和通用接口总线（GPIB）通信接口，增强了仪器与仪器之间、仪器与计算机之间的通信能力。目前，绝大多数的机器和传感器不具备本地或者远程通信和联网能力。

1. M2M 的定义

M2M 的定义可以分为广义和狭义两种。广义上包括 Machine to Machine、Man to Machine 以及 Machine to Man。总之，是人与各种远程设备之间的无线数据通信。狭义上的 M2M 是 Machine to Machine 的简称，指一方或双方是机器，且机器通过程序控制，能自动完成整个通信过程的通信形式。

2. M2M 的特征

从全球各大运营商的发展与应用来看，M2M 有以下几个特征。

1）数据和节点（DEP）：在 M2M 系统中，DEP 指的是微型计算机系统或联接到程序的高层次子系统的端点，这些端点通过通信网络与其他系统进行交互。

2）通信网络：作为 DEP 和 DIP 之间的中央联接部分，通信网络是 M2M 系统中不可或缺的部分，它负责数据的传输和机器之间的通信。

3）数据融合点（DIP）：DIP 是 M2M 应用中的一个关键要素，它可以是互联网服务器，也可以是特殊的软件，这些应用部署在交通控制主机等设备中，用于数据集成和处理。

M2M 的特征共同构成了 M2M 技术的核心，使得不同设备和系统之间能够实现高效的数据交换和通信，从而支持各种应用场景的实现。

4.3.2 M2M 系统架构

M2M 系统架构图如图 4-4 所示。

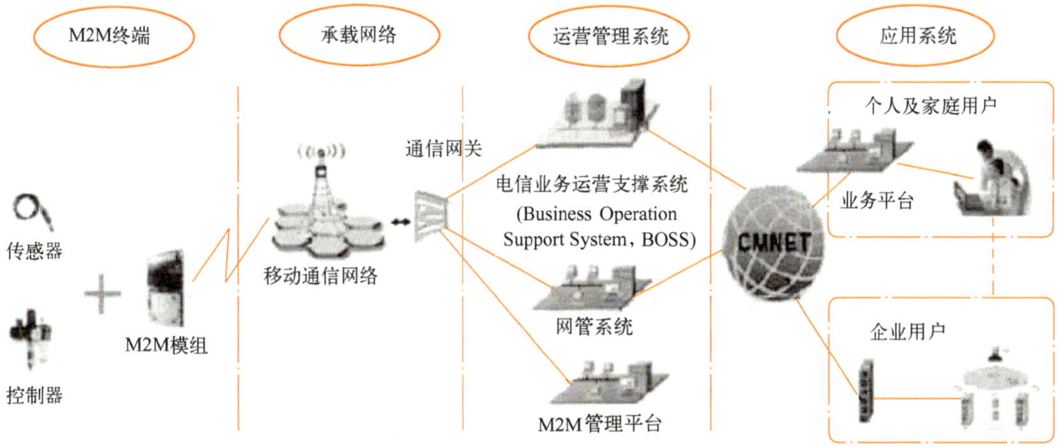

图 4-4　M2M 系统架构图

M2M 体系主要包括 M2M 终端、承载网络、运营管理系统和应用系统 4 部分。其中 M2M 管理平台属于运营管理系统，是实现 M2M 业务管理和运营管理的核心网元，主要功能包括以下几个方面。

（1）终端接入

联接通信网关和 GGSN 等网元，M2M 终端可以采用 SMS/USSD/MMS/GPRS 等通信方式，与管理平台进行信息交互。

（2）应用接入

平台向集团用户应用系统提供统一接入接口，实现用户应用系统的接入、认证鉴权、监控和联接管理等功能。

（3）终端管理

实现 M2M 终端的接入、认证鉴权、远程监控、远程告警、远程故障诊断、远程软件升级、远程配置、远程控制及终端接口版本差异管理的功能。

（4）业务处理

根据 M2M 终端或者应用发出的请求消息的命令，执行对应的逻辑处理，实现 M2M 终端管理和控制的业务逻辑。M2M 管理平台能够对业务消息请求进行解析、鉴权、协议转换、路由和转发，并提供流量控制功能。

（5）业务运营支撑

提供业务开通、计费、网管、业务统计分析和管理门户等功能。

4.3.3 M2M 支撑技术

M2M 涉及 4 个重要的支撑技术，即智能化机器、M2M 硬件、通信网络和中间件。

1. 智能化机器

实现 M2M 的第一步就是从机器/设备中获得数据，然后把它们通过网络发送出去。使机器“开口说话”(Talk)，让机器具备信息感知、信息加工（计算能力）、无线通信的能力。使机器具备“说话”能力的基本方法有两种：在生产设备的时候嵌入 M2M 硬件；对已有机器进行改装，使其具备通信和联网能力。

2. M2M 硬件

M2M 硬件是使机器获得远程通信和联网能力的部件。M2M 硬件主要进行信息的提取，从各种机器/设备获取数据，并传送到通信网络。目前的 M2M 硬件共分为 5 种类型。

（1）嵌入式硬件

将嵌入式硬件嵌入到机器里面，使其具备网络通信能力。常见的产品是支持 GSM/GPRS 或 CDMA 无线移动通信网络的无线嵌入数据模块。

（2）可改装硬件

在 M2M 的工业应用中，厂商拥有大量不具备 M2M 通信和联网能力的设备仪器，可改装硬件就是为满足这些机器的网络通信能力而设计的。实现形式也各不相同，包括从传感器收集数据的 I/O 设备，完成协议转换功能并将数据发送到通信网络的联接终端。有些 M2M 硬件还具备回控功能。

（3）调制解调器（Modem）

嵌入式模块在将数据传送到移动通信网络上时，起到调制解调器的作用。如果要将数据通过公用电话网络或者以太网送出，就分别需要相应的调制解调器。

（4）传感器

传感器可分成普通传感器和智能传感器（Smart Sensor）两种。智能传感器是指具有感知能力、计算能力和通信能力的微型传感器。由智能传感器组成的传感器网络（Sensor Network）是 M2M 技术的重要组成部分。一组具备通信能力的智能传感器以点对点（Ad-Hoc）模式构成无线网络，协作感知、采集和处理网络覆盖的地理区域中感知对象的信息，并发布给观察者；也可以通过 GSM 网络或卫星通信网络将信息传给远方的 IT 系统。

（5）识别标识（Location Tag）

识别标识如同每台机器、每个商品的“身份证”，使机器之间可以相互识别和区分。常用的技术如条形码技术、射频识别卡技术等。标识技术已经被广泛用于商业库存和供应链管理。

3. 通信网络

网络技术已经彻底改变了人们的生活方式和生存面貌，使人们生活在一个网络社会中。M2M 技术的出现，使得网络社会的内涵有了新的内容。网络社会的成员除了原有人、计算机、IT 设备之外，还有海量的非 IT 机器/设备加入进来。随着 M2M 技术的发展，这些新成员的数量和其数据交换的网络流量将会迅速地增加。通信网络在整个 M2M 技术框架中处于核心地位，包括广域网（无线移动通信网络、卫星通信网络、Internet、公用电话网）、局域网（以太网、无线局域网、蓝牙）、个域网（ZigBee、传感器网络）。在 M2M 技术框架的通信网络中有两个主要参与者，网络运营商和网络集成商。尤其是移动通信网络运营商，在推动 M2M 技术应用方面起着至关重要的作用，他们是 M2M 技术应用的主要推动者。第五代移动通信技术（5G）的性能特点是高数据速率、减少延迟、节省能源、降低成本、提高系统容量和大规模设备联接。

4. 中间件

中间件包括两部分，即 M2M 网关、数据收集/集成部件。M2M 网关是系统中的“翻译员”，它获取来自通信网络的数据，并将数据传送给信息处理系统。主要的功能是完成不同通信协议之间的转换。

数据收集/集成部件是为了将数据变成有价值的信息，对原始数据进行不同加工和处理，并将结果呈现给需要这些信息的观察者和决策者。

4.3.4 M2M 业务应用

M2M 技术为各行各业提供集数据的采集、传输、分析及业务管理为一体的综合解决方案，实现业务流程、工业流程更加趋于自动化。主要应用领域如下。

1）家庭生活领域：日常水、电和煤气计量仪表，利用 M2M 硬件实现自动抄表，并整合GPRS 模块和CDMA 模块，作为数据的远程传输通路，直接与银行服务商的计费系统联网。

2）零售和支付领域：基于手机业务的电子支付系统已广泛应用，使用移动通信模块进行日常消费也是一种不错的选择。

3）工业应用领域：工业上，GPRS和 CDMA 监测模块在远程测量、远程设备管理和遥控等方面有着显著的特点。

4）物流运输行业：利用移动通信网络覆盖面广的特点，实现订单查询与管理、运输安排、交接与支付系统控制等功能，提高服务速度、服务质量和服务灵活性等。

5）定位服务：定位服务主要应用于车辆管理、导航、运输管理与人员跟踪方面，并可广泛应用于公交、长途巴士、货运车辆、出租车、巡查人员的管理。

6）智能服务：智能服务包括远程维护服务、远程医疗等。目前，中国移动的 M2M 业务产品有神州车管家、电梯运营管理系统、企业安防监控管理系统、航标遥测遥控管理系统、路灯监控系统、危险源集中监控系统等，主要业务集中在电力、交通、制造、金融等行业。

4.4 数据库系统

数据库是依照某种数据模型组织起来并存放在二级存储器中的数据集合。这种数据集合具有如下特点：尽可能不重复，以最优方式为某个特定组织的多种应用服务，其数据结构独立于使用它的应用程序，对数据的增、删、改、查由统一软件进行管理和控制。从发展的历史看，数据库是数据管理的高级阶段，它是由文件管理系统发展而来的。

4.4.1 数据库的基本结构

数据库的基本结构分 3 个层次，反映了观察数据库的 3 种不同角度。

1）物理数据层。它是数据库的最内层，是物理存储设备上实际存储的数据的集合。这些数据是原始数据，是用户加工的对象，由内部模式描述的指令操作处理的位串、字符和字组成。

2）概念数据层。它是数据库的中间层，是数据库的整体逻辑表示。它定义了每个数据的逻辑含义及数据间的逻辑关系，是存储记录的集合。它所涉及的是数据库所有对象的逻辑关系，而不是它们的物理情况，是数据库管理员概念下的数据库。

3）逻辑数据层。它是用户所看到和使用的数据库，表示一个或一些特定用户使用的数据集合，即逻辑记录的集合。

数据库通常分为层次式数据库、网络式数据库和关系式数据库 3 种，而不同类型的数据库按不同的数据结构来组织数据。

4.4.2 数据库的特点

数据库不同层次之间的联系是通过映射进行转换的。数据库具有以下主要特点。

1）实现数据共享。数据共享是指数据库中所有用户可同时存取的数据，用户可以用各种方式通过接口使用数据库，并提供数据共享。

2）减少数据的冗余。同文件系统相比，数据库实现了数据共享，避免了用户各自建立应用文件，减少了大量重复数据和冗余数据，维护了数据的一致性。

3）数据的独立性。数据的独立性是指数据库的逻辑结构和应用程序相互独立，也包括数据物理结构的变化不影响数据的逻辑结构。

4）数据实现集中控制。在文件管理方式中，数据处于一种分散的状态，不同的用户或同一用户在不同处理中的文件之间毫无关系。然而，利用数据库可对数据进行集中控制和管理，并通过数据模型表示各种数据的组织以及数据间的联系。

5）数据一致性和可维护性，以确保数据的安全性和可靠性。主要包括：①安全性控制。以防止数据丢失、错误更新和越权使用。②完整性控制。保证数据的正确性、有效性和相容性。③并发控制。使在同一时间周期内，允许对数据实现多路存取，又能防止用户之间的不正常交互作用。④故障的发现和恢复。由数据库管理系统提供一套方法，可及时发现故障和修复故障，从而防止数据被破坏。

4.4.3 数据结构模型

（1）数据结构

数据结构是指数据的组织形式或数据之间的联系。如果用 *D* 表示数据，用 *R* 表示数据对象之间存在的关系集合，则将 *DS*=(*D*，*R*)称为数据结构。

例如，设有一个电话号码簿，它记录了 *n* 个人的姓名和相应的电话号码。为了方便地查找某人的电话号码，将姓名和号码按字典顺序排列，并在姓名的后面跟随着对应的电话号码。这样，若要查找某人的电话号码（假定他的姓名的第一个字母是 Y），那么只须查找以 Y 开头的姓名就可以了。该例中，数据的集合 *D* 就是姓名和电话号码，它们之间的联系 *R* 就是按字典顺序的排列，其相应的数据结构就是 *DS*=(*D*，*R*)，即一个数组。

（2）数据结构类型

数据结构又分为数据的逻辑结构和数据的物理结构。

数据的逻辑结构是从逻辑的角度（即数据间的联系和组织方式）来观察和分析数据，与数据的存储位置无关；数据的物理结构是指数据在计算机中的存放结构，即数据的逻辑结构在计算机中的实现形式，所以物理结构也被称为存储结构。

这里只研究数据的逻辑结构，并将反映和实现数据联系的方法称为数据模型。

比较流行的数据模型有 3 种，即按图论理论建立的层次结构模型、网状结构模型以及按关系理论建立的关系结构模型。

4.4.4 层次、网状和关系数据库系统

（1）层次结构模型

层次结构模型实质上是一种有根节点的定向有序树（在数学中，“树”被定义为一个无环的连通无向图）。例如，一所学校的组织结构图，这个组织结构图像一棵树，校部就是树根（称为根节点），各系、专业、教师、学生等为枝点（称为节点），树根与枝点之间的联系称为边，树根与边之比为 1:N，即树根只有一个，树枝有 N 个。

按照层次结构模型建立的数据库系统称为层次模型数据库系统，信息管理系统（Information Management System，IMS）是其典型代表。

（2）网状结构模型

按照网状结构模型建立的数据库系统称为网状数据库系统，其典型代表是数据库任务组（Database Task Group，DBTG）。用数学方法可将网状数据结构转化为层次数据结构。

（3）关系结构模型

关系式数据结构把一些复杂的数据结构归结为简单的二元关系（即二维表格形式）。按照关系结构模型组成的数据库系统被称为关系数据库系统。

在关系数据库中，对数据的操作几乎全部建立在一个或多个关系表格上，通过对这些关系表格的分类、合并、联接或选取等运算来实现数据的管理。

MySQL 是一种关系型数据库管理系统。对于一个实际的应用问题（如人事管理问题），有时需要多个关系才能实现。用 MySQL 建立起来的一个关系称为一个数据库（或称数据库文件），而把对应多个关系建立起来的多个数据库称为数据库系统。MySQL 的另一个重要功能是通过建立命令文件来实现对数据库的使用和管理，对于一个数据库系统相应的命令序列文件，称为该数据库的应用系统。

因此，可以概括地说，一个关系称为一个数据库，若干个数据库可以构成一个数据库系统。数据库系统可以派生出各种不同类型的辅助文件和建立它的应用系统。

4.5 区块链

区块链是一个信息技术领域的术语。从本质上讲，它是一个共享数据库，存储于其中的是数据或信息。区块链具有不可伪造、全程留痕、可以追溯、公开透明、集体维护等特征。基于这些特征，区块链技术奠定了坚实的“信任”基础，创造了可靠的“合作”机制，具有广阔的应用前景。

4.5.1 区块链的概念

4.5.1 区块链的概念

区块链是分布式数据存储、点对点传输、共识机制、加密算法等计算机技术的新型应用模式。所谓共识机制是区块链系统中实现不同节点之间建立信任、获取权益的数学算法。从科

技层面来看，区块链涉及数学、密码学、互联网和计算机编程等很多科学技术问题。从应用层面来看，区块链是一个分布式的共享账本和数据库，本质上是一个去中心化的数据库。区块链是一串使用密码学方法相关联产生的数据块，每一个数据块中包含了一批网络交易的信息以及前一个区块的哈希值，用于验证其信息的有效性（防伪）和生成下一个区块。

狭义来讲，区块链是一种将数据区块以时间顺序链式相连形成的一种分布式账本，并以密码学保证其不可篡改和不可伪造。广义来讲，区块链技术是利用块链式数据结构来验证与存储数据、利用分布式节点共识算法来生成和更新数据、利用密码学保证数据传输和访问的安全、利用由自动化脚本代码组成的智能合约来编程和操作数据的一种全新的分布式基础架构与计算范式。

该模型中，基于时间戳的链式区块结构、分布式节点的共识机制、基于共识算力的经济激励和灵活可编程的智能合约是区块链技术最具代表性的创新点。

4.5.2　区块链的类型

按照不同角度，区块链可以分很多种类型。按照开放程度，区块链可以划分为 3 个类型：公有区块链（Public BlockChain）、联盟区块链（Consortium BlockChain）和私有区块链（Private BlockChain）。

4.5.2
区块链的类型

1. 公有区块链

公有区块链是指世界上任何个体或者团体都可以发送交易，且交易能够获得该区块链的有效确认，任何人都可以参与其共识过程。公有区块链，顾名思义，它是公有的、开放的。在区块链中，公有区块链是开放程度最高，也是去中心化属性最强的。在公有区块链中，数据的存储、更新、维护、操作都不再依赖于一个中心化的服务器，而是依赖于每一个网络节点，这就意味着，公有区块链上的数据是由全球互联网上成千上万的网络节点共同记录和维护的，没有人能够擅自篡改其中的数据。公有区块链是最早的区块链，也是应用最广泛的区块链，各种系列的虚拟数字货币均基于公有区块链，世界上有且仅有一条该币种对应的区块链。公有区块链依赖币的存在，也就是说，公有区块链要发币。因为公有区块链上的数据是由全体网络节点共同维护的，要想让这些节点能够活跃地参与到系统的维护，就必须设置一些激励机制去鼓励他们积极参与公有链的构建（也就是维护公有区块链，参与记录交易），这样才能够保证公有区块链系统的稳定性和不可篡改性。这里的“币”就是一种激励机制，这种激励机制与公有链系统是一体的，甚至可以说是公有区块链赖以生存的根本。正是有了“币”，人们才有维护公有区块链的动力，才能够保证公有区块链系统的稳定和不可篡改，因为一旦公有区块链系统不稳定、可篡改，那么他们手中的“币”也将一文不值。

比特币就属于公有区块链，在比特币系统上，比特币的产生、交易、流通、结算等流程都依赖于这条系统上的每一个网络节点。

可是，公有区块链有一些问题，这些问题注定公有区块链不适用于实际应用场景：

1）公有区块链数据全网公开，这种情况并不适用于所有的行业中，试想银行、政府、证券行业怎么可能将全网数据公开呢？

2）处理交易的速度过慢，比特币和以太坊都存在这个问题。公有区块链需要全网节点共同参与，参与的节点太多了，的确实现了去中心化，但是效率十分低下，严重影响处理交易的速度。

3）公有区块链涉及发币，发币涉及首次币发行（Initial Coin Offering，ICO），比较困难。

不过，区块链这项技术在数据处理方面的确有优势，如何能够提高效率，同时又避免发币、ICO这样的困难呢？于是，联盟区块链和私有区块链就被提出来了。

联盟区块链和私有区块链可以看作是公有区块链的“改良版”，把公有区块链改良一下，让它能够应用到实际生活中。

2. 联盟区块链

联盟区块链是公司与公司、组织与组织之间达成联盟的模式，维护链上数据的节点都来自于该联盟中的公司或者组织，记录和维护数据的权力掌握在联盟成员手中。采用联盟链的群体主要是银行、保险公司、证券公司、商业协会等。联盟区块链就是公司之间形成一种联盟的关系。联盟区块链由某个群体内部指定多个预选的节点为记账人，每个块的生成由所有的预选节点共同决定（预选节点参与共识过程），其他接入节点可以参与交易，但不过问记账过程（本质上还是托管记账，只是变成分布式记账，预选节点的多少，如何决定每个块的记账者成为该区块链的主要风险点），其他任何人都可以通过该区块链开放的API进行限定查询。假设A公司、B公司和C公司组成联盟区块链，那么，这条联盟区块链上的数据只对A、B、C三家公司的运维人员开放，维护联盟区块链的人只能是A、B、C三家公司的运维人员，只有他们才有操作数据的权利。联盟区块链不像公有区块链那样数据完全公开，这就极大地弱化了区块链“去中心化”的属性。

目前比较知名的区块链项目——超级账本，是Linux基金发起的推进区块链数字技术和交易验证的开源项目，目前已经有荷兰银行（ABN AMRO）、埃森哲（Accenture）等十几个不同利益体加入，联盟链将满足他们各自行业的需求，简化业务流程。

3. 私有区块链

私有区块链是一种不对外公开的、只有被授权的节点才可以参与并查看数据的区块链。采用私有区块链的群体主要是大型金融机构、大型企业、政府部门等。私有区块链仅仅使用区块链的总账技术进行记账，可以是一个公司，也可以是个人，独享该区块链的写入权限，本链与其他的分布式存储方案没有太大区别。传统金融倾向于尝试私有区块链，而公有区块链的应用已经工业化，私有区块链的应用虽在特定领域有进展，但整体上还在摸索当中。

私有区块链最典型的就是央行开发的、用于发行央行数字货币的区块链，这个链只能由央行来做记账，个人是不能参与记账的。

另外，各个公司里搭建的区块链也是比较典型的私有区块链。国内的BATJ（百度、阿里、腾讯、京东）以及国外的沃尔玛、IBM、万事达卡等公司，其区块链项目基本上都是私有区块链或者联盟区块链，侧重于数据安全、供应链管理等场景。

公有区块链、联盟区块链、私有区块链的开放程度依次递减，公有区块链的开放程度最高、最公平，但是速度慢、效率低；联盟区块链和私有区块链的效率高，但是削弱了去中心化属性，更加侧重的是区块链技术对于数据维护的安全性。

4.5.3　区块链系统的构架模型

一般说来，区块链系统由自下而上的数据层、网络层、共识层、激励层、合约层和应用层组成，如图 4-5 所示。

4.5.3
区块链系统的架构模型

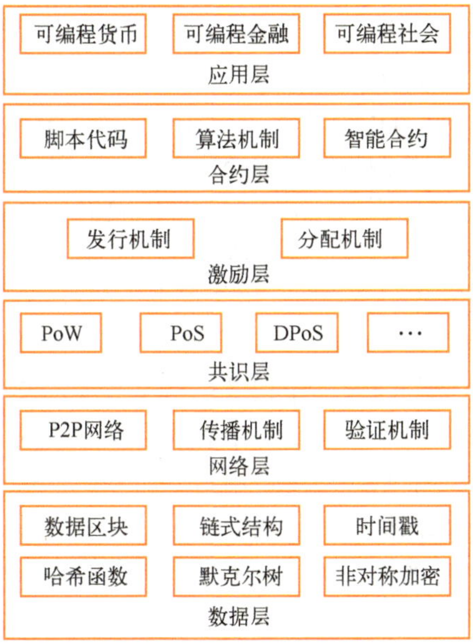

图 4-5　区块链系统的构架模型

数据层、网络层和共识层是构建区块链应用的必要因素，否则将不能称为真正意义上的区块链。而激励层、合约层和应用层则不是每个区块链应用的必要因素，有些区块链应用并没有完全包含这 3 层结构。

1. 数据层

数据层封装了底层数据区块的链式结构，是区块链技术中最底层的数据机构。它主要实现两个功能：数据存储、账户和交易的实现与安全。数据存储主要基于默克尔树，通过区块的方式和链式结构实现，大多以 KV（Key-Value）数据库的方式实现持久化。数据层的核心技术是设计账本的数据结构，主要有以下几种。

（1）区块+链

从技术上来讲，区块是一种记录交易的数据结构，反映了一笔交易的资金流向。系统中已经达成的交易的区块联接在一起形成了一条主链，所有参与计算的节点都记录了主链或主链的一部分。

每个区块由区块头和区块体组成，区块体只负责记录前一段时间内的所有交易信息，主要包括交易数量和交易详情；区块头则封装了当前的版本号、前一区块地址、时间戳（记录该区块产生的时间，精确到秒）、随机数（记录解密该区块相关数学题的答案的值）、当前区块的目标哈希值、默克尔树的根值等信息。从结构来看，区块链的大部分功能都由区块头实现。

（2）哈希函数

通常使用数组或者链表来存储元素，但当存储的内容数量特别多时，需要占用很大的空间，而且在查找某个元素是否存在时，数组和链表都需要逐个循环比较，而通过哈希计算可以大大减少比较次数。哈希函数可将任意长度的资料经由哈希算法转换为一组固定长度的代码，原理是基于一种密码学上的单向哈希函数。这种函数很容易被验证，但是却很难被破解。业界通常使用 y=hash(x)表示该哈希函数，实现对 x 进行运算，得出一个哈希值 y。

常使用的哈希算法包括 MD5、SHA-1、SHA-256、SHA-384 及 SHA-512 等。以 SHA-256 算法为例，将任何一串数据输入到 SHA-256 将得到一个 256 位的哈希值（散列值）。其特点是相同的数据输入将得到相同的结果。只要输入数据稍有变化（比如一个 1 变成了 0），将得到一个完全不同的结果，且结果无法事先预知。正向计算（由数据计算其对应的哈希值）十分容易。逆向计算（破解）极其困难，在当前科技条件下被视作不可能。

（3）默克尔树

默克尔树是一种哈希二叉树，由一个根节点、一组中间节点和一组叶节点组成。最下面的叶节点包含存储数据或其哈希值，每个中间节点是它的两个子节点内容的哈希值，根节点也是它的两个子节点内容的哈希值。使用它可以快速校验大规模数据的完整性。在区块链网络中，默克尔树被用来归纳一个区块中的所有交易信息，最终生成这个区块所有交易信息的一个统一的哈希值，区块中任何一笔交易信息的改变都会使默克尔树发生改变。

（4）非对称加密算法

非对称加密算法是一种密钥的保密方法，需要两个密钥：公开密钥（Public Key，简称公钥）和私有密钥（Private Key，简称私钥）。公钥与私钥是一对，如果用公钥对数据进行加密，只有用对应的私钥才能解密，从而获取对应的数据价值；如果用私钥对数据进行签名，那么只有用对应的公钥才能验证签名，验证信息的发出者是私钥持有者。

因为加密和解密使用的是两个不同的密钥，所以这种算法叫作非对称加密算法，而对称加密在加密与解密的过程中使用的是同一个密钥。

2. 网络层

网络层的主要目的是实现区块链网络节点之间的信息交互。网络层包括分布式组网机制、数据传播机制和数据验证机制等。区块链的本质是一个点对点（Peer to Peer，P2P）网络，每一个节点既能够接收信息，也能够生产信息，节点之间通过维护一个共同的区块链来保持通信，其核心技术是 P2P 网络协议。

P2P 网络协议（对等网络）是没有中心服务器、依靠用户群交换信息的互联网体系。与有中心服务器的中央网络系统不同，对等网络的每个用户端既是一个节点，也有服务器的功能。国内的迅雷软件采用的就是 P2P 技术。P2P 网络具有去中心化与健壮性等特点。

P2P 网络协议是所有区块链的最底层模块之一，负责交易数据的网络传输和广播、节点发现和维护。比特币 lip P2P 网络协议模块，它遵循一定的交互原则，能够运行在不同网络环境中。比如：初次联接到其他节点会被要求按照握手协议来确认状态，在握手之后开始请求节点的地址数据以及区块数据。

P2P 交互协议具有自己的指令集合，指令体现在消息头（Message Header）的命令（Command）域中，这些命令为上层提供了节点发现、节点获取、区块头获取、区块获取等功能，这些功能都是非常底层、非常基础的功能。

3. 共识层

共识层主要包含共识算法以及共识机制，能让高度分散的节点在去中心化的区块链网络中高效地针对区块数据的有效性达成共识，是区块链的核心技术。因为这决定了到底由谁来进行记账，记账者选择方式将会影响到整个系统的安全性和可靠性。目前已经出现了十余种共识机制算法，但主要有 4 大类共识机制：工作量证明（Proof of Work，PoW）机制、权益证明（Proof of Stake，PoS）机制、股份授权证明（Delegated Proof of Stake，DPoS）机制和分布式一致性算法。

（1）PoW 机制

PoW 机制类似于比特币的挖矿机制，矿工通过把网络尚未记录的现有交易打包到一个区块，然后不断遍历尝试来寻找一个随机数，使得新区块加上随机数的哈希值满足一定的难度条件。找到满足条件的随机数，就相当于确定了区块链最新的一个区块，也相当于获得了区块链的本轮记账权。矿工把满足挖矿难度条件的区块在网络中广播出去，全网其他节点在验证该区块满足挖矿难度条件，同时区块里的交易数据符合协议规范后，将各自把该区块链接到自己版本的区块链上，从而在全网形成对当前网络状态的共识。

（2）PoS 机制

PoS 机制是一种分布式共识机制，它要求节点提供拥有一定数量的代币证明，以此获取竞争区块链记账权。如果单纯依靠代币余额来决定记账者，必然使得富有者胜出，导致记账权的中心化，降低共识的公正性，因此不同的 PoS 机制在权益证明的基础上，采用不同方式来增加记账权的随机性来避免中心化。例如点点币（Peercoin）PoS 机制中，拥有的点点币数量越多、链龄越长的节点获得记账权的概率就越大。NXT 和 Blackcoin 则采用一个公式来预测下一个记账节点，拥有越多的代币，被选为记账节点的概率就会大。

（3）DPoS 机制

股份授权证明类似于现代企业董事会制度。比特股采用的 DPoS 机制是由持股者投票选出一定数量的见证人，每个见证人按序有 2s 的权限时间片生成区块，若见证人在给定的时间片不能生成区块，区块生成权限则交给下一个时间片对应的见证人。持股人可以随时通过投票更换这些见证人。DPoS 的这种设计使得区块的生成更为快速，也更加节能。

（4）分布式一致性算法

分布式一致性算法源自传统的分布式一致性技术，分为解决拜占庭问题的拜占庭容错算法（PBFT）和解决非拜占庭问题的算法（如 Pasox、Raft），详细算法这里不做说明。该类算法常用于联盟区块链和私有区块链的共识机制。

综合来看，PoW 机制适合应用于公有区块链；如果是搭建私有区块链，因为不存在验证节点的信任问题，所以采用 PoS 机制比较合适；而联盟区块链由于存在不可信局部节点，采用 DPoS 机制比较合适。

4. 激励层

激励层主要包括经济激励的发行制度和分配制度，其功能是提供激励措施，鼓励节点参与区块链中的安全验证工作，并将经济因素纳入到区块链技术体系中，激励遵守规则、参与记账的节点并惩罚不遵守规则的节点。激励层主要出现在公有区块链中，因为在公有区块链中只有激励遵守规则、参与记账的节点，并且惩罚不遵守规则的节点，才能让整个系统朝着良性循环的方向发展。激励层是制定记账节点的“薪酬体系”。主要核心技术是发行机制和激励机制。

5. 合约层

合约层封装区块链系统的各类脚本代码、算法以及由此生成的更为复杂的智能合约。如果说数据、网络和共识 3 个层次作为区块链底层的“虚拟机”分别负责数据表示、数据传播和数据验证的话，合约层则是建立在区块链虚拟机之上的商业逻辑和算法，是实现区块链系统灵活编程和操作数据的基础。比特币尽管也包含了脚本代码，但是并不是图灵完备的，尤其是不支持循环语句，相比之下，图灵完备的以太坊等可实现更为复杂和灵活的智能合约的脚本语言，使得区块链支持宏观金融和社会系统的诸多应用。如果把比特币看成全球账本，那么就可以把以太坊看作是一台“全球计算机”——任何人都可以上传和执行任意的应用程序，并且程序的有效执行能够得到保证。合约层是赋予账本可编程的特性，主要核心技术是智能合约。

智能合约是一种特殊协议，旨在提供、验证及执行合约。智能合约是一组情景应对型的程序化规则和逻辑，是通过部署在区块链上的去中心化、可信共享的脚本代码实现的。智能合约包含了有关交易的所有信息，只有在满足要求后才会执行结果操作。智能合约和传统纸质合约的区别在于智能合约是由计算机生成的。因此，代码本身解释了参与方的相关义务。区块链可实时监控智能合约的状态，并通过核查外部数据源、确认满足特定触发条件后激活并执行合约。

6. 应用层

应用层则封装了区块链的各种应用场景和案例，与计算机上的应用程序、浏览器上的门户网站、搜索引擎、电子商城、手机端的 App 相似。将区块链技术应用部署在如以太坊、EOS、QTUM 等平台上并在现实中落地。比如搭建在以太坊上的各类区块链应用就部署在应用层，可编程货币和可编程金融也将会在应用层搭建。

4.5.4 区块链的特性

1. 去中心化

区块链的网络是一个由众多节点组成的分布式系统，每个节点都具有高度自治的特征。节点之间彼此可以自由联接，形成新的联接单元。任何一个节点都可能成为阶段性的中心，但不具备强制性的中心控制功能。

区块链上的数据发送、验证、存储等均基于分布式系统机构，而非第三方机构。任一节点的权利和义务均等，交易双方可以自证并直接交易，不需要第三方机构背书。同时，任何一个节点的损坏或者退出都不会影响整个系统的运行。

普通的分布式系统与区块链相似，分布式系统在治理体制上是中心化的。一个分布式系统如服务器集群，必须有一个控制中心，由控制中心来决定分布式系统中每一台计算机的运行方式。而区块链是不需要这样的控制中心的，链上的每一台计算机都是平等的，区块链上的数据由链中所有具有维护功能的节点共同维护。

2. 不可篡改性

由于区块链采用了链式数据结构，如果某个节点篡改了一个区块的数据，该区块与前后区块之间的链接就会被打破，区块链就不再完整。经过验证的信息上传至区块链后就会被系统永久存储，并得到所有参与节点的集体维护。除非能够同时控制系统中超过51%的节点，否则单个节点对数据的修改是无效的，因此，区块链的数据具有更高的稳定性和可靠性。

3. 去信任

去信任（Trustless）指的是在区块链中，一个节点无须信任其他任何节点，在假设其他节点都是不合作、不可信的前提下，最终仍可以根据共识机制从区块链中获得可信的数据。区块链采用一致的规范和协议使得整个系统中的所有节点能够在去信任的环境中自由、安全地交换数据，使得对人的信任改成对机器的信任，任何的人为干预将不起作用。

4. 开放性

区块链的数据全部存储在每一个节点之中，除了交易各方的私人信息被加密存储外，区块链的数据对所有节点公开，任何人都可以通过公开接口查询区块链数据，因此整个系统的信息保持高度透明，数据的完整性也易于验证。

由于采用了 P2P 网络，节点的加入和退出是比较自由和方便的。对于公有区块链来说，节点只要使用了包含正确共识算法的软件，就随时可以接入区块链，无须批准；对联盟区块链和私有区块链，节点的加入需要一个批准过程，这个过程往往也是去中心化的。

另外，区块链软件通常是开源的，这是由其去信任特性所决定的。区块链的用户不需要信任软件开发者，开源软件本身就是值得信任的。

5. 匿名性

区块链上的信任体系是由程序和算法构建的，交易双方无须验证现实中的身份信息。由于节点之间进行数据交换无须互相信任，因此交易双方可以不用公开身份，在系统中的每个参与者都可以保持匿名。钱包地址是用户在区块链上的唯一标识，打开钱包的唯一方式就是使用私钥，而钱包的实际持有人是谁则不得而知，这就是区块链的匿名性。这个匿名性脱离身份背书来参与交易，并在网络上积累不可篡改的信用记录。

6. 隐私性

区块链数据结构广泛使用了数据加密技术，几乎涵盖了所有种类的加密算法，包括前沿的加密理论（如盲签名、门限签名、同态加密、零知识证明等）。综合采用这些加密算法，充分保障了区块链的安全性，同时也可以提供极强的隐私保护功能，不用担心存储在区块链上的隐私和关键数据泄露，同时也不妨碍为监管部门提供监管视图。

7. 自动执行

区块链采用事先商定的智能合约代码，使整个系统中的所有节点能够在无信任环境下自动安全地交换数据并自动执行预定义的业务逻辑，无须任何人为干预。资金结算以区块为单位自动进行，无须外部对账，可用来构造 7×24 小时运行的金融交易系统。

8. 简化运维

在中心化的交易系统中，建设和维护一个高可用性的中心系统的成本很高。而区块链技术采用去中心化的模式，设备由各网络节点自行维护，对单个节点的可用性要求大大降低，可以显著降低系统建设和运维成本，并具有较长的生命周期。

4.5.5 区块链与多种技术的融合

1. 区块链+物联网

“区块链+物联网”研究区块链分布式设备标识，基于智能合约与共识算法的去中心化网络能够更好地平衡工作负载，通过网络中的各种设备完成联接、存储甚至计算的工作，降低网络部署和维护成本，实现物联网传感设备可信采集，建立安全可信物联网。依托物联网集聚优势，利用区块链技术可解决当前物联网系统存在的计算能力受限、电池续航能力不足、设备安全、个人隐私、多主体协作等关键难题，实现对电子证据的有效存证和透明监管，提高 5G 环境中物联网系统的扩展性和灵活性，降低中心化架构的高运营成本。物联网企业使用区块链技术开展智能化监控和管理，可实现信息流、物流、现金流、感知流“四流合一”。当前区块链技术已用于多种物联网场景，如传感器、数据存储、身份管理、时间戳服务、可穿戴设备、供应链管理等，涵盖了农业、金融、医疗、交通等多个领域。

2. 区块链+人工智能

“区块链+人工智能”研究基于区块链的人工智能训练、算法共享等技术和方法，推动分布式人工智能模式发展；利用区块链技术实现数据的多维度搜集和归类，提升人工智能训练数据的准确性、完整性和连续性；融合计算机视觉、智能语音处理、生物特征识别、自然语言理解、机器学习、深度学习等人工智能关键技术，提升区块链运行效率和节点间协作的智能化水平；围绕智能金融、智能医疗、智能交通、智慧教育、智慧农业、智能制造、无人驾驶汽车、智能机器人等领域开展区块链应用创新。

3. 区块链+工业互联网

"区块链+工业互联网"研究区块链与标识解析融合创新，构建基于标识解析的区块链基础设施，提升"平台+区块链"技术融合应用能力；研究区块链对等网络结构与传统工业互联网中心化网络拓扑的优势互补，加快区块链对工业互联网平台数据存储模式、数字孪生、终端采集模式、身份权限管理模式的改造升级，提高工业互联网平台的整体安全性；利用区块链在数据协同共享、流程优化和安全可控方面的优势，建立工业互联网数据资源共享交换新机制；探索建设基于区块链的供应链平台、核心设备管理平台、工业数据共享平台、产销存公共服务平台等基础软件设施。

4. 区块链+大数据

"区块链+大数据"探索区块链、电子签名、隐私保护、数据安全等技术在数据确权与拆分、评估与定价、质押与抵押、访问与传输等领域的创新应用；探索基于区块链技术的大数据采集、传输、存储、分析、交易、应用和安全新模式；加快建设基于区块链的认证可溯大数据服务平台，促进数据合规有序的确权、共享和流动，充分释放数据资源价值；发展基于区块链的数据管理、分析应用等，提升大数据管理和应用服务。

5. 区块链+边缘计算

"区块链+边缘计算"研究基于区块链的跨节点业务层数据同步，完善分布式存储、安全分发及共享服务；探索终端设备认证应用，通过移动链构建身份认证系统，设备生产商可直接将设备的身份信息写入移动链，解决目前广泛使用的基于 PKI 的身份认证体系存在问题，如不同 CA 之间不能相互认证，用户证书只能由所属根证书进行验证，集中化的数字证书认证中心 CA 存在单点故障。

4.6 边缘计算

随着 5G、物联网的发展以及云计算应用的逐渐增加，传统的云计算技术已经无法满足终端侧"大联接、低时延、大带宽"的需求，边缘计算（Edge Computing，EC）应运而生。边缘计算可有效减小计算系统的延迟，降低数据传输带宽，缓解云计算中心的压力，保护数据安全与隐私。

4.6.1 边缘计算的概念

1. 边缘计算的定义

边缘计算的定义

对于边缘计算的定义有很多种，目前还没有一个严格的定义，各研究学者或组织从各自的视角进行描述以及理解边缘计算。ISO/IEC JTC1/SC38 对边缘计算的定义：将主要处理和数据存储放在网络的边缘节点的分布式计算形式。欧洲电信标准协会（ETSI）的定义：在移动网络边缘提供 IT 服务环境和计算能力，强调靠近移动用户以减少网络操作和服务交付的时延，提高用户体验。边缘计算产业联盟（ECC）的定义：在靠近物或数据源头的网络边缘侧，满足行业数字化在敏捷联接、实时业务、数据优化、应用智能、安全与隐私保护等方面的关键需求。

对边缘计算的定义虽然表述上各有差异，但可以达成共识：在更靠近终端的网络边缘上提供服务。边缘计算是指一种在网络边缘进行计算的计算模式，其对数据的处理主要包括两部分：一是下行的云服务，二是上行的万物互联服务。其中，边缘计算中的“边缘”（Edge）是一个相对的概念，主要是指从数据源到云计算中心路径之间的任意计算、存储以及网络相关资源。可以将这条路径上的资源看作是一个连续统一体。在从数据源的一端到云服务中心的一端，在此路径上根据应用的具体需求和实际应用场景，边缘可以是此条路径上的一个或多个资源节点。

边缘计算的核心理念是“计算应该更靠近数据的源头，以更贴近用户”。边缘计算中的“边缘”与数据中心相对，在网络距离上表示距离近，即离用户距离上更近。这是由于随着网络规模的缩小，带宽、延迟、抖动等不稳定因素都将更加易于控制与改进。在空间上也表示距离近，这主要是指边缘计算资源与用户共处于同一个场景当中，典型的就是位置。根据这些情景信息，可以为用户提供更为优良的个性化服务，典型代表为基于位置信息的服务。需要说明的是，网络距离和空间距离有时可能不是时刻保持关联的，但应用可以根据自己的需求来进行更合适的节点选择。

在网络边缘的资源是很多的，主要有用户终端，如手机、个人计算机等；基础设施，如 WiFi 接入点、蜂窝网络基站、路由器等；嵌入式设备，如摄像头、机顶盒等；小型计算中心，如微云 Cloudlet 等。这些资源的数据极其庞大，又相互独立，分散于用户周围，而这些都可以作为边缘节点。边缘计算就是要将网络距离或者空间距离上与用户邻近的这些独立的、分散的资源进行统一，为应用提供计算、存储以及网络服务。

2. 边缘计算产生的背景

边缘计算产生的背景

云服务的推动：云中心具有强大的处理性能，能够处理海量的数据。但是，将海量的数据传送到云中心成了一个难题。云计算模型的系统性能的瓶颈在于网络带宽的有限性，传送海量数据需要一定的时间，云中心处理数据也需要一定的时间，这就会延长请求响应时间，用户体验极差。图 4-6 所示是传统云计算范式。数据提供者生成原始数据并传到云中心，数据消费者向云中心发送请求然后使用数据。但是这种结构无法满足物联网时代的需求。第一，设备产生的数据量太大，会导致大量不必要的带宽和资源消耗；第二，对保护隐私的需求也阻碍了云计算的应用；第三，大多数物联网终端节点都是能量有限的设备，可能由电池供电，而无线通信模块通常比较耗能，所以直接在边缘节点上执行一些计算任务是非常有效的。

图 4-6　传统云计算范式

在云计算范式中，边缘上的终端设备通常扮演数据消费者的角色，例如在智能手机上看网络中的视频。但是现在人们还扮演着数据提供者的身份，它们利用智能手机拍照片、视频，然后分享到网络上。但是这些图片和视频的数据量太大，如果直接传到网上将占用大量带宽，所以可以直接在终端对图片和视频进行调整，然后再上传到云端。另一个例子是可穿戴设备，这些设备收集的数据可能比较隐私，因此直接在设备上处理数据而不是上传云端，能更好地保护数据隐私。

物联网的推动：现在几乎所有的电子设备都可以联接到互联网，这些电子设备会产生海量的数据。传统的云计算模型并不能及时、有效地处理这些数据，在边缘节点处理这些数据将会带来极小的响应时间、减轻网络负载、保证用户数据的私密性。

终端设备的角色转变：终端设备大部分时间在扮演数据消费者的角色，同时，智能手机让终端设备也有了生产数据的能力，比如在网上购物、搜索时，终端节点就在产生数据。

图 4-7 所示是现在物联网快速发展下的边缘计算范式。边缘节点（包括智能家电、手机、平板等）产生数据，上传到云中心，服务提供商也产生数据上传到云中心。边缘节点发送请求到云中心，云中心返回相关数据给边缘节点。在边缘计算范式中，物不仅仅是数据消费者，还是数据提供者。在网络边缘，物不仅可以向云端请求服务及内容，还可以进行计算。边缘可以进行数据存储、缓存和处理，同时将云端服务和请求发给用户。为此，需要对网络边缘进行合理的设计，满足安全性、可靠性及隐私保护的需求。

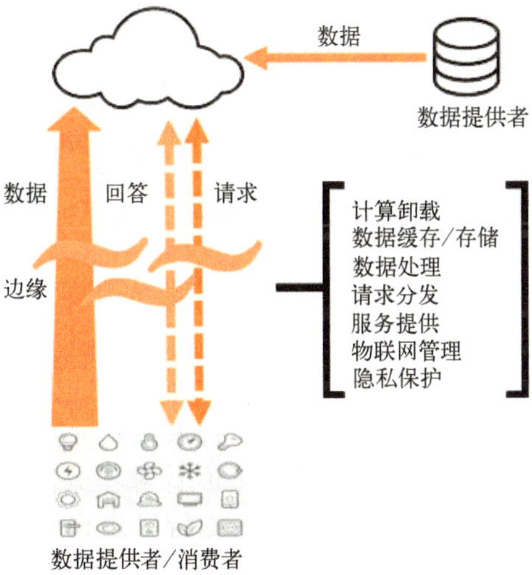

图 4-7　边缘计算范式

与传统云计算范式相比，边缘计算范式将计算任务放置在靠近数据源的地方有许多好处。如，有研究者搭建了一个概念验证平台来运行面部识别应用，当把计算任务从云端移动到边缘时，系统反应时间从 900ms 降到了 169ms。还有研究者使用微云来为穿戴式认知辅助设备分担计算任务，结果表明系统反应时间减少了 80～200ms，能耗也减少了 30%～40%。

4.6.2 分布式计算

分布式计算是一门计算机科学，是指在分布式系统上执行的计算。分布式系统是由若干通过互联网互联的计算机组成的软硬件系统。分布式计算是把一个需要非常巨大计算能力才能解决的问题分成许多小部分，然后把这些部分分配给许多计算机进行处理，最后把这些计算结果综合起来得到最终的结果。

主要的分布式计算有中间件技术、网格计算技术、移动 Agent 技术、P2P 技术及 Web 服务（Web Service）技术等。

1. 中间件技术

中间件将操作系统的复杂性屏蔽，使程序人员面对的是一个简单而统一的开发环境，可以将注意力集中在业务上，从而降低了程序设计的复杂度。随着应用需求的不断增大，目前市场中涌现出了各具特色的中间件产品。

2. 网格计算技术

网格计算是伴随着互联网技术迅速发展起来的，是专门针对复杂科学计算的新型计算模式，也可以说“网格计算是一种中间件”。现有的资源，例如网络、计算机、服务器、操作系统、数据库以及文件系统等都是网格计算的底层设施，而网格计算之上则是应用，各种各样的应用通过网格调用共享各种资源来完成任务。所以，网格计算实际上是利用互联网将分散于不同地域的计算机组织起来，成为一个虚拟的“超级计算机”。每台参与的计算机就是一个“节点”，成千上万的节点组合起来，成为一张“网格”。网格计算具有两个优势，一是数据处理能力超强，另一个是能够充分利用网络中的闲置计算能力，从而实现计算资源、存储资源、数据资源、信息资源、知识资源、专家资源等的全面共享。

3. 移动 Agent 技术

移动 Agent 具有自主性、反应性、主动性、交互性和移动性的特点，即它可以在网络上从一台主机自主地移动到另一台主机，代表用户完成指定的任务。移动 Agent 可在异构的软硬件网络环境中移动。移动 Agent 计算模式能有效地降低分布式计算中的网络负载，提高通信效率，支持离线计算，支持异步自主交互，可动态适应网络环境，具有安全性和容错能力。移动 Agent 计算模式集中了其他传统分布式技术（如客户机/服务器模式、分布式对象技术、移动代码技术）的优点，并结合分布式人工智能技术提供了一个普遍的（Pervasive）、开放的（Open）、广义的（Generalized）、简便的（Simple）分布式应用开发框架，较之传统的网络编程方式更适合于网络应用系统的开发。

4. P2P 技术

P2P 技术是一种网络技术，依赖网络中参与者的计算能力和带宽，而不是把依赖都聚集在较少的几台服务器上。P2P 网络一般通过 Ad-Hoc 来联接节点。这类网络可以用于多种用途，各种文件分享软件已经得到了广泛的使用。P2P 技术也被使用在类似 VoIP 等实时媒体数据通信中。

5. Web 服务技术

Web 服务技术使运行在不同机器上的不同应用无须借助附加的、专门的第三方软件或硬件，就可相互交换数据或集成。依据 Web 服务规范实施的应用，无论它们所使用的语言、平台或内部协议是否相同，都可以相互交换数据。Web 服务是一种跨编程语言和跨操作系统平台的远程调用技术。跨编程语言是指客户端和服务端可以采用不同的编程语言，如服务端程序采用 Java 编写，客户端程序则可以采用其他编程语言编写，反之亦然。跨操作系统平台则是指服务端程序和客户端程序可以在不同的操作系统上运行。远程调用是指一台计算机的应用可以调用其他计算机上的应用。

4.6.3 边缘计算的关键技术

1. 网络

边缘计算将计算推至靠近数据源的位置，甚至于将整个计算部署于从数据源到云计算中心的传输路径上的节点，因此对现有的网络结构提出了新的要求。软件定义网络（Software Defined Network，SDN）采用网络控制平面和转发平面分离的架构，利用集中控制替代原有分布式控制，并通过开放和可编程接口实现“软件定义”，可以很好地支持计算服务和数据的迁移。美国电气与电子工程师学会 IEEE 制定了时间敏感网络（Time-Sensitive Network，TSN）系列标准，针对实时优先级、时钟等关键服务定义了统一的技术框架，是工业以太网联接未来的发展方向。

5G 数据通信技术已是现代移动通信的核心技术，增强了移动宽带、海量机器类通信和超可靠低时延通信。边缘设备通过处理部分或全部计算任务，过滤无用信息和敏感信息后，仍须将中间数据或最终数据上传到云中心，因此 5G 技术是移动边缘终端设备降低数据传输延时的必要解决方案。

5G 提供 10Gbit/s 以上的峰值速率、更佳的移动性能、毫秒级的时延和超高密度的联接。5G 技术可以更高效、快捷地应对网络边缘海量联接的设备，以及爆炸式增长的移动数据流量，为万物互联的时代提供优化的网络通信技术支持。

2. 异构计算

异构计算是边缘侧关键的计算硬件架构，旨在协同和发挥各种计算单元的独特优势，目标是整合同一个平台上分立的处理单元，使之成为紧密协同的整体，从而来协同处理不同类型的计算负荷，同时通过开放统一的编程接口，实现软件跨多种平台。异构计算架构的关键技术包括内存处理优化、任务调度优化和集成工具链等。同时，以深度学习为代表的新一代人工智能技术在边缘侧应用也将进一步优化。优化方向包括自顶向下的优化，即把训练完的深度学习模型进行压缩来降低推理阶段的计算负载；或自底向上的优化，即重新定义一套面向边缘侧嵌入系统环境的算法架构。

3. 存储

边缘计算在数据存储和处理方面具有较强的实时性要求，相比嵌入式存储系统而言，边缘计算存储系统具有低延迟、大容量、高可靠性等特点。高效存储和访问连续不间断的实时数据是存储需要重点关注的问题。

新一代时间序列数据库（Time Series DataBase，TSDB）是存放时序数据的数据库，采用分布式存储、分级存储和基于分片的查询优化。TSDB 支持时序数据的快速写入、持久化、多纬度的聚合查询等基本功能，但依然面临成本过高等挑战。

4. 安全

边缘计算设备通常处于靠近用户侧或者传输路径上，具有更高的被攻击者入侵的潜在可能，因此边缘计算节点自身的安全性是一个不可忽略的问题。边缘计算节点的分布式和异构型也容易导致一系列新的安全问题和隐私泄露问题，同时也普遍存在共性安全问题，包括应用安全、网络安全、信息安全和系统安全等。

目前边缘计算常采用传统安全方案来进行防护，如通过基于密码学的方法进行信息安全保护、通过访问控制策略防止越权访问等。可信执行环境包括 Intel 软件防护扩展、Intel 管理引擎、x86 系统管理模式、AMD 内存加密技术、AMD 平台安全处理器和 ARM TrustZone 技术。利用可信执行环境加密应用及存储数据，可以在边缘计算节点被攻破时，仍然保证应用及数据的安全性。

5. 轻量级函数库和内核

与大型服务器不同，边缘计算设备由于硬件资源的限制，难以支持大型软件的运行。即使是 ARM 处理器的处理速度不断提高，功耗不断降低，但仍不足以支持复杂的数据处理应用。比如，Apache Spark 若要获得较好的运行性能，至少需要 8 核的 CPU 和 8GB 的内存，而轻量级库 Apache Quarks 只可以在终端执行基本的数据处理，无法执行高级的分析任务。另外，网络边缘中存在着由不同厂家设计和生产的海量边缘设备，这些设备具有较强的异构性且性能参数差别较大，因此在边缘设备上部署应用是一件非常困难的事情。在此，虚拟化技术是这一难题的首选解决方案。但基于虚拟机（Virtual Machine，VM）的虚拟化技术是一种重量级库，部署延时较大，其实并不适用于边缘计算模型。对于边缘计算模型来说，应该采用轻量级库的虚拟化技术。

资源受限的边缘设备更加需要轻量级库以及内核的支持，以消耗更少的资源和时间，达到更好的性能。因此，消耗更少的计算以及存储资源的轻量级库和算法是边缘计算中不可缺少的关键技术。

6. 边缘计算编程模型

在传统云计算范式下，用户编写应用程序并将其部署至云端。云服务提供商维护云计算服务器，用户对程序的运行是完全不知或者知之甚少的，这是云计算范式下应用程序开发的一个特点及优点，即实现了基础设施对用户透明。用户程序通常是在目标平台上进行编写和编译的，在云计算服务器上运行。

在边缘计算范式下，部分或者全部的计算任务从云端迁移至边缘节点上，而边缘节点大多是异构的平台，每个节点的运行环境多少都是存在差异的，所以在边缘计算范式下部署用户应用程序的时候，程序员将面对较大的挑战。而传统编程模型均不是十分适合，这就需要开展对基于边缘计算的新型编程模型的研究工作。边缘计算中编程模型的改变，需要新型运行时间序列数据库的支持，并提供一些特定的应用程序接口（API），以方便程序员进行应用开发。

4.6.4 边缘计算架构

1. 边缘计算的通用架构

云边协同的联合式网络结构一般可以分为终端层、边缘计算层和云计算层，如图 4-8 所示。各层可以进行层间及跨层通信，各层的组成决定了层级的计算和存储能力，从而决定了各个层级的功能。

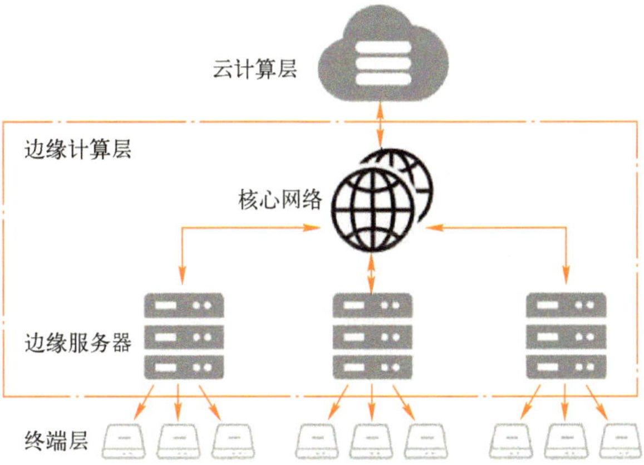

图 4-8　云边协同的联合式网络结构

（1）终端层

终端层由各种物联网设备（如传感器、RFID 标签、摄像头、智能手机等）组成，主要完成收集原始数据并上报的功能。在终端层中，只考虑各种物联网设备的感知能力，而不考虑它们的计算能力。终端层的物联网设备源源不断地收集各类数据，以事件源的形式作为应用服务的输入。

（2）边缘计算层

边缘计算层由网络边缘节点构成，广泛分布在终端设备与计算中心之间，它可以是智能终端设备本身，例如智能手环、智能摄像头等，也可以被部署在网络联接中，例如网关、路由器等。显然，边缘节点的计算和存储资源是差别很大的，并且边缘节点的资源是动态变化的，例如智能手环的可使用资源是随着人的使用情况动态变化的。因此，如何在动态的网络拓扑中对计算任务进行分配和调度是值得研究的问题。边缘计算层通过合理部署和调配网络边缘侧的计算和存储能力，实现基础服务响应。

（3）云计算层

在云边协同的联合式网络结构中，云计算层仍然是最强大的数据处理中心，边缘计算层的上报数据将在云计算中心进行永久性存储，边缘计算层无法处理的分析任务和综合全局信息的处理任务仍然需要在云计算中心完成。除此之外，云计算中心还可以根据网络资源分布动态调整边缘计算层的部署策略和算法。边缘计算的参考框架是众多组织关注的焦点，它将抽象的边缘计算通用框架进行具象，提供了边缘计算框架的实现范式。

2. EdgeX Foundry

2017 年 4 月，Linux 基金会创立了 EdgeX Foundry 社区，旨在创造一个互操作性强、即插即用和模块化的物联网边缘计算生态系统，提出了专注于物联网边缘的标准化的微服务框架——EdgeX Foundry。该框架最早孵化于戴尔公司的物联网中间件框架中，现已将代码开源，可供开发者根据自己的服务需求快速地进行重构和部署，其架构如图 4-9 所示。

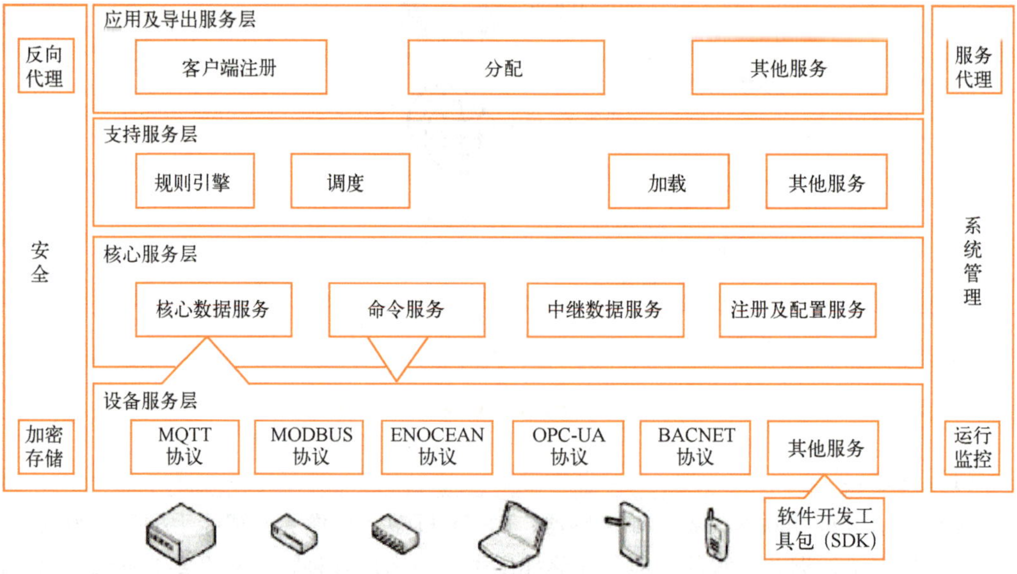

图 4-9 EdgeX Foundry 架构

架构的设计遵循了以下原则：架构应是与平台无关的，能够与多种操作系统进行对接；架构须具有高灵活性，其中的任意部分应该都可以进行升级、替换或扩充；架构须具有存储和转发的功能，支持离线运行，并保证计算能力能够靠近边缘。

EdgeX Foundry 是微服务的集合，这些微服务分为 4 个层次：设备服务层、核心服务层、支持服务层、应用及导出服务层。以核心服务层为界，整个服务架构可以分为“北侧”和“南侧”。

“北侧”包含云计算中心和与云计算中心通信的网络，包含支持服务层、应用及导出服务层。其中，支持服务层包含各种微服务，可提供边缘分析能力，并可以为框架本身提供日志记录、调度和规则引擎等服务；应用及导出服务层则保证了 EdgeX Foundry 的独立运行，在其不与云计算中心联接时，仍可以对边缘设备的数据进行收集，同时，导出服务层也负责提供网关客户端注册等功能，并对与云计算中心传递的数据格式和规则进行实现。

“南侧”包含物理领域中的全部物联网对象以及与它们直接通信的网络边缘。其中，设备服务层提供软件开发工具包（Software Development Kit，SDK），以实现与设备的联接和通信，设备可以是网关或其他具有数据汇集能力的设备，同时设备服务层也可以接收来自其他微服务的命令，进而传递到设备。作为中心的核心服务层是实现边缘能力的关键，其中“核心数据服务”提供了持久性存储服务和对设备数据的管理服务。“命令服务”负责将云计算中心的需求驱动至设备端，并提供命令的缓存和管理服务。“中继数据服务”为中继数据（又称元数据，是对数据的属性描述信息）提供管理和存储服务，并利用这些信息为设备和服务提供配对服务。“注册及配置服务”为其他微服务提供配置信息。

EdgeX Foundry 还包含了两个贯穿整个框架且为各层提供服务的基础服务层——安全服务和系统管理。安全服务中的组件为 EdgeX Foundry 中的各类设备提供保护，支持认证授权计费（Authentication、Authorization、Accounting，AAA）访问控制、高级加密标准（Advanced Encryption Standard，AES）数据加密、证书认证、超文本传输安全协议（HTTPS）等保护方法。系统管理工具提供了监控 EdgeX Foundry 运行情况的能力，在未来可能会提供服务配置、为管理平台提供信息等能力。

EdgeX Foundry 的主要任务是简化和标准化工业物联网边缘计算，它提供了一个可操作的开源平台，有效降低了边缘计算的准入门槛，小型应用提供商也能够快速地构建和部署边缘计算服务。美国工业互联网联盟（Industrial Internet Consortium，IIC）已经与 Linux 基金会达成合作协议，共同推进工业物联网边缘服务的普及。

3. 边缘计算参考架构 3.0

除了 Linux 基金会外，边缘计算产业联盟也于 2018 年 12 月发布了《边缘计算白皮书参考架构 3.0》。边缘计算产业联盟认为，边缘计算服务框架需要达成的目标有：对物理世界具有系统和实时的认知能力，在数字世界进行仿真和推理，实现物理世界与数字世界的协作；基于模型化的方法在各产业中建立可复用的知识模型体系，实现跨行业的生态协作；系统与系统之间、服务与服务之间等基于模型化接口进行交互，实现软件接口与开发语言、工具的解耦；框架应该可以支撑部署、数据处理和安全等服务的全生命周期。边缘计算参考架构 3.0 也具有贯通整个框架的基础服务层，其架构如图 4-10 所示。

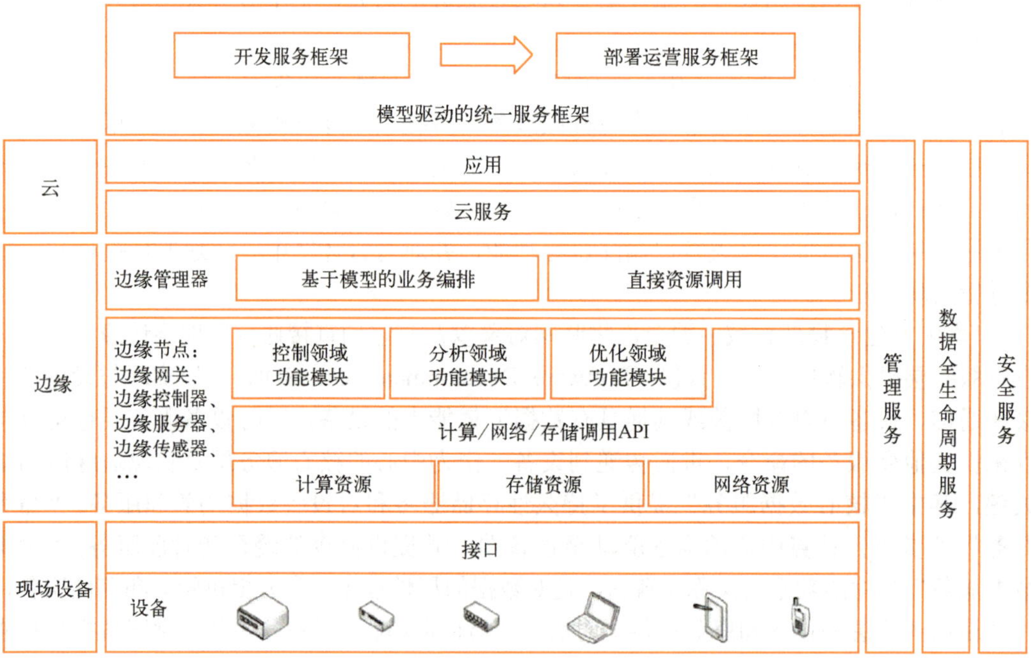

图 4-10 边缘计算参考架构 3.0

其中安全服务与管理服务的功能与 EdgeX Foundry 类似，数据全生命周期服务提供了对数据从产生、处理到消费的综合管理。从纵向结构来看，最上侧的是模型驱动的统一服务框架，它能够实现服务的快速开发和部署。下侧按照边缘计算通用架构分为现场设备、边缘和云 3 层，边缘层又划分为边缘节点和边缘管理器两个层次。边缘节点的形式、种类是多种多样的。为了解决异构计算与边缘节点的强耦合关系，降低物理世界带来的结构复杂性，边缘层中的设备资源被抽象为计算、存储和网络 3 种资源，使用应用程序编程接口实现通用的能力调用，控制、分析与优化领域功能模块实现了上下层信息的传输和本地资源的规划。边缘管理器则使用模型化的描述语言帮助不同角色使用统一的语言定义业务，实现智能服务与下层结构交互的标准化。根据功能，边缘计算参考架构 3.0 提供了 4 种开发框架：实时计算系统、轻量计算系统、智能网关系统和智能分布式系统，覆盖了从终端节点到云计算中心链路的服务开发。

4. 边缘计算参考架构 4.0 及其与 3.0 的比较

边缘计算参考架构 4.0 是一个基于云-边-端融合的机器人系统与架构。这个架构结合了全球机器人发展的现状以及未来的发展趋势和诱因，旨在提供一个全面的机器人系统与架构，以适应数字化时代的需求。

边缘计算参考架构 4.0与 3.0 的主要区别，可以从技术融合、智能化程度以及应用场景等方面进行比较。

（1）技术融合

边缘计算参考架构3.0 实现了信息技术与运营技术的真正融合，数据中心的技术转移至工业边缘，工业领域开始采用云和企业数据中心功能，如弹性和容错功能，为工业领域带来了弹性和实时能力。边缘计算参考架构 4.0将信息技术和运营技术的基础设施和运营管理与人工智能深度融合，实现一个自管理、自愈和自动化的工业应用。

（2）智能化程度

边缘计算参考架构3.0 在智能化方面主要依赖于传统的控制系统和算法。边缘计算参考架构 4.0则强调与人工智能的深度融合。人工智能系统能够自主诊断并修复机器问题，无须人工干预，从而更高效地处理复杂任务和应对不确定性。

（3）应用场景

边缘计算参考架构3.0 的应用场景主要集中在需要实时数据处理和决策支持的工业领域，如智能制造、智能交通等。边缘计算参考架构4.0 可以拓展至更广阔的领域，包括智慧城市、智能家居、远程医疗等，这些领域对实时性、安全性和智能化水平的要求更高。边缘计算参考架构 4.0 是成为推动数字化转型和智能化升级的重要力量。

4.6.5 边缘计算在自动驾驶中的应用

随着科技的飞速发展，自动驾驶汽车逐渐进入人们的视野，是未来科技的象征。如何让汽车具有自动驾驶的智能呢？其中一项关键技术就是边缘计算。汽车自动驾驶“智能”含有“智慧”和“能力”两层含义。所谓“智慧”是指汽车能够像人一样智能地感知、综合、判断、推理、决断和记忆；所谓“能力”是指自动驾驶汽车能够确保“智慧”的有效执行，可以实施主动控制，并能够进行人机交互与协同。

在自动驾驶汽车中，实时反应是一种从传感器接收到数据到作出决策的过程，是一个极其短暂的过程，如图 4-11 所示。自动驾驶技术一般包括环境感知、决策规划和车辆控制 3 部分。类似于人类驾驶员在驾驶过程中，通过视觉、听觉、触觉等感官系统感知行驶环境和车辆状态，自动驾驶系统通过配置内部和外部传感器获取自身状态及周边环境信息。这些传感器可以提供海量的全方位行驶环境信息，通过边缘计算，汽车可以直接处理来自传感器的数据，而无须将数据发送到远程服务器进行处理。这样，大大降低了处理数据的延迟，使得汽车能够更快地作出反应，提高了驾驶的安全性。决策规划部分代表了自动驾驶技术的认知层，包括决策和规划两方面。决策体系定义了各部分之间的相互关系和功能分配，决定了车辆的安全行驶模式；规划部分用以生成安全、实时的无碰撞轨迹。车辆控制部分用以实现车辆的纵向车距、车速控制和横向车辆位置控制等，是车辆智能化的最终执行机构。环境感知和决策规划对应自动驾驶系统的“智慧”，而车辆控制则体现了其“能力”。

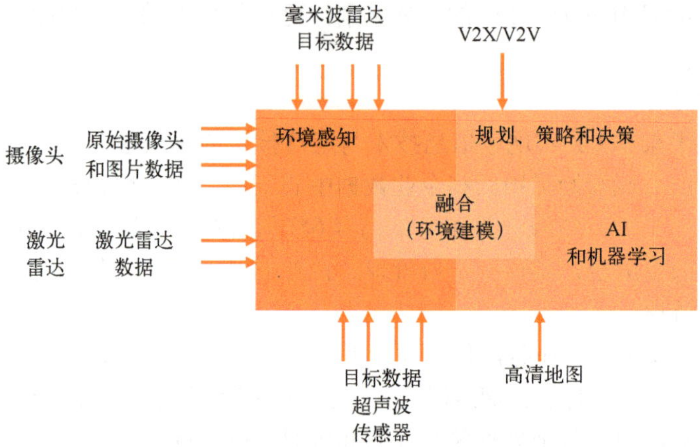

图 4-11 自动驾驶实时反应过程

据统计，一辆自动驾驶汽车每天可以产生高达 25TB 的原始数据。这些原始数据需要在本地进行实时的处理、融合、特征提取，包括目标检测和跟踪等高级分析，因此需要性能强大且可靠的边缘计算平台来执行。边缘计算还提供了更好的数据隐私保护。由于数据在本地进行处理，而不是发送到云端，因此可以防止敏感数据的泄露。这对于大规模的自动驾驶汽车网络来说，是非常重要的。

4.7 数据挖掘

4.7.1 数据挖掘的定义

数据挖掘技术是一种数据处理技术，是从大量的、不完全的、有噪声的、模糊的、随机的数据中，提取隐含在其中的、人们事先不知道的但又是潜在有用的信息和知识的过程。数据挖掘又称知识发现。这个定义包括好几层含义：数据源必须是真实的、大量的、含噪声的；发现的是用户感兴趣的知识；发现的知识要可接受、可理解、可运用；并不要求发现放之四海皆准的知识，仅支持特定的发现问题。

数据挖掘是一种决策支持过程，根据数据仓库中的数据信息，选择合适的分析工具，应用统计方法、事例推理、决策树、规则推理、模糊集，甚至神经网络、遗传算法等的方法，高度自动化地分析相关的数据，进行归纳性的推理，从中挖掘出潜在的模式，帮助决策者调整相关策略，减少风险，做出正确的决策。数据挖掘过程是一个反复循环的过程，没有达到预期目标的每一个步骤，都需要回到前面的步骤，重新调整并执行。

（1）知识

从广义上理解，数据、信息都是知识的表现形式，概念、规则、模式、规律和约束等也是知识。人们把数据看作是形成知识的源泉。数据可以是结构化的，如关系数据库中的数据；也可以是半结构化的，如文本、图形和图像数据；甚至是分布在网络上的异构型数据。发现的知识可以用于信息管理、查询优化、决策支持和过程控制等，还可以用于数据自身的维护。因此，数据挖掘是一门交叉学科，它把人们对数据的应用从低层次的简单查询，提升到从数据中挖掘知识，提供决策支持。

（2）知识发现

这里所说的知识发现，不是要求发现放之四海皆准的真理，也不是要去发现崭新的自然科学定理和纯数学公式，更不是机器定理证明。实际上，发现的所有知识都是相对的，是有特定前提和约束条件、面向特定领域的，同时还要能够易于被用户理解。最好能用自然语言表达发现的结果。

4.7.2　数据挖掘的功能

数据挖掘通过预测未来趋势及行为，做出基于知识的决策。数据挖掘的目标是从数据库中发现隐含的、有意义的知识。数据挖掘主要有以下 5 类功能。

（1）自动预测趋势和行为

数据挖掘自动在大型数据库中寻找预测性信息，以往需要进行大量手工分析的问题如今可以直接由数据本身得出结论。一个典型的例子是市场预测问题，数据挖掘使用过去有关的数据来寻找未来投资中回报最大的项目。

（2）关联分析

若两个或多个变量的值之间存在某种规律性，就称为关联。关联可分为简单关联、时序关联、因果关联。关联分析的目的是找出数据库中隐藏的关联网。

（3）聚类

数据库中的记录可被划分为一系列有意义的子集，即聚类。聚类增强了人们对客观现实的认识，是概念描述和偏差分析的先决条件。聚类技术主要包括传统的模式识别方法和数学分类学。20 世纪 80 年代初，Michalski 提出了概念聚类，其要点是，在划分对象时不仅考虑对象之间的距离，还要求划分的类具有某种内涵描述，从而避免了某些片面性。

（4）概念描述

概念描述就是对某类对象的内涵进行描述，并概括这类对象的有关特征。概念描述分为特征性描述和区别性描述，前者描述某类对象的共同特征，后者描述不同类对象之间的区别。生成一个类的特征性描述只涉及该类对象中所有对象的共性。生成区别性描述的方法很多，如决策树方法、遗传算法等。

（5）偏差检测

数据库中的数据常有一些异常记录，从数据库中检测这些偏差具有重要意义。偏差包括很多潜在的知识，如分类中的反常实例、不满足规则的特例、观测结果与模型预测值的偏差、量值随时间的变化等。偏差检测的基本方法是，寻找观测结果与参照值之间有意义的差别。

4.7.3 数据挖掘过程

1. 数据准备

在数据准备阶段要注意的是数据质量和数据规模。数据质量是数据挖掘成功的关键因素之一。如果数据质量不好，例如存在缺失值、异常值、重复值等，将会严重影响数据挖掘的结果。因此，在进行数据挖掘之前，需要对数据进行清洗和预处理，以提高数据的质量。随着数据规模的不断增大，数据挖掘的难度和计算成本也会相应增加。因此，在进行数据挖掘时，需要根据实际情况选择合适的数据规模和处理方法。

（1）数据选择

数据选择的目的是确认挖掘任务的操作对象。这是数据挖掘的第一步，涉及从各种来源收集数据。这些来源可能包括数据库、社交媒体、物联网设备等。在这个阶段，数据通常被清理和预处理，以确保其质量和准确性。

（2）数据清洗

数据清洗阶段主要是对数据进行预处理，一般包括消除噪声、去除重复数据、推导计算缺省数据、消除异常值、将数据进行归一化处理等。这些处理对于后续的数据挖掘非常重要，因为“不干净”的数据可能会导致模型不准确。

（3）数据探索

在数据探索阶段，主要是对数据进行可视化分析，了解数据的分布情况，寻找数据的规律和趋势。这可以帮助人们更好地理解数据，为后续的数据挖掘提供指导。目的是将数据转换为数据挖掘需要的形式。

2. 特征工程

特征工程是数据挖掘的重要步骤之一，它包括特征提取、选择、构造及转换。特征提取是从原始数据中提取出有意义的属性；特征选择是从大量特征中选择出对模型贡献最大的特征，常用的特征选择方法包括统计分析、相关性分析、信息增益等；特征构造则是通过组合已有特征构造出新的特征，通过评估和选择最相关的特征，可以提高模型的准确性和效率；原始数据集中的特征可能需要进行转换，以便更好地适应模型的要求，常见的特征转换技术包括标准化、归一化、离散化、主成分分析等。

3. 模型选择及训练

在这阶段要注意算法选择和计算资源的问题。在数据挖掘中，算法的选择也是非常重要的。不同的算法有着不同的优缺点和适用场景。因此，需要根据问题的性质和数据的特性选择合适的算法。数据挖掘中通常需要大量的计算资源和时间，因此需要选择合适的计算平台和算法优化方法，以提高计算效率和准确性。

（1）模型选择

需要选择适当的数据挖掘算法或模型来解决业务问题。根据问题的性质和数据的特点，可以选择分类、回归、聚类、关联规则等不同类型的模型。选择合适的模型需要考虑数据的类型、数据的分布、模型的复杂度等因素。

（2）模型训练

使用已选择的算法和模型之后，需要使用训练数据对模型进行训练，以得到最佳的模型参数。这需要将数据集拆分为训练集和测试集，并在训练集上进行参数调整和模型训练。这个阶段通常需要大量的计算资源和时间。

4. 模型评估

在模型训练完成后，需要使用测试数据对模型进行评估，以了解模型的性能。常用的评估指标包括准确率、召回率、F1 得分等。如果模型的性能不能满足要求，需要回到模型选择阶段重新选择模型或者调整模型的参数。

在进行数据挖掘时，需要注意隐私保护的问题。因为数据中可能包含用户的个人信息和其他敏感信息，信息泄露可能会造成不良影响。因此，需要对数据进行脱敏处理或者使用加密技术等手段来保护用户隐私。

4.7.4 常用数据挖掘技术

1. 关联规则法

数据关联是数据库中存在的一类重要的可被发现的知识。关联可分为简单关联、时序关联、因果关联。

关联规则是描述数据库中数据项之间所存在关系的规则，即根据一个事务中某些项的出现可导出另一些项在同一事务中也出现，即隐藏在数据间的关联或相互关系。关联规则分析框图如图 4-12 所示。例如在客户关系管理中，通过对企业的客户数据库里的数据进行挖掘，可以从大量的记录中发现有趣的关联关系，找出影响市场营销效果的关键因素，为产品定位、定价、定制客户群、市场营销的定制、营销风险评估等决策提供参考依据。

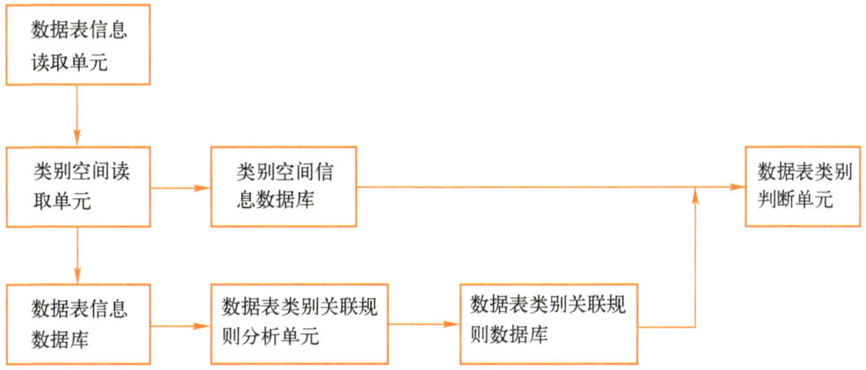

图 4-12　关联规则分析框图

2. 遗传算法

遗传算法是基于进化理论并采用遗传结合、遗传变异以及自然选择等设计方法的优化技术。其主要思想是：根据适者生存的原则，形成最适合当前群体的规则，并组成新的群体以及这些规则的后代。典型情况下，规则的适合度用它对训练样本集的分类准确率评估。GA-ACO-BP 算法是结合遗传算法（GA）、蚁群优化算法（ACO）和反向传播神经网络（BP），其流程图如图 4-13 所示。

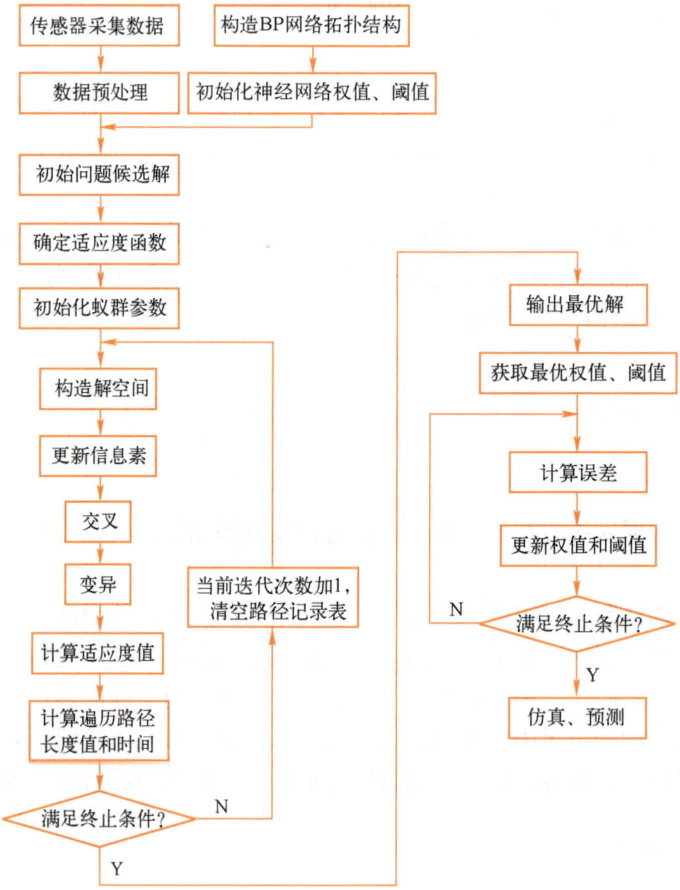

图 4-13 GA-ACO-BP 算法流程图

GA-ACO-BP 算法通过遗传算法的全局搜索能力和蚁群算法的并行计算能力，共同作用于 BP 神经网络的权重和偏置调整。这种优化策略显著提高了模型的预测性能和准确性，使得 GA-ACO-BP 算法在物流需求预测、排放预测等多个领域展现出广泛的应用潜力。

3. 神经网络算法

神经网络算法是一种模拟生物神经系统结构和功能的非线性预测模型。它通过训练来学习，将每个联接视为一个处理单元，试图模拟人脑神经元的功能。神经网络能够完成分类、聚类、特征挖掘等多种数据挖掘任务。其学习方法主要体现在权值的修改上，具有抗干扰、非线性学习和联想记忆的功能，对复杂情况能得到精确的预测结果。然而，神经网络算法也存在一些局限性，如不适合处理高维变量、具有“黑箱”性、输出结果难以解释以及需要较长的学习时间等。

4. 决策树法

决策树法是一种直观展示决策规则的方法，它通过一系列问题来表达法则，最终导出所需的结果。决策树在解决归类与预测问题上具有极强的能力，其顶端为树根，底部为树叶，将记录分解成不同的子集，每个子集中的字段可能包含一个简单的法则。决策树可能具有不同的形态，如二元树、三元树或混合形态。

5. 聚类分析法

聚类分析法是一种将数据按照相似性和差异性分为几个类别的方法，旨在使同一类别中的数据相似性尽可能大，不同类别中的数据相似性尽可能小。聚类分析法可以分为基于层次的聚类、分区聚类、基于密度的聚类和网格聚类等。常用的经典聚类分析法有 K-mean、K-medoids 和 ISODATA 等。

6. 模糊集法

模糊集法利用模糊集合理论对问题进行模糊评判、模糊决策、模糊模式识别和模糊聚类分析。模糊集法用隶属度来描述模糊事物的属性，系统的复杂性越高，模糊性就越强。模糊集法将模糊逻辑引入数据挖掘分类系统，允许定义“模糊”域值或边界，提供了在高抽象层处理的便利。

7. Web 挖掘

Web 挖掘是一种利用 Web 海量数据进行分析的方法，可以收集政治、经济、政策、科技、金融、市场等相关信息。通过对这些信息的分析和处理，可以识别、分析、评价和管理危机，为企业决策提供有力支持。

8. 粗糙集法

粗糙集法是一种处理含糊、不精确、不完备问题的数学工具，可以处理数据约简、数据相关性发现、数据意义的评估等问题。其算法简单，不需要关于数据的先验知识，可以自动找出问题的内在规律。然而，粗糙集法难以直接处理连续的属性，需要先进行属性的离散化。因此，连续属性的离散化问题是制约粗糙集理论实用化的难点。

9. 大数据回归分析

大数据回归分析是一种重要的数据分析方法，包括线性回归、多元回归和非线性回归。线性回归用直线建模数据；多元回归是线性回归的扩展，涉及多个预测变量；非线性回归则在基本线性模型上添加多项式项，形成非线性模型。

10. 统计学习法

统计学习法是一种对数据进行深入分析，找出潜在规律，并结合实际情况对数据发展趋势进行预测的方法。统计学习法能够对人们无法确认的事务进行预测，对于进一步了解世界和探索未知事物具有重要意义。

4.8 知识梳理

序号	知识点	内容
1	中间件	概念：中间件是位于平台和应用之间的具有标准程序接口和协议的通信服务
		分类：数据访问中间件、远程过程调用中间件、面向消息中间件、面向对象中间件、事务处理中间件、网络中间件、终端仿真-屏幕转换中间件
2	云计算	狭义的云计算：是一种提供资源的网络 广义的云计算：是一种与信息技术、软件、互联网相关的服务
		关键技术：编程模型、数据存储技术、数据管理技术、虚拟化技术、云计算平台管理技术
3	M2M	狭义的 M2M：指一方或双方是机器，且机器通过程序控制，能自动完成整个通信过程的通信形式 广义的 M2M：是人与各种远程设备之间的无线数据通信
		M2M 体系：M2M 终端、承载网络、运营管理系统和应用系统
		M2M 支撑技术：智能化机器、M2M 硬件、通信网络、中间件及应用
4	数据库	定义：依照某种数据模型组织起来并存放在二级存储器中的数据集合
		特点：实现数据共享、减少数据的冗余、数据的独立性、数据实现集中控制、数据一致性和可维护性
5	区块链	概念：从本质上讲，它是一个共享数据库，存储于其中的是数据或信息
		特性：去中心化、不可篡改性、去信任、开放性、匿名性、隐私性、自动执行、简化运维
6	边缘计算	概念：一种在网络边缘进行计算的计算模式
		关键技术：网络、异构计算、存储、安全、轻量级函数库和内核、边缘计算编程模型
7	数据挖掘	概念：是一种数据处理技术，是从大量的、不完全的、有噪声的、模糊的、随机的数据中，提取隐含在其中的、人们事先不知道的但又是潜在有用的信息和知识的过程
		功能：自动预测趋势与行为、关联分析、聚类、概念描述、偏差检测
		常用技术：关联规则法、遗传算法、神经网络算法、决策树法、聚类分析法、模糊集法、Web 挖掘、粗糙集法、大数据回归算法、统计学习法

4.9 习题

1. 什么是中间件？中间件有什么特点？
2. 简述中间件的工作原理及分类。
3. 简述 RFID 中间件的功能和作用。
4. 简述狭义云计算和广义云计算的概念。
5. 简述云计算的核心技术。
6. 简述几种典型的云计算平台。
7. 云计算的主要服务形式有哪些？
8. M2M 有哪些特点？
9. 简述 M2M 系统架构。
10. 简述 M2M 的支撑技术。
11. M2M 有哪些应用？
12. 数据库的基本结构分为哪 3 个层次？

13．数据库有哪些主要特点?
14．什么是数据结构?
15．什么是区块链？区块链有哪些特点？
16．按照开放程度，区块链可以划分为哪 3 个类型？分别说明其特点。
17．区块链系统由哪些组成？画出其组成框图。
18．什么是边缘计算？
19．简述传统云计算范式及其原理。
20．画出边缘计算范式并说明其原理。
21．分布式计算技术主要包括哪些技术？
22．边缘计算包含哪些关键技术？
23．画出边缘计算的通用架构并说明各组成部分的功能。
24．画出 EdgeX Foundry 架构框图。
25．画出边缘计算参考架构 3.0 的框图。
26．什么是数据挖掘？
27．简述数据挖掘的过程。
28．数据挖掘的常用技术有哪些？

第5章 物联网应用

物联网从最初的军事侦察等无线传感器网络，逐渐发展到智能电网、智能交通、智能家居、工业互联网等应用领域。随着传感器技术、无线通信技术、计算机技术的不断发展和完善，各种物联网将遍布人们的生活中。

知识目标

1）掌握面向智能电网应用的物联网的基本架构，了解物联网在智能电网中的应用模型。
2）掌握智能交通系统的实现方式。
3）掌握智能家居系统的组成部分。
4）掌握组成工业互联网的平台层级。

技能目标

1）通过物联网典型案例分析，能够掌握物联网工程的开发方法。
2）通过物联网典型案例分析，能够画出物联网工程的组成框图。

素养目标

1）培养学生科研开发能力。
2）培养学生的系统化思维能力。

5.1 智能电网

电力工业是现代经济发展和社会进步的基础和重要保障。传统电网是一个刚性系统，电源的接入和退出、电能的传输等都缺乏弹性，致使电网没有动态柔性及可组性，对用户服务简单、信息单向，系统内部缺乏信息共享。智能电网是通过智能传感和通信装置在电力系统中实现有效的信息感知和获取，经由无线或有线网络进行可靠的信息传输，并对感知和获取的信息进行数据挖掘和智能处理，实现信息自动化交互、无缝联接以及智能处理的网络。

5.1.1 智能电网概述

智能电网是以物理电网为基础，将现代先进的传感测量技术、通信技术、信息技术、计算机技术和控制技术与物理电网高度集成而形成的新型电网。智能电网主要通过终端传感器在用户之间、用户和电网公司之间形成即时联接的网络互动，实现数据读取的实时、高速、双向的效果，从而提高电网的整体综合效率。智能电网实现电力流、信息流、业务流高度一体化的前提在于，信息的无损采集、流畅传输、有序应用。各个层级的通信支撑体系是智能电网信息运转的有效载体。通过充分利用智能电网多元、海量信息的潜在价值，可服务于智能电网生产流程的精细化管理和标准化建设，提高电网调度的智能化和科学决策水平，提升电力系统运行的安全性和经济性。

智能电网的核心在于，构建具备智能判断与自适应调节能力的多种能源统一入网和分布式管理的智能化网络系统，可对电网与用户用电信息进行实时监控和采集，且采用最经济与最安全的输配电方式将电能输送给终端用户，实现对电能的最优配置与利用，提高电网运行的可靠性和能源利用效率。智能电网的本质是能源替代和兼容利用，需要在开放的系统和共享信息模式的基础上，整合系统中的数据，优化电网的运行和管理。

面向智能电网应用的物联网从技术方案的角度来讲，网络功能仍集中于数据的采集、传输、处理 3 方面。一是数据采集倾向于更多新型业务。由于宽带接入技术的支持，物联网应用不再受数据量的限制，因此在大规模应用中可以提供更多的数据类型业务，如重点输电线路监测防护、大规模实时双向用电信息采集等。二是网内协作模式的数据传输。以网内节点的协作互助为基本方式来解决数据传输问题。以各种成熟的接入技术作为物理层的基础，在 MAC 层以上，通过多模式接入、自组织的路由寻址、传输控制、避免拥塞等技术实现节点协作数据传输模式。三是网内数据融合处理技术。物联网不仅仅是一个向用户提供物理世界信息的传输工具，同时还在网络内部对节点采集数据进行融合处理，更是一个具有高度计算能力和处理能力的云计算信息加工厂，用户端得到的数据是经过大量融合处理的非原始数据。

物联网作为智能电网末梢信息感知不可或缺的基础环节，在电力系统中具有广阔的应用空间。物联网将渗透电力输送的各个环节，从发电环节的接入到检测，变电的生产管理、安全评估与监督，以及配电的自动化、用电的采集等方面都要采用物联网，在电网建设、生产管理、运行维护、信息采集、安全监控、计量应用和用户交互等方面将发挥巨大作用。可以说，80%的业务与物联网相关。传感器网络可以全方位提高智能电网各个环节的信息感知深度和广度，为实现电力系统的智能化以及信息流、业务量、电力流提供高可用性支持。

5.1.2 面向智能电网应用的物联网的基本架构

面向智能电网应用的物联网也分为感知层、网络层和应用层，其基本架构如图 5-1 所示。

（1）感知层

感知层主要通过无线传感网络、RFID 等技术手段实现对智能电网各应用环节相关信息的采集。感知层是物联网实现“物物相联，人物互动”的基础，通常分为感知控制子层和通信延伸子层。其中，感知控制子层实现对物理世界的智能感知识别、信息采集处理及自动控制；通信延伸子层通过通信终端模块或其延伸网络，将物理实体联接到其上面两层。

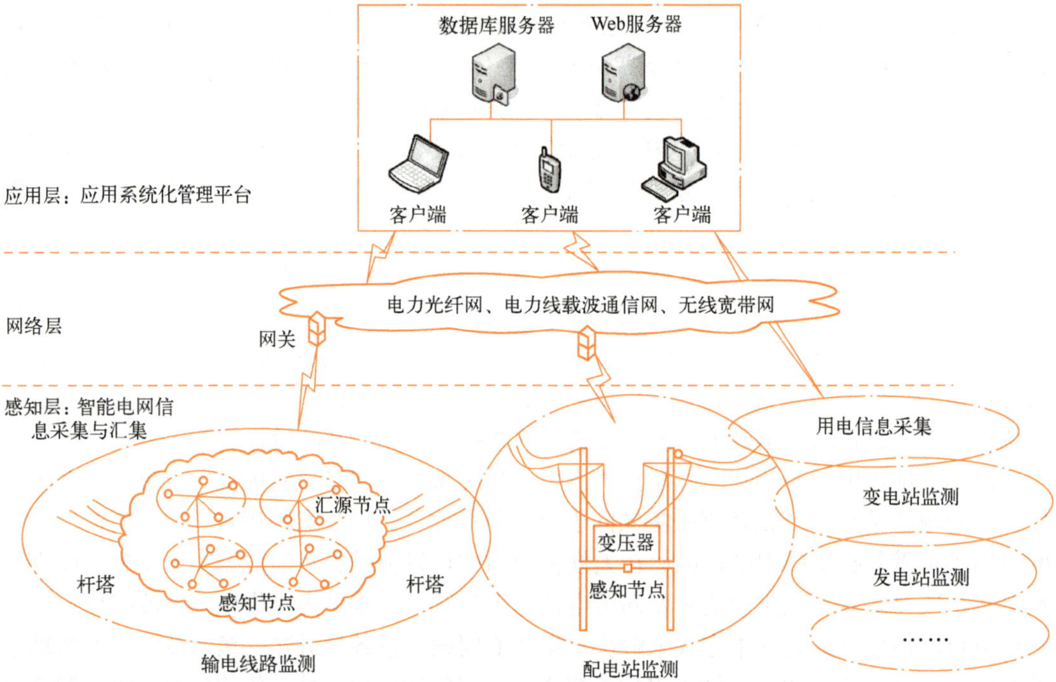

图5-1 面向智能电网应用的物联网的基本架构

具体而言，感知控制子层主要通过各种新型 MEMS 传感器、基于嵌入式系统的智能传感器、智能采集设备等技术手段，实现对物质属性、环境状态及行为态势等静态或动态信息的大规模、分布式的获取。通信延伸子层所用技术比较广泛，对于电网的监控数据基本采用光纤通信方式；而对于输电线路在线监测、电气设备状态监测，除利用光纤传递信息外，一定程度上还应用了无线传感技术；在用电信息数据采集和智能用电方面，所用到的通信技术主要涉及窄带电力线通信、宽带电力线通信、短距离无线通信、光纤复合低压电缆及无源光通信、公网通信等。

（2）网络层

网络层以电力光纤网为主，以电力线载波通信网、无线宽带网为辅，从感知层设备将采集的数据转发，负责物联网与智能电网专用通信网络之间的接入，主要用来实现信息的传输、路由和控制。网络层分为接入网和核心网，以保证物联网与电网专用通信网络之间的互联互通。

在智能电网应用中，考虑到对数据安全性、传输可靠性及实时性的严格要求，物联网的信息传输、汇聚与控制主要借助于电力通信网实现，在条件不具备时或在某些特殊条件下也可依托于公众电信网。其中，核心网主要由电力骨干光纤网组成，并辅以电力线载波通信网、数字微波网。而接入网则以电力光纤接入网、电力线载波、无线数字通信系统为主要的手段，从而使电力宽带通信网为物联网技术的应用提供了一个高速的双向宽带通信的网络平台。

（3）应用层

应用层主要由应用基础设施和各种应用两大部分组成。其中，应用基础设施为物联网应用提供信息处理、计算等通用基础服务设施、资源调用接口，并在此基础上实现物联网的各种应用。面向智能电网应用的物联网涉及智能电网生产和管理中的各个环节，通过运用智能计算、模式识别等技术来实现电网相关数据的整合分析及处理，进而实现智能化的决策、控制和服务，最终使电网各应用环节的智能化水平得以提升。

物联网技术主要应用于智能家用电器传感网络系统、智能家居系统、无线传感安防系统及用户用电信息采集系统等，主要硬件设备包括智能交互终端、智能交互机顶盒、智能插座等。该系统与外部的通信主要通过电力线通信（PLC）、电力复合光纤到户（PFTTH）、无线宽带通信等通信方式相结合的宽带通信平台来实现。面向智能电网用户服务的物联网的网络架构如图 5-2 所示。

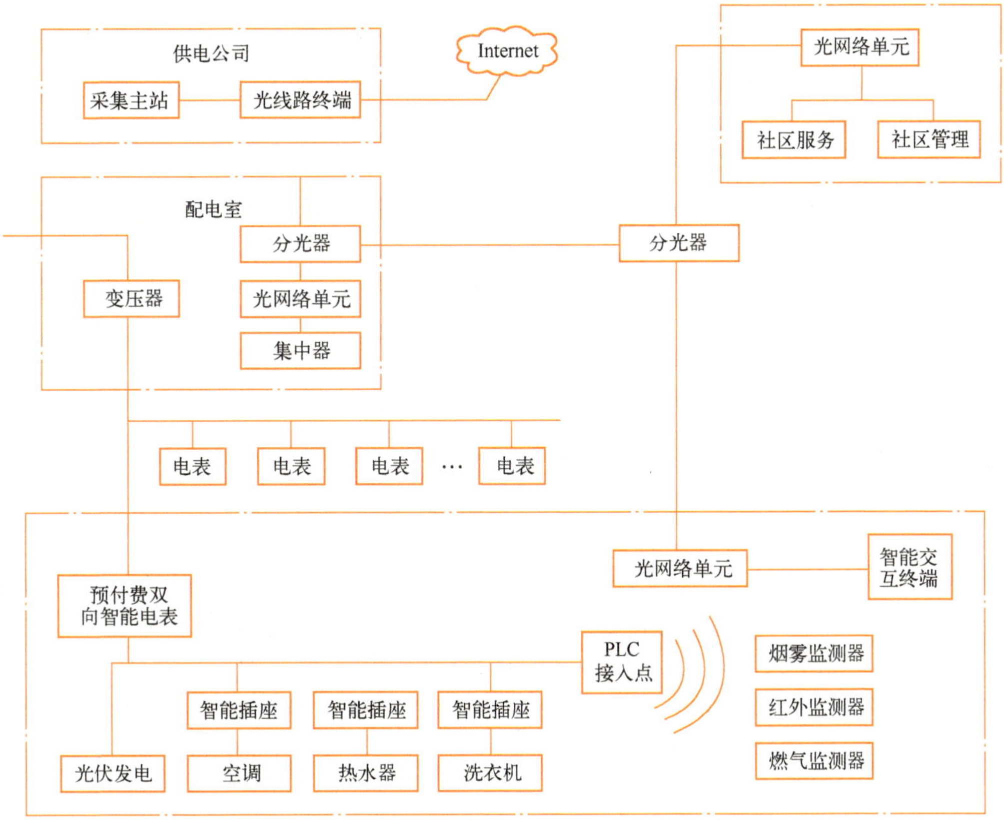

图 5-2 面向智能电网用户服务的物联网的网络架构

面向智能电网应用的物联网将具有多元化信息采集能力的底层终端部署于监测区域内，利用各类仪表、传感器、RFID 芯片对监测对象和监测区域的关键信息及状态进行采集、感知、识别，并在本地汇集，进行高效的数据融合，将融合后的信息传输至中间层的网络接入设备；中间层网络接入设备负责底层终端设备采集数据的转发，负责物联网与智能电网专用通信网络之间的接入。在物联网中，网络设备之间的数据链路可采用多种方式并存的链路联接，并依据智能电网的实际网络部署需求，调整不同功能网络设备的数量，灵活控制目标区域（对象）的监测密度、监测精度、网络覆盖范围和网络规模。

5.1.3 物联网在智能电网中的应用模型

物联网技术在智能电网中的应用，让人们体验到了物联网技术与智能电网完美结合后的智能与便捷，不仅有利于提高电网管理的整体效率，而且还能进一步优化电网管控，从而更有利于电网的管理和控制工作。

（1）电力设备状态监测

利用物联网技术在常规机组内部安置一定数量的传感监测点，可以实时了解机组运行情况，包括其各种技术指标与参数，从而提高常规机组状态的监测水平。例如，通过在水电站坝体上安装传感器网络，可以随时监测坝体变化情况，以规避水库运行可能存在的风险。同样，利用物联网技术，可以对风能、太阳能等新能源发电进行在线监测、控制以及功率预测等，提高一次设备的感知能力，使其能与二次设备很好地结合，从而实现联合处理、数据传输、综合判断等功能，极大地提高电网的技术水平和智能化程度。

此外，输电线路状态在线监测也是物联网的重要应用，它也可以提高对输电线路运行状况的感知能力，包括气象条件、覆冰、导地线微风振动、导线温度与弧垂、输电线路风偏及杆塔倾斜等的监测。

根据物联网对电力设备的环境状态信息、机械状态信息、运行状态信息进行的实时监测和预警诊断，可提前做好相应的故障预判、设备检修等工作，从而提高了设备检修、自动诊断和安全运行水平。

（2）电力生产管理

因为电力生产的管理较为复杂，所以在管理电力现场作业难度相当大，伴有误操作、误进入等安全隐患存在。通过物联网技术进行身份识别、电子工作票管理、环境信息监测及远程监控等，可方便地实现调度指挥中心与现场作业人员的实时互动。

在电力巡检管理上，利用射频识别、全球定位系统、地理信息系统以及无线通信网，对设备的运行环境及运行状态进行监控，并根据识别标签辅助设备定位，实现人员的到岗监督，从而监督工作人员参照标准化和规范化的工作流程，进行辅助状态检修和标准化作业。在塔基下、杆塔上及输电线路上安装地埋振动传感器、壁挂振动传感器、倾斜传感器、距离传感器及防拆螺栓等设备，并结合输电线路状态的在线监测系统，可实现对重要杆塔的实时监测和防护。

（3）电力资产全生命周期管理

在电力设备中应用射频识别和标识编码系统，对资产进行身份管理、状态监测、全生命周期管理，自动识别目标对象并获取数据，从而在技术上为实现电力资产全生命周期管理、提高运转效率、提升管理水平提供支撑。

（4）智能用电

物联网技术有利于智能用电双向交互服务、用电信息采集、家居智能化及家庭能效管理、分布式电源接入以及电动汽车充放电的实现，同时也是实现用户与电网的双向互动、提高供电可靠性与用电效率以及节能减排的技术保障。

在电动汽车、电池、充电设施中安装传感器和射频识别装置，实时感知电动汽车的运行状态、电池使用状态、充电设施状态以及当前网内能源的供给状态，可实现电动汽车及充电设施的综合监测与分析，并保证电动汽车稳定、经济、高效运行。

（5）智能家居

物联网技术也方便了家居智能化的实现。借助于内嵌的智能采集模块和通信模块，可以实现家用电器的智能化和网络化，完成对家用电器运行状态的监测、分析以及控制；借助于用于门窗磁报警、红外报警、可燃气体泄漏监测及有害气体监测等的传感器，可以实现家庭安全防护；借助于无线、电力线载波技术，可以实现水、电、气表自动抄收；借助于光纤复合低压电缆、电力线载波以及智能交互终端，可以实现用户与电网的交互，以及相关的通信服务、视频点播和娱乐信息等服务。

5.2 智能交通系统

随着经济的快速持续发展，人们的出行范围不断扩大，汽车工业作为国家经济的支柱产业，汽车保有量也迅速增加。因此，交通系统面临着城市交通拥挤、汽车能耗大、尾气排放量大，造成环境污染严重、交通安全事故多等问题，用简单的限制车辆和扩大路网的覆盖率等方法是解决不了问题的。智能交通系统（Intelligent Transport System，ITS）通过感知车辆运行状态、交通基础设施状态、出行者行为等，在更高层次上满足人们交通出行的安全、畅通和环境需求，满足运输智能化、自动化的需求以及车辆智能化、安全性和节能减排的需求。

5.2.1 智能交通系统概述

智能交通系统是将传感器技术、RFID 技术、无线通信技术、数据处理技术、网络技术、自动控制技术、视频检测识别技术、GPS 及信息发布技术等运用于交通运输管理体系中，从而建立起实时的、准确的、高效的交通运输综合管理和控制系统。显然，在智能交通行业中，物联网技术、网络和设备得到了广泛应用，为实现交通运输的智能化提供了重要支撑。

智能交通的发展将显著推动智能汽车、导航系统、车辆远程信息系统、RFID 技术、交通基础设施智能感知技术的进步，涵盖智能道路、智能铁路、智能水运航道等。它还促进了运载工具与交通基础设施之间、同种或不同种运载工具之间的通信技术的快速发展，具有很广泛的应用需求。

从功能上讲，这个系统必须将汽车、驾驶者、道路以及相关的服务部门相互联接起来，并使道路与汽车的运行功能智能化，从而使公众能够高效地使用公路交通设施和能源。其具体的实现方式：将该系统采集到的各种道路交通及服务信息，经交通管理中心集中处理后，传送到公路交通系统的各个用户，使出行者可以进行实时的交通方式和交通路线的选择；交通管理部门可以自动进行交通疏导、控制和事故处理；运输部门可以随时掌握所属车辆的动态情况，进行合理调度。这样就使路网上的交通经常处于最佳状态，改善交通拥挤状况，最大限度地提高路网的通行能力及机动性、安全性和生产效率。

我国已进入智能交通 2.0 时代，以网联化和协同化为显著特征，代表了智能交通领域的重大升级。这一时代强调的是“车路云一体化”，即智能网联汽车与智慧道路、云平台的深度融合，实现交通系统的全面智能化。

车路协同：车辆与道路基础设施之间的实时信息交流，提升交通效率和安全性。

数据驱动：利用大数据技术对交通流量、车辆状态等进行实时分析，优化交通管理。

智能决策：依托人工智能技术，实现交通系统的自动化控制和智能决策支持。

5.2.2 智能交通系统服务领域

智能交通系统是汇集众多高新技术的大系统，其内部包含许多子系统，在这些子系统中又要用到各种各样的技术，包括传感器技术、测量技术、判断处理技术、数据库技术、控制以及伺服机构技术、计算机技术、通信技术、网络技术、人机联系技术、人体机理学、交通规则理论以及交通工程学等，只有将这些系统和技术有机地联系在一起，才能最大限度发挥 ITS 整体的效用。根据国际标准化组织（ISO）的分类，ITS 服务领域可划分为交通管理、交通信息、车辆系统、商用车辆、公共交通、应急管理、电子支付和安全管理等，如图 5-3 所示。

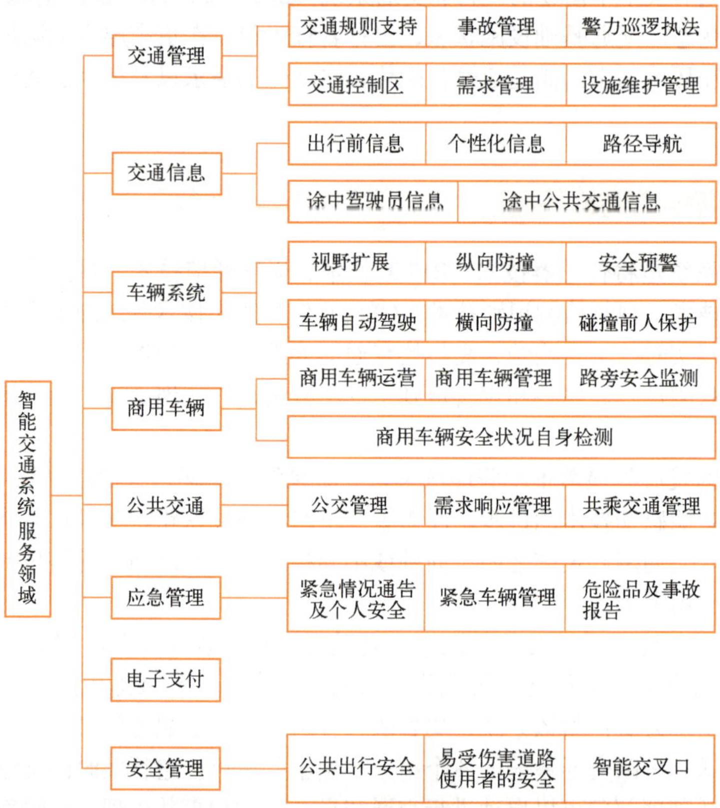

图 5-3 智能交通系统服务领域

5.2.3 ITS 中 6 项重要的关键技术

在图 5-3 所示的智能交通系统服务领域中，下面 6 项技术备受关注，是建立安全、快捷、高效、畅通及环保的智能交通硬件基础。

（1）智能化交通管理系统

将智能化交通信号控制系统和智能化交通监控系统集成起来，就构成了先进的智能化交通管理系统的主要部分。

1）智能化交通信号控制系统。在日常生活中，有时会遇到路口信号灯不灵活的问题，如某方向已无车辆，绿灯却依然亮着，而另一方向车辆却在红灯前排队等候。智能化交通信号控制系统通过路面传感器，实时监测路段和路口的交通状况，动态调整红绿灯信号配时，提升路口使用效率。这意味着此系统须具备“眼睛”（传感器）、“脑子”（计算机）和“思考能力”（软件），实现智能化调控。

2）智能化交通监控系统。道路交通网络庞大且复杂，涉及步行者、骑行者、公交乘客、出租车乘客和私家车主等众多参与者，路况瞬息万变。交通事故或意外事件常导致交通拥堵。智能化交通监控系统能快速监测并响应这些事件，减少拥堵。它包含安装在主要交通干线上的摄像机和多种传感器，以及通信传输系统、交通监控中心（含数据存储、信息处理与显示、指挥控制等子系统）、信息发布系统和执行系统等。

以某城市过江隧道智能交通管控系统为例，该系统需要实现隧道交通流量智能调节、违禁车辆预警、行人和非机动车管控、交通异常状态预警等功能，包括交通视频监控、流量监测与预警、信号控制、违章抓拍、禁行车辆识别预警、超高车辆检测预警、可升降限高门架（含情报板）、移动式火灾初期处置装置等子系统，实现数据采集、分析、管理与服务。

（2）电子不停车收费技术的应用

电子不停车收费系统是智能交通系统中最早投入应用的系统之一，主要技术是车辆自动识别技术。使用该种收费方式的用户必须在事前购买专用的电子标签，并安装在风窗玻璃上，当车辆驶入收费区域时，该系统安装在门架上或路侧的微波天线查询到车载电子标签中存储的识别信息（如电子标签 ID、车型、车主等），立即抬杆，使车辆可以快速通过。在采用“封闭式”收费制式的高速公路上，在进入高速公路时，车道天线要向电子标签写入入口车站信息；在离开高速公路时，再读出入口车站信息以便系统计算通行费。

自动车型分类系统利用装在车道内和车道周围的各种传感器装置来测定通过车辆的类型，并与车载电子标签存储的车型数据进行核对，以防止故意换卡、违章使用，保障计算机系统按照正确的车型收费。

逃费抓拍系统用来抓拍未安装有效电子标签并冲闯不停车收费车道的汽车车牌照图像，用于确定逃费车主，并通知其应交的费用。对于高速不停车收费车道，逃费抓拍系统是必需的。对于低速不停车收费车道，也常常采用高速自动栏杆迫使违章车辆停下。电子不停车收费技术特别适用于在高速公路或交通繁忙的桥隧等场所。它可大大提高公路的通行能力，使公路收费走向电子化，降低现金管理的成本。允许车辆不停车交费后高速通过，有利于提高车辆的营运效益，降低收费口的噪声水平和废气排放。由于通行能力得到大幅度提高，因此可以缩小收费站的规模，以节约基建费用和管理费用。

（3）智能汽车

智能汽车是搭载先进传感系统、决策系统、执行系统，运用信息通信、互联网、大数据、云计算、人工智能等技术，具有部分或完全自动驾驶功能，由单纯的交通运输工具逐步向智能移动空间转变的新一代汽车。

智能汽车主要包括：①导航信息资料库：存有全国高速公路、普通公路、城市道路以及各种服务设施（餐饮、旅馆、加油站、景点、停车场）的信息资料的资料库。②北斗卫星导航系统（BDS）：精确定位车辆所在的位置，与导航信息资料库中的数据相比较，确定以后的行驶方向。③道路状况信息系统：由交通管理中心提供实时的前方道路状况信息，如堵车、事故等，必要时及时改变行驶路线。④车辆防碰系统：配有探测雷达、信息处理系统、驾驶控制系统，控制与其他车辆的距离，在探测到障碍物时及时减速或制动，并把信息传给指挥中心和其他车辆。⑤紧急报警系统：如果出了事故，自动报告指挥中心寻求救援。⑥无线通信系统：用于汽车与指挥中心的联络。⑦自动驾驶系统：用于控制汽车的点火、改变速度和转向等。

无人驾驶汽车是智能汽车的一种，主要依靠车内计算机系统为主的智能驾驶仪来实现无人驾驶的目的。无人驾驶汽车利用车载传感器来感知车辆周围环境，并根据感知所获得的道路、车辆位置和障碍物信息，控制车辆转向和速度，从而使车辆能够安全、可靠地在道路上行驶。

（4）基于北斗卫星导航系统和地理信息系统（GIS）的车辆定位与导航技术

BDS 利用分布在太空的多颗人造卫星对地面上的目标进行测定、定位和导航，它用于对汽车、船舶、飞机等交通工具的导航、对地面目标的精确定时和定位、对地面和空中的交通管制以及对空间和地面的灾害监测等。

一般应用于智能交通的 BDS 的 3 个组成部分（空间卫星、地面控制系统和用户设备）及其相互关系，如图 5-4 所示。

BDS 可以用于车辆导航，实现的主要功能有车辆跟踪、航线设计、按计划路线进行导航、查询功能等。

车辆导航系统主要由 BDS 接收机、微处理器、显示器、车辆导航软件和地理信息系统组成。车辆导航系统模块构成示意图如图 5-5 所示。BDS 用于车辆运营管理，实现的主要功能有查询、多屏幕、多车辆跟踪、指挥与车辆跟踪相结合及报警与意外处理等。

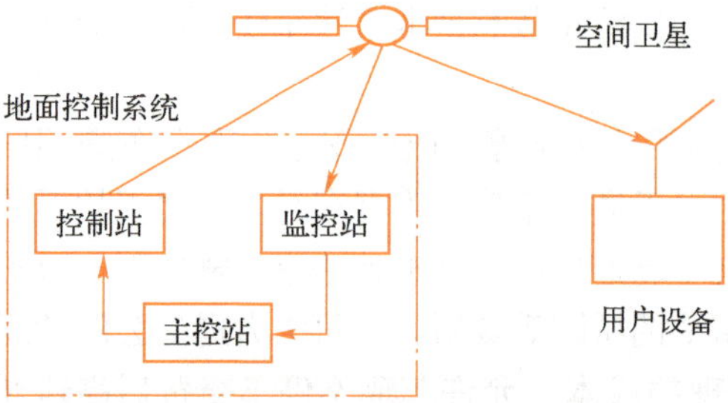

图 5-4 BDS 的 3 个组成部分及其相互关系

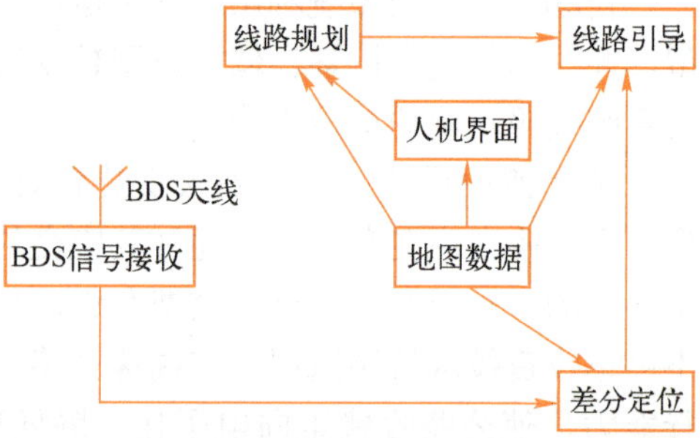

图 5-5 车辆导航系统模块构成示意图

地理信息系统（Geographic Information System，GIS）综合了数据库、计算机图形学、地理学、几何学等技术，以地理空间数据为基础，采用地理模型和分析方法，适时提供多种空间和动态的地理信息，从而为存放和管理定位导航信息提供信息服务。

GIS 用于车辆导航与监控，实现的功能包括电子地图显示、标注当前车位、地物信息分类索引、最佳路径选择及行车路线导航等。

GIS 用于道路实网数据和属性数据，以分路段的方式与地理坐标联系起来，可以对路面质量、路况和路面维护进行管理，也可以对桥梁、隧道及其他各种道路管理设施（如信号装置等）进行测量和管理，从而保证各项设施的正常运转，使交通管理和控制措施得以顺利实施。

GIS 可用于交通安全管理和事故分析，还可用于公路环境评价、监控和管理。交通安全地理信息系统结构示例如图 5-6 所示。

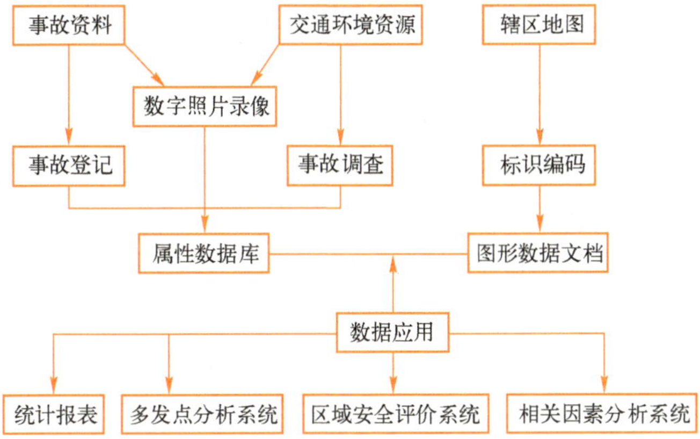

图 5-6　交通安全地理信息系统结构示例

（5）模拟仿真系统

仿真（Simulation）是指为了求解问题而人为地模拟真实系统的部分或整个运行过程。计算机仿真是 20 世纪 60 年代逐步发展起来的，最早的通用系统仿真器（General Purpose System Simulator，GPSS）是由 IBM 公司的 Gffery Gordon 研制的，1967 年更名为通用仿真系统（General Purpose Simulation System，GPSS），并增加了许多功能，后来发展成一种应用广泛的离散系统仿真语言。

计算机仿真技术在交通工程中有着广泛的应用。利用交通仿真模型，人们可以动态地、逼真地仿真交通流和事故等各种交通现象，深入地分析车辆、驾驶员和行人、道路以及交通流的交通特征，有效地进行交通规则、交通组织和管理、交通能源节约与物资运输流量合理化等方面的研究。

仿真模型是分析交通系统的重要手段和重要方法，但是，并非所有的仿真模型都适用于 ITS 分析，ITS 的交通仿真模型需要满足以下条件。

1）清晰地表现路网的几何图形，包括交通设施（如信号灯、车检器等）。

2）清晰地表现驾驶员的行为。

3）清晰地表现车辆间的相互作用，如跟车、车道变换时的相互作用。

4）清晰地表现交通控制策略（定周期、自适应、匝道控制）。

5）能够模拟先进的交通道路策略，如采用 VMS（虚拟内存系统）提供的路径重定向、速度控制和车道控制等。

6）提供与外部实时应用程序交互的接口。

7）模拟动态的车辆诱导，再现被诱导车辆和交通中心的信息交换。

8）能够应用于一般化的路网，包括城市道路和城市间的高速公路。

9）能够细致地仿真路网交通流的状况（例如交通需求的变化），来模拟交通设施的功能。

10）清晰地模拟公共交通，提供结果分析的工具等。

（6）基于 VICS 的车载多媒体信息终端技术

车辆信息和通信系统（Vehicle Information and Communication System，VICS）是一种通过路旁微波天线及 FM 多路广播等，为车辆提供宽带数字数据的信息通信系统。它所提供的信息包括实时的道路状况和交通情况、优化路径选择、预计旅行时间、交通流分配信息、停车区域信息、休息服务区信息、高速公路沿线服务设施信息及交通管制信息等。VICS 通常与带有 BDS 的车辆导航系统一起使用。

带有 VICS 的车载终端的目标是面向全国范围提供及时的智能运输系统服务信息，以减少事故发生、提高交通安全、平滑交通流、降低交通污染和保障环境，以及为用户提供有用的增值信息服务。由于 VICS 使得车辆用户的道路行程更加安全、事故率更低、预计旅行时间更准确、出行计划性更高，因此 VICS 受到了广泛欢迎。在车辆定位与自动导航功能方面，VICS 需要更多的信息源、更强的信息分析处理能力以及更快的信息发布手段。在信息来源方面，需要随着跨部门、跨行业的共用交通信息平台的形成才能够得到更多的信息提供；在信息分析处理方面，需要随着各种信息处理技术的提高以及交通优化算法、交通预测手段的提升而提升；在信息发布方面，需要开发更高带宽和速率的车路通信技术方式和终端通信设备。

5.3 智能家居

5.3 智能家居

智能家居是利用先进的计算机技术、网络通信技术、综合布线技术，依照人体工程学原理，融合个性需求，将与家居生活有关的各个子系统（如安防、灯光控制、窗帘控制、煤气阀控制、信息家用电器、场景联动、地板采暖等）有机地结合在一起，通过网络化综合智能控制和管理，实现“以人为本”的家居生活体验。

5.3.1 智能家居概述

智能家居在英文中常用 Smart Home 或 Intelligent Home 表示。它以住宅为平台，兼备建筑、网络通信、信息家用电器、设备自动化等功能，集系统、结构、服务、管理及控制于一体，来创造一个优质、舒适、安全、便利、节能及环保的居住生活环境空间。

智能家居是在家庭产品自动化、智能化的基础上，通过网络按照拟人化的需求而实现的。智能家居是一个综合系统，利用先进的网络通信、电力自动化、计算机、短距离通信及嵌入式等技术，将与居家生活有关的各种设备有机地结合起来，通过网络化综合管理平台或者先进的云计算平台，实现人与家、人与家用电器、家用电器与环境之间的信息互通。智能家居强调人的主观能动性，重视人与居住环境的协调，使人能够自由地控制室内各种电器及环境。为此，智能家居系统必须具备以下几个特征。

1）安全性。安全性是智能家居系统首先要解决的问题，没有安全的系统就谈不上智能化和舒适化。智能家居的安全包括两个层面，一是安全的智能家用电器设备，当传统的家用电器设备被赋予智能时，就必须保障其安全可控；二是安全的网络和控制系统，需要有足够安全的网络来防止他人入侵。

2）易用性。智能家居系统是一个综合性的系统。要为用户提供良好的舒适度，就需要在易用性方面下功夫。这就要求智能家居系统在功能上具有人性化、个性化。设计时要考虑到不同层次人群的需求，让用户真正体会到智慧化的“个性”服务。

3）稳定性。系统的稳定性是家居生活更舒适的前提和保障。如果安装的智能家居经常出现各种不稳定的因素，就不是带来了方便，而是带来了麻烦。

4）扩展性。智能家居系统必须具有良好的兼容性和扩展性，能够保证各种设施的“即插即用”以及网络组建的便捷性。

5.3.2　智能家居系统体系结构

智能家居系统主要由智能灯光控制、智能家用电器控制、智能安防报警、智能娱乐系统、可视对讲系统、远程监控系统及远程医疗监护系统等组成。智能家居系统体系结构框图如图 5-7 所示。

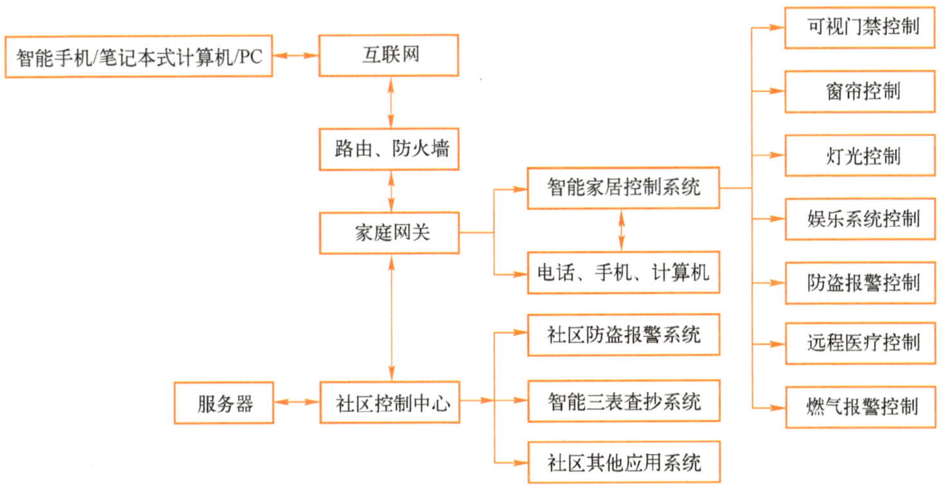

图 5-7　智能家居系统体系结构框图

5.3.3 智能家居系统主要模块设计

（1）照明及设备控制系统

智能家居控制系统的总体目标是通过计算机、网络、自动控制和集成技术建立一个由家庭到小区乃至整个城市的综合信息服务和管理系统。系统中的照明及设备可以通过智能总线开关来控制。本系统主要采用交互式通信控制方式，分为主机、从机两大模块，在主机模块被触发后，通过 CPU 将信号发送，进行编码后通过总线传输到从机模块，进行解码后通过 CPU 触发响应模块。因为主机模块与从机模块完全相同，所以从机模块也可以进行相反操作来控制主机模块实现交互式通信。灯光及家居设备控制系统框图如图 5-8 所示。系统模块程序流程图如图 5-9 所示。其中主机模块相当于网络的服务器，主要负责整个系统的协调工作。

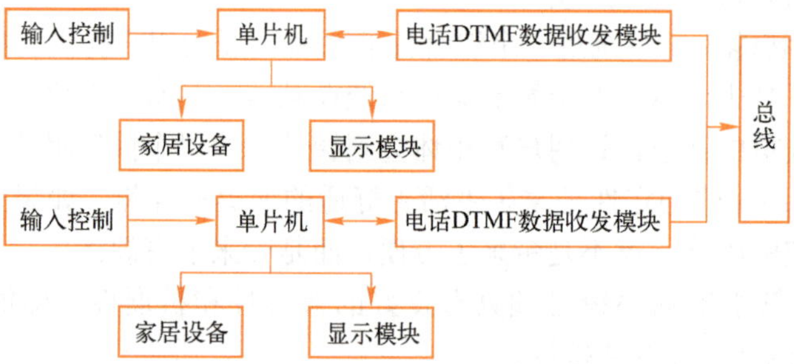

图 5-8 灯光及家居设备系统控制框图

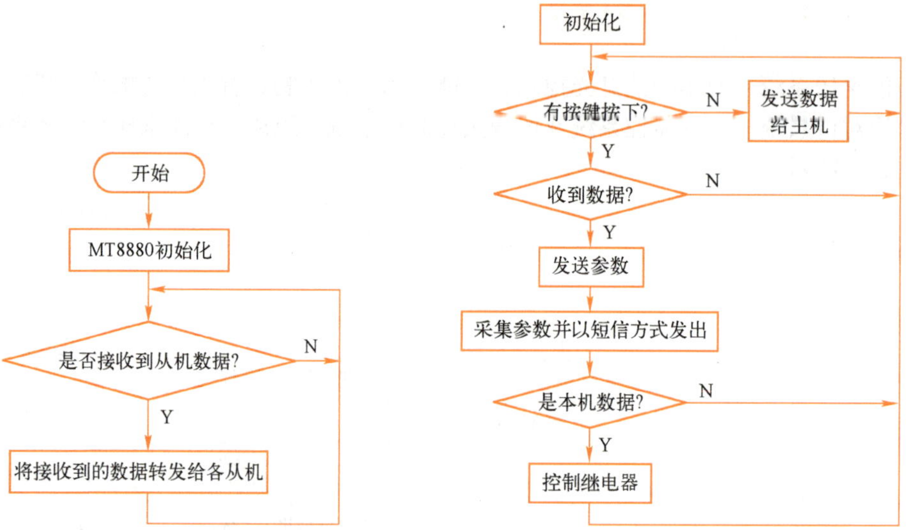

a) b)

图 5-9 系统模块程序流程图

a) 主机模块程序流程图 b) 从机模块程序流程图

对于灯光控制，可以形成不同的灯光情景模式，以营造舒适优雅的环境气氛。为了提高系统的可维护性及可靠性，设计时应使系统具有智能状态回馈功能、故障自动报警功能、软启动功能。系统能自动检查负载状态，检查坏灯、少灯、保护装置状态等，也可以根据季节、天气、时间及人员活动等作出智能处理，达到节能目的。

对其他家用电器设备及窗帘的控制，与照明控制类似，均可采用手动和自动两种控制方式。

（2）智能安防及远程监控系统

智能安防及远程监控系统主要由各种报警传感器（如人体红外、烟感、可燃气体等）及其检测处理模块组成。其核心入侵检测报警电路与其他火灾、燃气泄漏报警电路类似。入侵检测报警系统框图及电路图如图 5-10 所示。

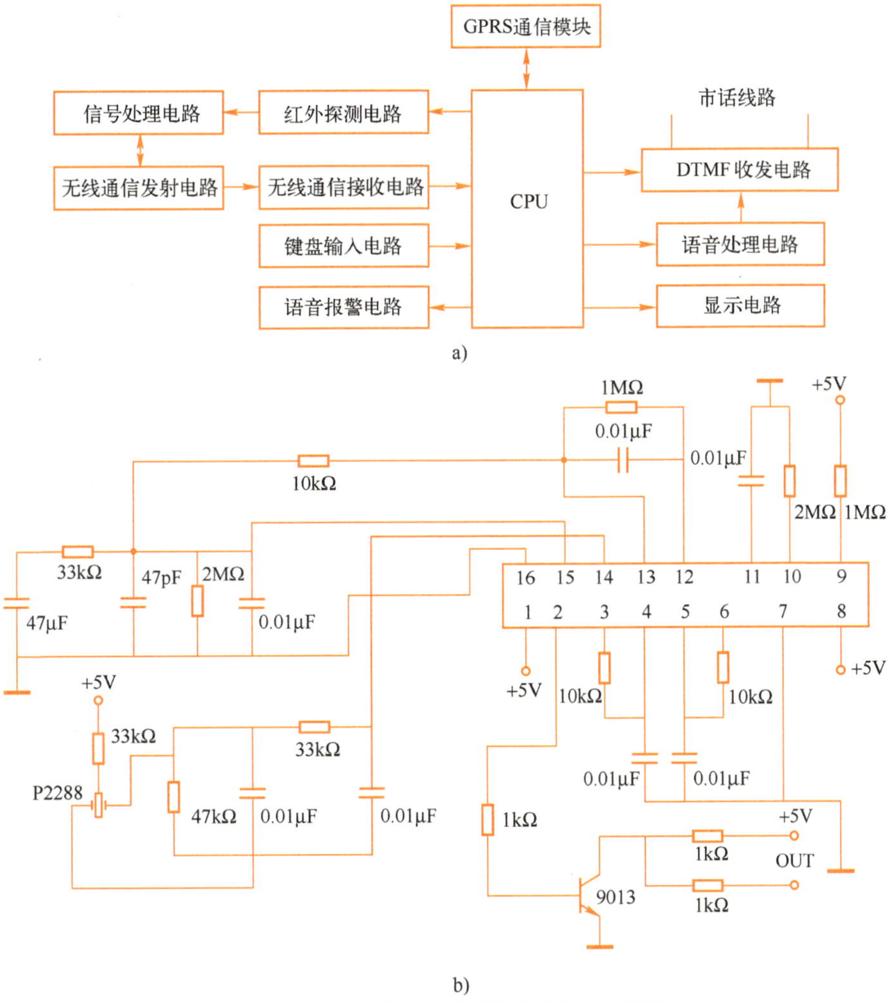

图 5-10 入侵检测报警系统框图及电路图

a）入侵检测报警系统框图 b）入侵检测报警电路图

图 5-10a 所示的双音多频（DTMF）收发电路接口电路图如图 5-11a 所示。其核心芯片为 MT8880，可接收和发送 DTMF 标准的全部 16 个信号，具有接收呼叫音和带通滤波功能，能与微处理器直接对接。其自动摘挂机功能是，通过单片机 I/O 口控制一个继电器的开关，由继电器的控制端联接一个电阻接入电话线两端，从而实现模拟摘挂机。

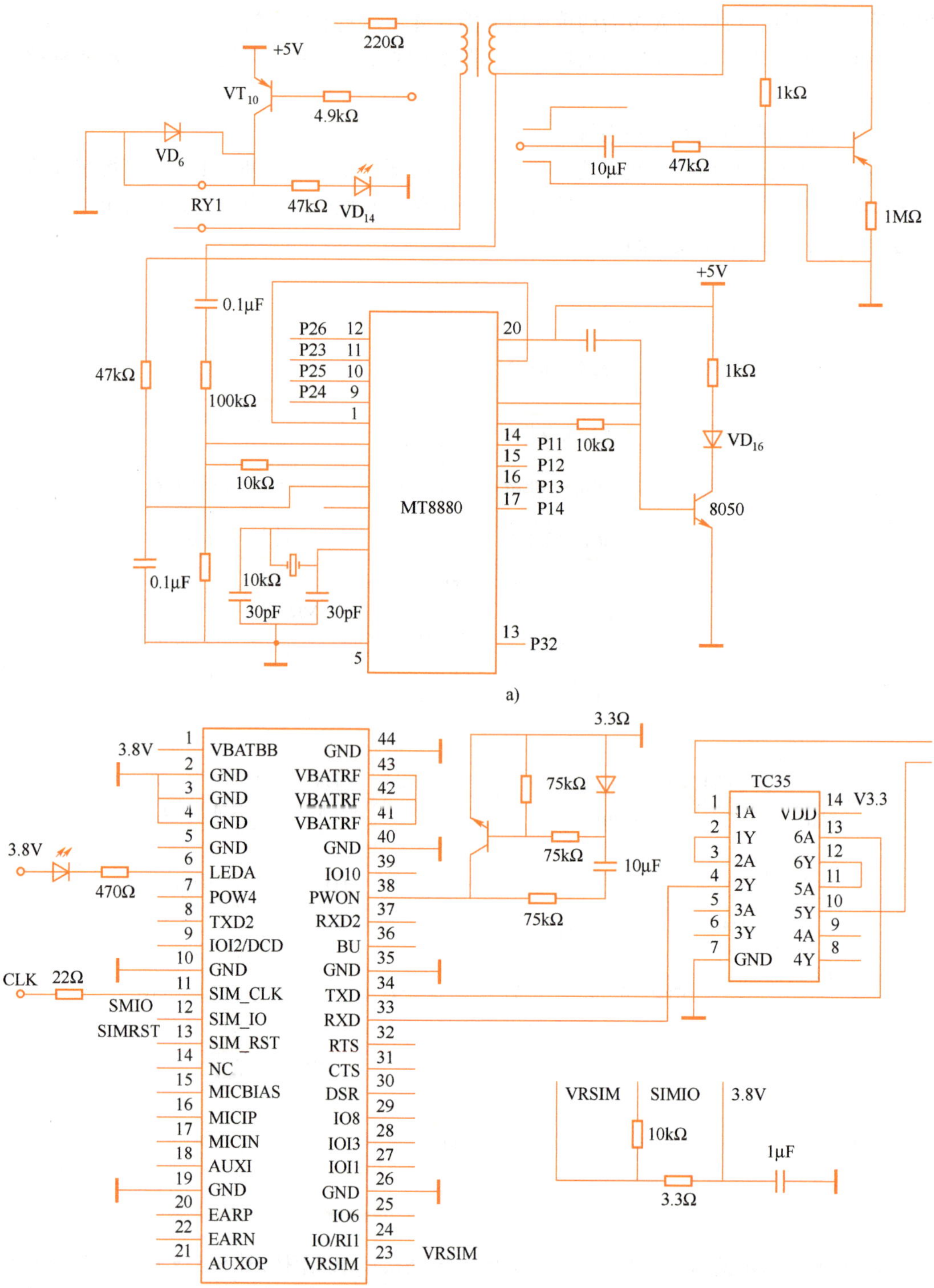

b)

图 5-11 DTMF 收发电路和 GPRS 通信模块——TC35 接口电路图

a) DTMF 收发电路接口电路图 b) GPRS 通信模块——TC35 接口电路图

GPRS 通信模块——TC35 模块主要通过串口与单片机联接，实现单片机对 TC35 模块的控制，从而实现远程控制功能。其电路图如图 5-11b 所示。

（3）远程医疗监护系统

基于 GPRS 的远程医疗监护系统由中央控制器、GPRS 通信模块、GPRS 网络、互联网、数据服务器及医院局域网等组成。远程医疗监护系统框图如图 5-12 所示。

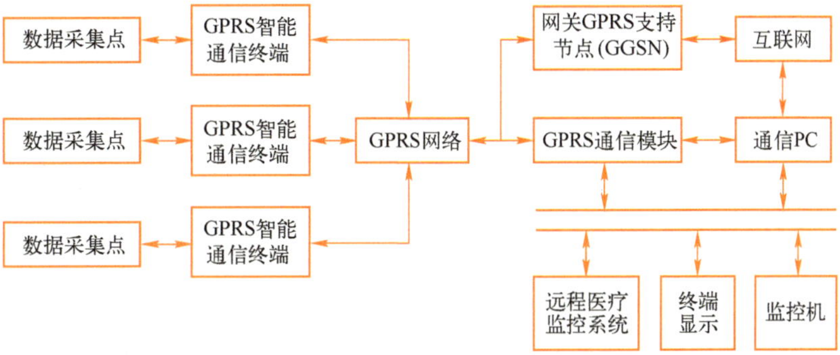

图 5-12　远程医疗监护系统框图

当系统工作时，患者随身携带的远程医疗智能终端首先对患者心电、血压、体温进行监测，当远程医疗监护系统发现可疑病情时，通信模块就对采集到的人体现场参数进行加密、压缩处理，再以数据流形式通过串行方式（RS-232）联接到 GPRS 通信模块上，与移动基站进行通信后，基站 SGSN（服务 GPRS 支持节点）再与 GGSN（网关 GPRS 支持节点）进行通信，GGSN 对分组资料进行相应的处理，把资料发送到互联网上，去寻找在互联网上的一个指定 IP 地址的监护中心，并接入后台数据库系统。这样，信息就开始在移动患者单元和远程移动监护医院工作站之间不断进行交流，所有的诊断数据和患者报告都会被传送到远程移动监护信息系统存档，以供将来研究、评估、资源规划所用。GPRS 远程医疗智能终端的硬件框图如图 5-13 所示。系统监护中心由监控中心、医疗信息管理系统、电子地图库及电子病历库等组成。系统监护中心软件框图如图 5-14 所示。

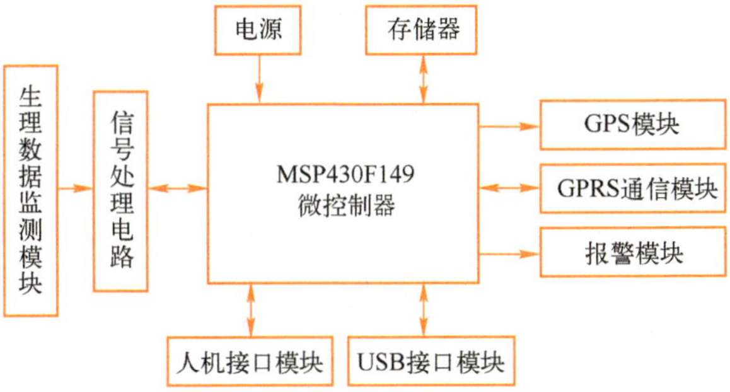

图 5-13　GPRS 远程医疗智能终端的硬件框图

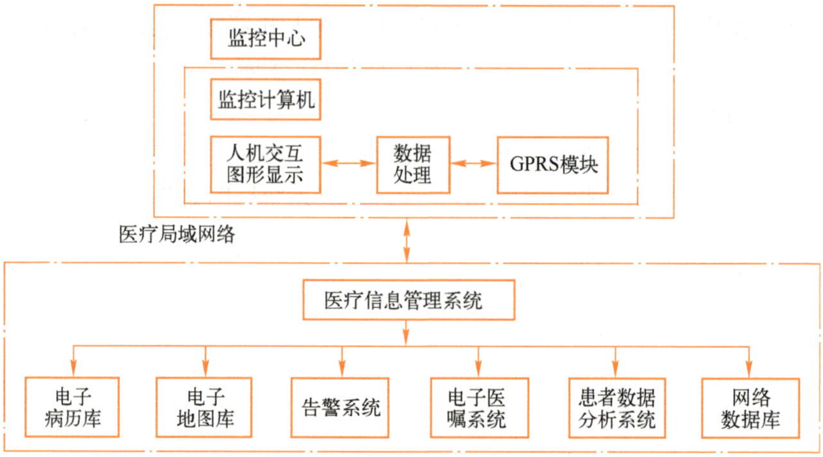

图 5-14 系统监护中心软件框图

5.4 工业互联网

随着新一轮科技革命和产业变革快速发展，互联网由消费领域向生产领域快速延伸，工业经济由数字化向网络化、智能化深度拓展，互联网创新发展与新工业革命形成历史性交汇，催生了工业互联网。

5.4.1 工业互联网的概念

1. 工业互联网的定义

工业互联网是新一代信息通信技术与工业经济深度融合的新型基础设施、应用模式和工业生态，通过对人、机、物、系统等的全面联接，构建起覆盖全产业链、全价值链的全新制造和服务体系，为工业乃至产业数字化、网络化、智能化发展提供了实现途径。工业互联网不是互联网在工业中的简单应用，而是具有更为丰富的内涵和外延。它以网络为基础、平台为中枢、数据为要素、安全为保障，既是工业数字化、网络化、智能化转型的基础设施，也是互联网、大数据、人工智能与实体经济深度融合的应用模式。工业互联网的核心是实物世界的网络化，基于互联网技术重构工业系统的联接、运营与优化。工业互联网使得制造业从过去相对封闭的状态，转变为开放互联的新模式。它通过构建云端协同的新一代工业系统架构，实现制造业的智能化升级和业务模式创新。

工业互联网融合应用向国民经济重点行业广泛拓展，形成平台化设计、智能化制造、网络化协同、个性化定制、服务化延伸、数字化管理 6 大新模式，赋能、赋智、赋值作用不断显现，有力地促进了实体经济提质、增效、降本、绿色、安全发展。

2. 工业互联网的意义

1）提升产业竞争力。工业互联网大幅提高制造业的自动化、信息化和智能化水平，辅以新商业模式的运用，将显著提升企业运营效率、产品质量、响应速度等，增强企业核心竞争力。

2）促进行业升级。基于工业互联网带来的供应链优化、质量控制改善、研发设计协同等效益，将加速推动传统产业的智能化升级，实现中高端产业链的延伸。

3）创造新型商业模式。工业互联网不仅改造传统工业形态，也将孕育数据驱动的新商业模式，形成新的经济增长点。

4）提高劳动生产率。工业互联网以数据、信息和通信技术为基础，实现设备、产品、流程、服务等各个环节的信息化和智能化，部分替代人力从事重复性工作，大幅提升劳动生产率，降低生产成本，同时也将创造新类型的工作岗位。

5）促进产业融合发展。工业互联网对拓展数字经济空间、推动传统工业转型升级起着重要作用。工业互联网通过将信息技术与传统工业深度融合，加速信息化产业和制造业的互动合作，形成新兴的融合产业，推动制造业加速向数字化、网络化、智能化方向发展。

5.4.2 工业互联网的内涵

工业互联网包含网络、平台、数据和安全 4 大体系，它既是工业数字化、网络化、智能化转型的基础设施，也是互联网、大数据、人工智能与实体经济深度融合的应用模式，同时也是一种新业态、新产业，将重塑企业形态、供应链和产业链。

1. 网络

网络体系是基础。工业互联网网络体系包括网络互联、数据互通和标识解析 3 部分。

1）网络互联实现要素之间的数据传输，包括企业外网、企业内网。典型的网络互联技术包括传统的工业总线、工业以太网以及创新的时间敏感网络（TSN）、确定性网络、5G 等技术。企业外网根据工业高性能、高可靠、高灵活、高安全网络需求进行建设，用于联接企业各机构、上下游企业、用户和产品。企业内网用于联接企业内人员、机器、材料、环境、系统，主要包含信息技术网络和运营技术网络。

2）数据互通通过对数据进行标准化描述和统一建模，实现信息在要素之间传输与理解，涉及数据传输、数据语义语法等不同层面。其中，数据传输的典型技术包括开放性统一通信平台架构（OPC UA）、消息队列遥测传输（MQTT）、数据分发服务（DDS）等；数据语义语法主要指信息模型，典型技术包括语义字典、自动化标记语言、仪表标记语言等。

3）标识解析实现要素的标记、管理和定位，由标识编码、标识解析系统和标识数据服务组成，通过为物料、机器、产品等物理资源和工序、软件、模型、数据等虚拟资源分配标识编码，实现物理实体和虚拟对象的逻辑定位和信息查询，支撑跨企业、跨地区、跨行业的数据共享与共用。标识解析按照载体类型可分为静态标识和主动标识。静态标识以一维码、二维码、射频识别码、近场通信标识等作为载体，需要借助扫码枪、手机 App 等读写终端触发标识解析过程。主动标识通过在芯片、通信模组、终端中嵌入标识，主动通过网络向解析节点发送解析请求。

2. 平台

平台体系是中枢。工业互联网平台体系相当于工业互联网的“操作系统”，有4个主要作用。

1）数据汇聚。网络层面采集的多源、异构、海量数据，传输至工业互联网平台，为深度分析和应用提供基础。

2）建模分析。提供大数据、人工智能分析的算法模型和物理、化学等各类仿真工具，结合数字孪生、工业智能等技术，对海量数据进行挖掘分析，实现数据驱动的科学决策和智能应用。

3）知识复用。将工业经验知识转化为平台上的模型库、知识库，并通过工业微服务组件方式，方便二次开发和重复调用，加速共性能力沉淀和普及。

4）应用创新。面向研发设计、设备管理、企业运营、资源调度等场景，提供各类工业 App、云化软件，帮助企业提质增效。

3. 数据

数据体系是要素。工业互联网的数据有3个特性。

1）重要性。数据是实现数字化、网络化、智能化的基础，没有数据的采集、流通、汇聚、计算、分析，各类新模式就是无源之水，数字化转型也就成为无本之木。

2）专业性。工业互联网数据的价值在于分析利用，分析利用的途径必须依赖行业知识和工业机理。制造业千行百业、千差万别，每个模型、算法背后都需要长期积累，只有深耕细作才能发挥数据价值。

3）复杂性。工业互联网运用的数据来源于“研产供销服”各环节，“人机料法环”各要素和 ERP、MES、PLC 等各系统，其复杂度远超消费互联网，面临采集困难、格式各异、分析复杂等挑战。

4. 安全

安全体系是保障。工业互联网安全体系涉及设备、控制、网络、平台、工业 App、数据等网络安全问题，其核心任务就是要通过监测预警、应急响应、检测评估、功能测试等手段确保工业互联网健康、有序发展。

与传统互联网安全相比，工业互联网安全具有3大特点。

1）涉及范围广。工业互联网打破了传统工业相对封闭、可信的环境，网络攻击可直达生产一线。联网设备的爆发式增长和工业互联网平台的广泛应用，使网络攻击面持续扩大。

2）造成影响大。工业互联网涵盖制造业、能源等实体经济领域，一旦发生网络攻击、破坏行为，安全事件影响严重。

3）企业防护基础弱。众多工业企业安全意识、防护能力薄弱，整体安全保障能力有待进一步提升。

5. 工业互联与消费互联网的区别

与消费互联网相比，工业互联网有着诸多本质不同。

1）联接对象不同。消费互联网主要联接人，场景相对简单。工业互联网联接人、机、物、系统以及全产业链、全价值链，联接数量远超消费互联网，场景更为复杂。

2）技术要求不同。工业互联网直接涉及工业生产，要求传输网络的可靠性更高、安全性更强、时延更低。

3）用户属性不同。消费互联网面向大众用户，用户共性需求强，但专业化程度相对较低。工业互联网面向千行百业，必须与各行业及各领域技术、知识、经验、痛点紧密结合。上述特点决定了工业互联网的多元性、专业性、复杂性更为突出，也决定了发展工业互联网非一日之功、难一蹴而就，需要持续发力、久久为功。

5.4.3　工业互联网平台及其应用

工业互联网平台是建设工业互联网的关键，通过人、机、物的联接，实现工业数据的全面采集和共享，催生了新的工业生产体系。从价值角度考虑，工业互联网平台使得工业全要素、全产业链和全价值链发生变革，推动了工业企业的技术革新、模式转变和效益优化。

1. 工业互联网平台的作用

1）工业互联网平台驱动工业全要素变革，使得工业生产智能化，如图 5-15 所示。在工业全要素中，生产者能够从原材料加工、产品生产等物质生产活动中积累技术和操作经验，最终发现或创造新知识，提高生产技术水平。生产机器从自动化机器转变为网络联接的智能化机器，生产行为受系统指示和监控，同时具备一定的学习能力，可提高生产效率。在使用工业物料作为生产资源进行生产活动的过程中，可沉淀海量工业数据，为改进生产过程中的分析方法和测试方法提供保障。分析方法由“机理建模”转变为“机理建模+数据建模”，可提高分析的精度和效果。生产环境在工厂和车间等实体物理空间基础上新增了可仿真映射的虚拟数学空间，可对生产过程的不同环节进行模拟和仿真，根据仿真结果规避风险，保障生产质量。测试方法在传统的机器检测基础上新增了借助工业数据进行针对性预测的手段，可提高检测的准确性，降低损失。

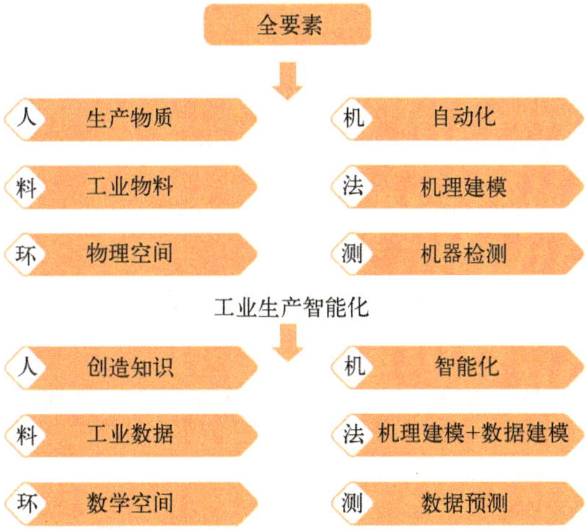

图 5-15　工业互联网平台驱动工业全要素变革

2）工业互联网平台驱动工业全产业链变革，使得工业企业去边界化。如图 5-16 所示，在工业全产业链中，传统供应链转变为柔性供应链，对市场需求的响应能力提高，能够更加高效且低成本地解决工业生产中的不确定性问题。线下群体转变为线上群体，供应商、采购商、生产商、经销商、服务商和消费者能够更加轻松地沟通和交流，信息流更加顺畅。投资、融资等行为被互联网金融取代，资金来源更加广泛和安全，金融服务产品更加多样化和标准化。

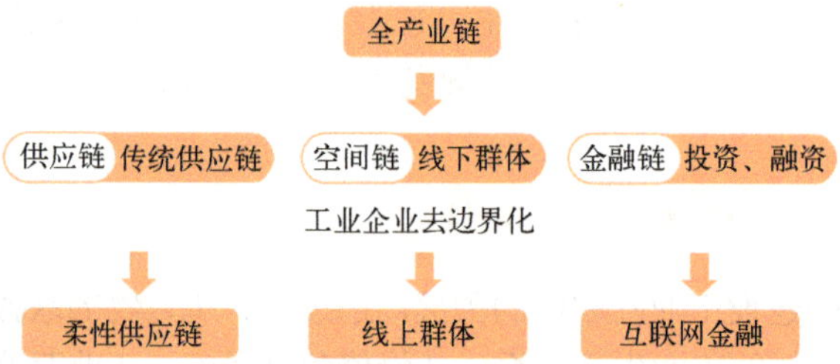

图 5-16 工业互联网平台驱动工业全产业链变革

3）工业互联网平台驱动工业全价值链变革，使得制造模式颠覆。如图 5-17 所示，在工业全价值链中，线性形态的大规模制造模式转变为非线性形态的大规模定制模式，模式中心由企业转变为用户。在大规模定制模式下，用户全流程参与产品采购、设计、生产等环节，整个生产全流程的数据信息对用户开放，在一定程度上，用户能够掌控自己订购的产品。大规模定制模式提高了用户价值，保证了用户体验。

图 5-17 工业互联网平台驱动工业全价值链变革

2. 工业互联网平台

工业互联网平台本质上是一个工业云平台，基于工业互联网应用需求，搭建起采集、存储、分析和应用工业数据的生产服务体系，保障生产资源的全面联接、按需供给和智能调度，实现工业生产过程的技术积累和应用创新。在此基础上提出一种工业互联网平台的标准体系架构，由端层、边缘层、IaaS 层、PaaS 层和 SaaS 层 5 个系统层级，以及贯穿平台整个端边云的标识解析体系和工业安全保障体系组成，如图 5-18 所示。

（1）端层

端层处于工业生产现场，主要是数控机床、仪器仪表、工业传感器和工业机器人等物联网领域生产、检测和监控的各种工业设备，通过监测工业生产现场，灵活处理工业生产过程中的不同状况，严格管控产品质量，保障生产效率，以完成生产任务。端层汇聚了工业生产的海量历史工业数据和实时工业数据，这些工业数据来源于产品全生命周期中的各个环节，蕴藏着巨大的工业价值，是工业互联网平台的底层基础。但是，工业数据的来源跨设备、跨系统甚至跨行业，工业数据具有异构性，需要先通过一定的技术手段进行处理，平台才能对其进行利用并从中发掘价值。

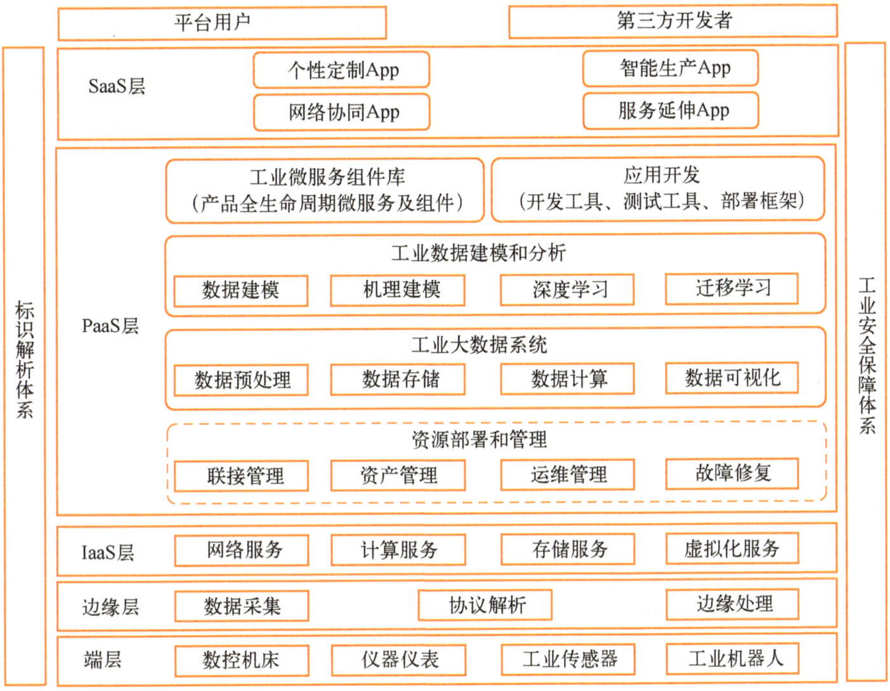

图 5-18　工业互联网平台的标准体系架构

（2）边缘层

边缘层进行全方位的工业数据采集，并对多源异构的工业数据进行协议解析和边缘处理。通过工业以太网、OPC UA 等工业通信协议和 5G、NB-IoT 等无线协议联接工业设备，实时采集各类工业数据。使用协议解析技术，再借助中间件兼容工业通信协议、无线协议和网络通信端口，将异构工业数据的结构转化为统一格式。使用高精度计算系统和操作管理程序等工具，结合边缘计算技术，在距离工业设备数据产生源头最近的边缘侧进行工业数据的边缘处理，剔除无用数据，减小数据占用空间，提升系统反应速度和数据传输速度。边缘层对采集的工业数据进行协议解析和边缘处理后，将其传输到云端。

（3）IaaS 层

IaaS 层为资源的网络联接、计算、存储和虚拟化等提供服务设施，支撑工业互联网平台的整体运行。通过多租户管理、分布式缓存、平行计算和负载均衡调度等技术，实现资源服务设施的综合管理，提升资源服务的利用率，同时保证资源服务的安全性，为 PaaS 层的功能运行和 SaaS 层的应用实现提供完整的基础设施服务。

（4）PaaS 层

PaaS 层是整个工业互联网平台的核心，接收海量工业数据，并对数据进行处理和分析，以支持 SaaS 层工业 App 的开发和定制，其作用相当于一个控制系统。PaaS 层对资源进行调度，实现资源的合理部署和管理，包括设备联接管理、工业资产管理、系统运维管理以及工业故障的修复管理，根据业务对资源的需求量，动态调配相关基础资源，保证业务正常开展。

基于工业大数据系统形成平台的数据处理能力，可对工业数据进行预处理、存储、计算和可视化等操作。通过海量工业数据构建数据模型，依据相关工业机理构建机理模型，再运用深度学习、迁移学习等机器学习方法对模型进行学习和分析，最大限度地挖掘工业数据的价值。把生产技术、理论知识和操作经验等进行提炼和封装，形成工业产品全生命周期微服务功能模块和组件库，可供第三方开发者直接调用，从根源上降低工业 App 的开发难度。

（5）SaaS 层

SaaS 层是工业互联网平台对外服务的关口，直接体现了工业数据的应用价值。为不同业务领域、不同应用场景的综合需求定制个性化的解决方案，全方位服务用户需求。基于平台的工业微服务、组件库和应用开发环境，依托第三方开发者的开发，为平台用户提供个性定制 App、智能生产 App、网络协同 App 和服务延伸 App 等各类工业 App，实现工业知识的显性复用和创新拓展。

3. 工业互联网平台在智能制造中的应用

工业互联网平台基于自身的工业数据采集、分析和应用能力，可以帮助工业企业及其供应链上下游实现工业生产过程、企业运营决策、生产资源配置与协同和产品生命周期管理等场景的流程优化和效益提升，提高工业企业的综合竞争力，推动工业企业的智能化转型和升级。工业互联网平台应用场景如图 5-19 所示。

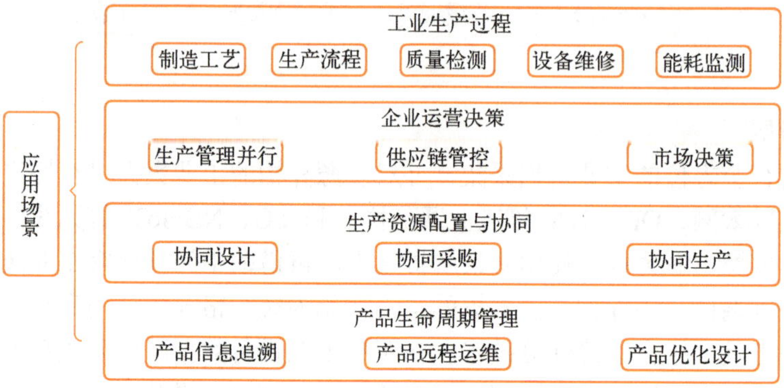

图 5-19 工业互联网平台应用场景

（1）工业生产过程

在工业生产过程中，工业互联网平台聚焦于生产车间和流水线，联接每一台工业设备，采集物料数据、工艺数据、质量数据和设备数据等实时工业数据，通过数据建模和数据分析找出最佳的生产方案，并反馈给整个生产过程，实现制造工艺、生产流程、质量检测、设备维修和能耗监测等工业生产过程场景的综合优化。例如，某企业借助于工业互联网平台，采集车间工业设备的历史运行数据、实时运行数据以及相关参数，对数据进行整合和处理，模拟构建工业设备的运行模型，通过对模型进行分析和验证，预测工业设备可能发生的故障，并及时提供合适的预防和维修方案。

（2）企业运营决策

在企业运营决策场景中，工业互联网平台联接工业企业的信息化系统，采集运营数据、生产数据和供应链数据，通过分析，发掘出关键的数据信息并共享，提高工业企业运营决策的科学性和开放性，优化生产管理并行、供应链管控和市场决策等企业运营决策场景。例如，某企业通过工业互联网平台，监控供应链上下游的采购数据、生产数据和销售数据等，根据物料库存、产品库存和销售量，及时调整采购计划、生产指标和销售方案，防止出现产品库存不足或积压的情况，实现对供应链的动态管控。

（3）生产资源配置与协同

在生产资源配置与协同场景中，工业互联网平台将订单数据、研发数据、物料数据和工艺数据进行汇聚、组合和分析，提供设计、采购和生产等环节的资源配置方案和协同服务路径，实现协同设计、协同采购和协同生产等生产资源配置与协同场景的价值增长。例如某一设计工程中，工业互联网平台可以联接多个企业的信息化系统，帮助企业进行信息交换和资源共享，同时对任务进行合理分工，实现企业间的协同设计，能够有效节省研发费用和时间成本。

（4）产品生命周期管理

在产品生命周期管理场景中，工业互联网平台采集工业产品的设计、采购、生产、营销、物流、运行和维修等全生命周期数据，通过对这些数据进行实时监控和集成分析，追踪产品动态并不断优化产品质量，为产品信息追溯、产品远程运维和产品优化设计等提供保障。例如企业可以借助工业互联网平台的标识解析系统，赋予某产品唯一的标识编码，记录产品的全生命周期数据，企业可通过该编码在标识解析系统中查询到产品的详细信息和属性，轻松实现对产品的信息追溯。

5.5 知识梳理

序号	知识点	内容
1	智能电网	核心：构建具备智能判断与自适应调节能力的多种能源统一入网和分布式管理的智能化网络系统
		本质：能源替代和兼容利用，需要在开放的系统和共享信息模式的基础上，整合系统中的数据，优化电网的运行和管理
2	智能交通系统	功能：将汽车、驾驶者、道路以及相关的服务部门相互联接起来，并使道路与汽车的运行功能智能化，从而使公众能够高效地使用公路交通设施和能源
		技术：传感器技术、RFID 技术、无线通信技术、数据处理技术、网络技术、自动控制技术、视频检测识别技术、GPS、信息发布技术等
		实现方式：将系统采集到的各种道路交通及服务信息，经交通管理中心集中处理后，传送给公路交通系统的各个用户，使出行者可以进行实时的交通方式和交通路线的选择；交通管理部门可以自动进行交通疏导、控制和事故处理；运输部门可以随时掌握所属车辆的动态情况，进行合理调度
3	智能家居	概念：智能家居是一个综合系统，利用先进的网络通信、电力自动化、计算机、短距离通信及嵌入式等技术，将与居家生活有关的各种设备有机地结合起来，通过网络化综合管理平台或者先进的云计算平台，实现人与家、人与家用电器、家用电器与环境之间的信息互通
		组成：智能灯光控制、智能家用电器控制、智能安防报警、智能娱乐系统、可视对讲系统、远程监控系统、远程医疗监护系统等
4	工业互联网	概念：以网络为基础、平台为中枢、数据为要素、安全为保障，既是工业数字化、网络化、智能化转型的基础设施，也是互联网、大数据、人工智能与实体经济深度融合的应用模式
		架构：由端层、边缘层、IaaS 层、PaaS 层和 SaaS 层 5 个系统层级，以及贯穿平台整个端边云的标识解析体系和工业安全保障体系组成

5.6 习题

1. 什么是智能电网？智能电网的核心是什么？
2. 简述面向智能电网应用的物联网的基本架构。
3. 简述物联网在智能电网中的应用模型。
4. 什么是智能交通？
5. 简述智能交通实现的方式。
6. 简述智能交通服务领域架构。
7. 简述智能交通中的关键技术。
8. 什么是智能家居？智能家居有什么特征？
9. 智能家居主要包括哪些组成部分？
10. 什么是工业互联网？
11. 工业互联网的内涵是什么？
12. 工业互联网平台有什么意义？
13. 工业互联网平台由哪些层级组成？说明各层级的作用。

第 6 章 物联网安全

随着物联网建设的加快，物联网的安全问题已经成为制约物联网全面发展的重要因素。在物联网发展的高级阶段，物联网场景中的实体均具有一定的感知、计算和执行能力。广泛存在的这些感知设备会对国家基础、社会和个人信息安全构成一定威胁。一方面，由于物联网具有在网络技术种类上兼容和业务范围内无限扩展的特点，因此当个人信息被联接到看似无边界的物联网时，将可能导致个人信息被非法获取；另一方面，随着国家重要的基础行业和社会关键服务领域（如电力、医疗等）都依赖于物联网和感知业务，国家基础领域的动态信息将可能被窃取。所有的这些问题都使得物联网的安全问题上升到国家层面的高度，成为影响国家发展和社会稳定的重要因素。

知识目标

1）掌握信息安全的基本概念，了解信息安全的分类。
2）掌握物联网的安全层次模型及体系结构。

技能目标

1）能理解信息安全的重要性。
2）能掌握信息安全的方法。

素养目标

1）养成信息安全的意识。
2）掌握信息安全的措施。

6.1 信息安全

6.1.1 信息安全的基本概念

信息安全是一门交叉学科，涉及计算机科学、网络技术、通信技术、密码技术、信息安全技术、应用数学、数论及信息论等多种学科。信息安全涉及多方面的理论和应用知识，除了数学、通信、计算机等自然科学外，还涉及法律、心理学等社会科学。总体上，可以从理论和工程的两个角度来考虑。一些从事计算机和网络安全的研究人员从理论的观点来研究安全问题，他们感兴趣的是，通过建造被证明是正确的安全模型，用数学方法描述其安全属性。另一部分专家则经常对安全问题的起因感兴趣，这些专家以注重实际的、工程的角度来研究安全问题。

（1）信息安全的定义

信息安全是指为数据处理系统建立和采取的技术和管理手段，用以保护计算机硬件、软件和数据不因偶然和恶意的原因而遭到破坏、更改和泄露，使系统连续正常运行。信息安全包括以下几方面的内容。

1）保密性。防止系统内信息的非法泄露。

2）完整性。防止系统内软件（程序）与数据的非法删改和破坏。

3）有效性。要求信息和系统资源持续有效，而且授权用户可以随时随地存取资源。

（2）信息安全的基本属性

信息安全包含保密性、完整性、可用性、可控性及不可否认性等基本属性。

1）保密性。保证信息不泄露给未经授权的人。

2）完整性。防止信息被未经授权的人（实体）篡改，保证真实的信息从真实的信源（信号的产生物）无失真地到达真实的信宿（信号的接收物）。

3）可用性。保证信息及信息系统确实为授权使用者所用，防止由于计算机病毒或其他人为因素造成的系统拒绝服务或为敌手所用。

4）可控性。对信息及信息系统实施安全监控管理。

5）不可否认性。保证信息行为人不能否认自己的行为。

6.1.2 信息安全的分类

1. 物理安全

网络面临的安全威胁大体可分为两种：一是对网络数据的威胁；二是对网络设备的威胁。这些威胁可能来源于各种各样的因素：可能是有意的，也可能是无意的；可能是来源于企业外部的，也可能是内部人员造成的；可能是人为的，也可能是自然力造成的。总结起来，大致有下面几种主要威胁。

1）非人为或自然力造成的数据丢失、设备失效、线路阻断。

2）人为但属于操作人员无意的失误造成的数据丢失。

3）来自外部和内部人员的恶意攻击和入侵。

物理安全主要是指通过物理隔离实现网络安全。

所谓“物理隔离”是指内部网不直接或间接地联接公共网。物理安全的目的是保护路由器、工作站、网络服务器等硬件实体和通信链路免受自然灾害、人为破坏和窃听攻击。使内部网和公共网物理隔离，能保证内部信息网络不会受来自互联网的攻击。此外，物理隔离也为内部网划定了明确的安全边界，使得网络的可控性增强，便于内部管理。

在实行物理隔离之前，可以采取许多网络信息安全措施，如在网络中部署防火墙、安装防病毒系统，对网络进行入侵检测及漏洞扫描等。由于这些技术的极端复杂性与有限性，这些在线分析技术无法满足某些机构（如军事、政府、金融等）对数据安全的高度要求。而且，此类基于软件的保护措施是一种逻辑机制，容易受到逻辑实体（指黑客、内部用户等）的操纵，从而存在潜在的安全风险。

2. 网络安全

网络安全主要是网络自身的安全性和网络信息的安全性。保证网络安全的主要技术有密码技术、网络防火墙技术、入侵检测技术、安全扫描技术、认证技术、虚拟网技术及访问控制技术等。

（1）密码技术

密码技术是保障信息安全的核心技术，主要包括密码算法、密码协议的设计与分析、密钥管理和密钥托管等技术。密码算法主要包括序列密码算法、分组密码算法、公钥密码算法及散列密码算法等，用于保证信息的安全。按照加密密钥和解密密钥的对称性，密码算法可分为对称型加密算法和不对称型加密算法。

1）对称型加密是指加密密钥和解密密钥相同，或两个密钥虽然不相同，但可由其中任意一个很容易推导出另一个，即密钥是双方共享的。在大多数对称算法中，加密密钥和解密密钥是相同的，它要求发送者和接收者在安全通信之前商定一个密钥。只要通信需要保密，就必须保密密钥。

2）不对称型加密的特点是加密解密双方拥有两个不相同的密钥，一个是公开密钥，为发送者对数据加密时使用。另一个是私有密钥，用于解密，是保密的，由接收者妥善保存，只有两者搭配使用，才能完成加密和解密过程。

（2）网络防火墙技术

网络防火墙技术是一种用来加强网络之间访问控制，防止外部网络用户以非法手段通过外部网络进入内部网络、访问内部网络资源，保护内部网络操作环境的特殊网络互联设备。它对两个或多个网络之间传输的数据包，按照一定的安全策略来实施检查，以决定网络之间的通信是否被允许，并监视网络运行状态。防火墙产品主要有堡垒主机，包括过滤路由器、应用层网关（代理服务器）和电路层网关、屏蔽主机防火墙以及双宿主机等类型。虽然防火墙是保护网络免遭黑客袭击的有效手段，但它也有明显不足，如无法防范通过防火墙以外的其他途径进行的攻击，不能防止来自内部变节者和不经心的用户带来的威胁，也不能完全防止传送已感染病毒的软件或文件，以及无法防范数据驱动型的攻击。

（3）入侵检测技术

入侵检测技术是近年来发展起来的网络安全技术，目的是提供实时的入侵检测及采取相应的防护手段，如记录证据用于跟踪和恢复、断开网络联接等。入侵检测技术之所以重要，首先是因为它能够对付来自内部网络的攻击，其次它能够缩短黑客入侵的时间。入侵检测系统可分为两类：一类是基于主机，另一类是基于网络。基于主机的入侵检测系统用于保护关键应用的服务器，实时监视可疑的联接、系统日志、非法访问的闯入等，并且提供对典型应用（如 Web 服务器应用）的监视。基于网络的入侵检测系统用于实时监控网络关键路径的信息。

（4）安全扫描技术

安全扫描技术与防火墙、安全监控系统互相配合能够提供较高安全性的网络。安全扫描工具源于黑客在入侵网络系统时采用的工具。商品化的安全扫描工具为网络安全漏洞的发现提供了强大的支持。安全扫描工具通常也分为基于服务器的扫描器和基于网络的扫描器。基于服务器的扫描器主要扫描与服务器相关的安全漏洞，如密码文件、目录和文件权限、共享文件系统、敏感服务、软件及系统漏洞等，并给出相应的解决办法和建议，通常与相应的服务器操作系统紧密相关。基于网络的扫描器主要扫描设定网络内的服务器、路由器、网桥、变换机、访问服务器及防火墙等的安全漏洞，并可设定模拟攻击，以测试系统的防御能力。

（5）认证技术

认证技术主要解决网络通信过程中通信双方的身份认可。认证技术将应用到企业网络中的以下方面。

1）路由器认证，即路由器和交换机之间的认证。

2）操作系统认证，即操作系统对用户的认证。

3）网管系统对网管设备之间的认证。

4）VPN 网关设备之间的认证。

5）拨号访问服务器与用户间的认证。

6）应用服务器（如 Web Server）与用户的认证。

7）电子邮件通信双方的认证。

数字签名作为身份认证技术中的一种具体技术，可用于通信过程中的不可抵赖要求的实现。数字签名技术主要用于：

- 基于公钥基础设施（PKI）认证体系的认证过程。
- 基于 PKI 的电子邮件及交易（通过 Web 进行的交易）的不可抵赖记录。

（6）虚拟网技术

虚拟网技术主要基于局域网交换技术，特别是 ATM（异步传输模式）和以太网交换技术。这些局域网交换技术将传统的基于广播的局域网技术发展为面向联接的技术。因此，网管系统有能力限制局域网通信的范围而无须通过开销很大的路由器。由以上运行机制带来的网络安全的好处是显而易见的——信息只到达应该到达的地点，因此防止了大部分基于网络监听的入侵手段。通过虚拟网设置的访问控制，使在虚拟网外的网络节点不能直接访问虚拟网内的节点。但是，虚拟网技术也带来了新的安全问题，即执行虚拟网交换的设备越来越复杂，从而成为被攻击的对象。基于网络广播原理的入侵监测技术在高速交换网络内需要特殊的设置才能发挥作用。基于 MAC 地址的虚拟局域网（VLAN）不能防范 MAC 欺骗攻击。以太网从本质上基于广播机制，但应用了交换器和 VLAN 技术后，实际上转变为点到点通信，除非设置了监听口，信息交换通常不会存在监听和插入（改变）问题。但是，采用基于 MAC 地址的 VLAN 划分时，网络将面临假冒 MAC 地址的攻击。因此，VLAN 的划分最好基于交换机端口。但这要求整个网络的终端均使用交换端口，或每个交换端口所在的网段内的设备均属于相同的 VLAN。网络层通信可以跨越路由器，因此可以从远程发起攻击。由于 IP 协议族各厂家实现的不完善，因此，在网络层发现的安全漏洞相对更多，如 IP Sweep、Teardrop、SYN flood、IP Spoofing 攻击等。

（7）访问控制技术

访问控制技术是按用户身份及其所归属的某预定义组来限制用户对某些信息的访问。

访问控制技术的功能主要有：防止非法的主体访问受保护的网络系统资源；允许合法用户访问受保护的网络资源；防止合法的用户对受保护的网络资源进行非授权的访问。访问控制技术分为自助访问控制技术、强制访问控制技术以及基于角色的访问控制技术 3 种。

3. 应用系统安全

应用系统安全主要包括操作系统安全、数据库安全、主机安全审计及漏洞扫描、计算机病毒检测和防范等方面，是信息安全研究的重要发展方向。

（1）Internet 域名服务

Internet 域名服务为 Internet/Intranet 应用提供了极大的灵活性。几乎所有的网络应用均利用域名服务。但是，域名服务通常为黑客提供了入侵网络的关键信息，如服务器的 IP 地址、操作系统信息、网络结构等。同时，针对 BIND NDS 实现的安全漏洞逐渐被发现，绝大多数的域名系统均存在类似的问题。如由于域名系统（DNS）查询使用无联接的用户数据报协议（UDP），利用可预测的查询 ID 可欺骗域名服务器给出错误的主机名和 IP 地址的对应关系。因此，在利用域名服务时，应该注意到以上的安全问题。主要的防范措施有：

1）内部网和外部网使用不同的域名服务器，隐藏内部网络信息。

2）域名服务器及域名查找应用安装相应的安全补丁。

3）对付拒绝服务攻击，应设计备份域名服务器。

（2）Web 服务器

Web 服务器是企业对外宣传、开展业务的重要基地。由于其重要性，Web 服务器成为黑客攻击的首选目标之一。Web 服务器经常成为 Internet 用户访问公司内部资源的通道之一，如 Web 服务器通过中间件访问主机系统，通过数据库联接部件访问数据库，利用 CGI（通用网关接口）访问本地文件系统或网络系统中其他资源。但 Web 服务器越来越复杂，其被发现的安全漏洞越来越多。为了防止 Web 服务器成为攻击的目标或成为进入内部网络的跳板，应采取如下措施。

1）将 Web 服务器置于防火墙保护之下。

2）在 Web 服务器上安装实时安全监控软件。

3）在通往 Web 服务器的网络路径上安装基于网络的实时入侵监控系统。

4）经常审查 Web 服务器配置情况及运行日志。

5）在运行新的应用前，先进行安全测试，如新的 CGI 应用。

6）认证过程采用加密通信或 X.509 证书模式。

7）小心设置 Web 服务器的访问控制表。

（3）电子邮件系统

由于电子邮件系统的复杂性，其被发现的安全漏洞非常多，并且危害很大。加强电子邮件系统的安全性，通常有如下办法。

1）设置一台位于停火区的电子邮件服务器作为内外电子邮件通信的中转站（或利用防火墙的电子邮件中转功能），所有出入的电子邮件均通过该中转站中转。

2）为服务器安装监控系统。

3）电子邮件服务器作为专门的应用服务器，不运行任何其他业务（切断与内部网的通信)。

4)升级到最新的安全版本。

(4)操作系统

市场上几乎所有的操作系统均已发现有安全漏洞，并且越流行的操作系统发现的问题越多。对操作系统的安全，除了不断地增加安全补丁外，还需要:

1)检查系统设置(如敏感数据的存放方式、访问控制、口令选择/更新)。

2)建立基于系统的安全监控系统。

6.2 物联网安全体系

物联网相较于传统网络，其感知节点大都部署在无人监控的环境中，具有能力脆弱、资源受限等特点。由于物联网是在现有的网络基础上扩展了感知网络和应用平台，传统网络安全措施不足以提供可靠的安全保障，从而使得物联网的安全问题具有特殊性，因此在解决物联网安全问题时，必须根据物联网自身的特点设计相关的安全机制。

6.2.1 物联网的安全层次模型及体系结构

考虑到物联网安全的总体需求就是物理安全、信息采集安全、信息传输安全和信息处理安全的综合，安全的最终目标是确保信息的机密性、完整性、真实性和网络的容错性，结合物联网分布式配置管理(DCM)模式，物联网的安全层次结构如图 6-1 所示，下面结合每层安全的特点对涉及的关键技术进行系统阐述。

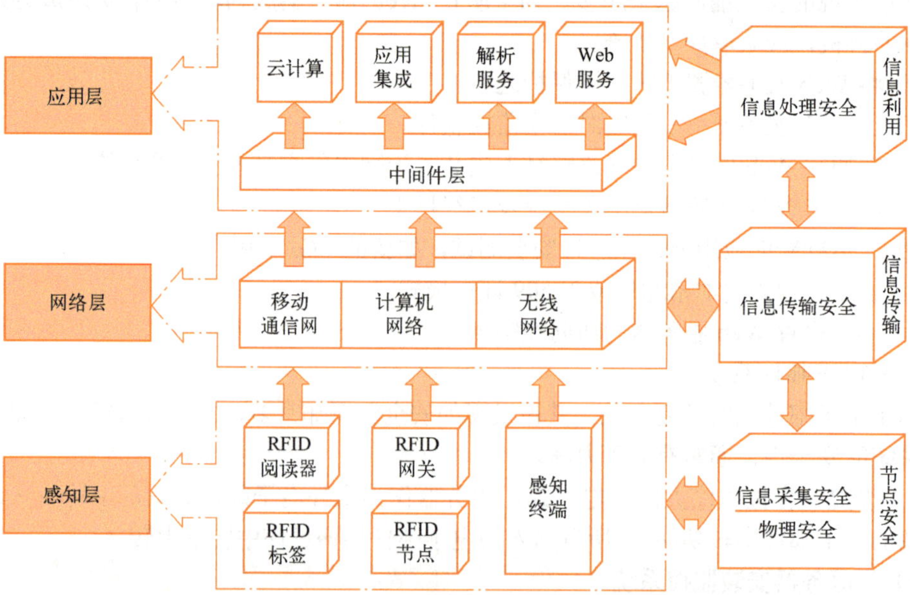

图 6-1 物联网的安全层次结构

6.2.2 感知层安全

物联网感知层的任务是实现智能感知外界信息的功能，包括信息采集、捕获和物体识别。该层的典型设备包括 RFID 装置、各类传感器（如红外、超声、温度、湿度、速度等）、图像捕捉装置（摄像头）、全球定位系统、激光扫描仪等。感知层涉及的关键技术包括传感器、RFID、自组织网络、短距离无线通信、低功耗路由等。

（1）传感技术及其联网安全

作为物联网的基础单元，传感器在物联网信息采集层面能否完成它的使命，成为物联网感知任务成败的关键。传感器技术是物联网技术应用和未来泛在网的支撑。传感器感知了物体的信息，RFID 赋予它电子编码。传感网到物联网的演变是信息技术发展的阶段表征。传感技术利用传感器和多跳自组织网，协作地感知、采集网络覆盖区域中感知对象的信息，并发布给上层。传感网络本身具有无线链路比较脆弱，网络拓扑动态变化，节点计算能力、存储能力和能源有限，在无线通信过程中易受到干扰等特点，使得传统的安全机制无法应用到传感网络中。传感网组网技术面临的安全问题如表 6-1 所示。

表 6-1　传感网组网技术面临的安全问题

层　次	受到的攻击
感知层	物理破坏、信息阻塞、制造碰撞攻击，反馈伪造攻击、耗尽攻击、线路层阻塞
网络层	路由攻击、虫洞攻击、女巫攻击、陷洞攻击、Hello 洪泛攻击
应用层	去同步、拒绝服务器等

传感器网络安全技术主要包括基本安全框架、密钥分配、安全路由、入侵检测、节点认证和监管体系等。

1）安全框架主要有 SPIN（包含 SNEP 和 uTESLA 两个安全协议）、参数化跳频、LEAP 等。

2）加强对传感网机密性的安全控制。在传感网内部，需要有效的密钥管理机制，用于保障传感网内部通信的安全，机密性需要在通信时建立一个临时会话密钥，确保数据安全。例如在物联网构建中选择射频识别系统，应该根据实际需求考虑是否选择有密码和认证功能的系统。传感器网络的密钥分配主要倾向于采用随机预分配模型的密钥分配方案。

3）加强对传感网的安全路由控制。几乎所有传感网内部都需要不同的安全路由技术。安全路由技术常采用的方法是加入容侵策略。传感网的安全需求涉及的密码技术包括轻量级密码算法、轻量级密码协议、可设定安全等级的密码技术等。

4）加强入侵监测。一些重要传感网需要对可能被攻击者控制的节点行为进行评估，以降低攻击者入侵的危害。敏感场合，节点要设置封锁或自毁程序，发现节点离开特定应用和场所，即启动封锁或自毁，使攻击者无法完成对节点的分析。入侵检测技术常常作为信息安全的第二道防线，主要包括被动监听检测和主动检测两大类。

5）加强节点认证。个别传感网（特别当传感数据共享时）需要节点认证，确保非法节点不能接入。认证性可以通过对称密码或非对称密码方案解决。使用对称密码的认证方案需要预置节点间的共享密钥，效率也比较高，消耗网络节点的资源较少，许多传感网都选用此方案；而使用非对称密码技术的传感网一般具有较好的计算和通信能力，并且对安全性要求更高。在认证的基础上完成密钥协商是建立会话密钥的必要步骤。

6）构建和完善我国信息安全的监管体系。数字化时代，网络空间已成为全球竞争与合作的新舞台，围绕网络信息安全监管的议题备受瞩目，讨论热度持续升温。我国自1994 年接入国际互联网以来，网络信息安全监管经历了从无到有、从需求导向到体系化、法治化的过程，逐步构建了科学、合理的监管框架。网络空间并非法外之地，依法治网是建设网络强国的基础。随着网络空间发展主导权与制网权的争夺加剧，网络安全威胁向多领域传导，网络信息安全监管成了国家网络主权、安全与发展利益的关键。

我国政府在网络安全监管中发挥了主导作用，构建了以政府为核心，企业、社会和网民共同参与的网络信息安全监管体系。自 2014 年中央首次提出网络强国战略以来，我国网络信息安全监管经历了从目标构想到逐步落地的过程。网络战略的制定与实施，组织机构的优化整合，以及法治建设的深化，标志着我国网络信息安全监管步入了新阶段。

（2）RFID 相关安全问题

对 RFID 系统的攻击主要集中在标签信息的截获和对这些信息的破解。在获得了标签中的信息之后，攻击者可以通过伪造等方式对 RFID 系统进行非授权使用。特别是没有可靠安全机制的电子标签，将会被邻近的读写器泄露敏感信息，存在干扰、窃听、中间人攻击、欺骗、重放、克隆、物理破解、篡改信息、拒绝服务攻击及 RFID 病毒等安全隐患。通常，采用 RFID 技术的网络涉及的主要安全问题有：

1）标签本身的访问缺陷。任何用户（授权以及未授权的）都可以通过合法的阅读器读取 RFID 标签。而且标签的可重写性使得标签中数据的安全性、有效性和完整性都得不到保证。

2）通信链路的安全。

3）移动 RFID 的安全。

目前，实现 RFID 安全性机制所采用的方法主要有物理方法、密码机制以及二者结合的方法。

6.2.3 网络层安全

物联网网络层主要实现信息的转发和传送，它将感知层获取的信息传送到远端，为数据在远端进行智能处理和分析决策提供强有力的支持。考虑到物联网本身具有专业性的特征，其基础网络可以是互联网，也可以是具体的某个行业网络。物联网的网络层按功能可以大致分为接入层和核心层，因此物联网的网络层安全主要体现在两个方面。

（1）来自物联网本身的架构、接入方式和各种设备的安全问题

物联网的接入层将采用如移动互联网、有线网、WiFi 等各种无线接入技术。接入层的异构性使得如何为终端提供移动性管理，以保证异构网络间节点漫游和服务的无缝移动成为研究的重点，其中安全问题的解决将得益于切换技术和位置管理技术的进一步研究。另外，物联网接入方式将主要依靠移动通信网络。在移动网络中，移动站与固定网络端之间的所有通信都是通过无线接口来实现的。然而无线接口是开放的，任何使用无线设备的

个体均可以通过窃听无线信道而获得其中传输的信息，甚至可以修改、插入、删除或重传无线接口中传输的消息，达到假冒移动用户身份欺骗网络端的目的。因此，移动通信网络存在无线窃听、身份假冒和数据篡改等不安全的因素。

（2）数据传输网络的相关安全问题

物联网的网络核心层主要依赖于传统网络技术，根据在实际数据传输过程中面临的威胁，主要将其归纳为以下几方面。

1）窃取机密数据。在不同的平台之间进行物联网数据传输，由于缺乏完善和统一的安全传输防护机制，物联网应用层的设备极易受到蠕虫、病毒等多种网络安全威胁的攻击。

2）篡改机密数据。在实际面对一些具有机密性的数据时，攻击者并不是对其直接进行窃取，而是通过篡改、复制、伪造等多种方式来达到目的。如果没有及时发现问题，就会对物联网数据传输安全造成严重威胁，进而产生更加严重的损失。

3）对认证授权数据进行伪造。在物联网数据传输系统中，用户想要安全传输数据，需要通过数字认证授权之后，才能进行后续的操作。一旦这种官方认证授权被不法人员篡改，就会为一些攻击者提供可乘之机。

4）拒绝服务。考虑到物联网节点非常多，加之实际的计算能力有限，即便物联网数据传输系统具备比较完善的安全防护机制，但是一旦遇到大量的节点在同一时间发出请求，也会产生网络拥挤或堵塞的问题，之后将不可避免地产生拒绝服务的问题。此种攻击问题不仅会降低计算机系统自身的运行效率，甚至会对行业整体的发展造成阻碍。

6.2.4　应用层安全

物联网应用是信息技术与行业专业技术紧密结合的产物。物联网应用层充分体现物联网智能处理的特点，涉及业务管理、中间件、数据挖掘等技术。考虑到物联网涉及多领域和多行业，广域范围的海量数据信息处理和业务控制策略将在安全性和可靠性方面面临巨大挑战，特别是业务控制、管理和认证机制、中间件以及隐私保护等安全问题显得尤为突出。

（1）业务控制和管理

1）远程配置、更新终端节点上的软件应用问题。由于物联网中的终端节点数量巨大，部署位置广泛，人工更新终端节点上的软件应用则变得更加困难，远程配置、更新终端节点上的应用则更加重要，因此需要提高对远程配置、更新时的安全保护能力。此外，病毒、蠕虫等恶意攻击软件可以通过远程通信方式置入终端节点，从而导致终端节点被破坏，甚至对通信网络造成破坏。

2）配置管理终端节点特征时的安全问题。攻击者可以伪装成合法用户，向网络控制管理设备发出虚假的更新请求，使得网络为终端配置错误的参数和应用，从而导致终端不可用，破坏物联网的正常使用。

3）安全管理问题。在传统网络中，由于需要管理的设备较少，对于各种业务的日志审计等由各业务平台负责。而在物联网环境中，由于物联网终端无人值守，并且规模庞大，因此如何对这些终端的日志等安全信息进行管理成为新的问题。

（2）隐私保护

在物联网发展过程中，大量的数据涉及个体隐私问题（如个人出行路线、消费习惯、个体位置信息、健康状况、企业产品信息等），因此隐私保护是必须考虑的一个问题。

1）隐私威胁。大量使用无线通信、电子标签和无人值守设备，使得物联网应用层隐私威胁问题非常突出。隐私信息可能被攻击者获取，给用户带来安全隐患，物联网的隐私威胁主要包括隐私泄露和恶意跟踪。

2）身份冒充。物联网中存在无人值守设备，这些设备可能被劫持，然后用于伪装成客户端或者应用服务器发送数据信息、执行操作。例如针对智能家居的自动门禁远程控制系统，通过伪装成基于网络的后端服务器，可以解除告警、打开门禁等。

3）抵赖和否认。通信的所有参与者可能否认或抵赖曾经完成的操作和承诺。

当前隐私保护方法主要有两个发展方向：一是对等计算（P2P），通过直接交换共享计算机资源和服务；二是语义 Web，通过规范定义和组织信息内容，使之具有语义信息并能被计算机理解，从而实现与人的沟通。

（3）应用层信息窃听/篡改

由于物联网通信需要通过异构、多域网络，这些网络情况多样，安全机制相互独立，因此应用层数据很可能被窃听、注入和篡改。此外，由于 RFID 网络的特征，在读写通道的中间，信息也很容易被中途截取。

（4）业务滥用

物联网中可能存在业务滥用攻击，例如非法用户使用未授权的业务或者合法用户使用未定制的业务等。

（5）重放威胁

攻击者发送一个目的节点已接收过的消息，来达到欺骗系统的目的。

（6）信令拥塞

目前的认证方式是应用终端与应用服务器之间的一对一认证。而在物联网中，终端设备数量巨大，当短期内这些数量巨大的终端使用业务时，会与应用服务器之间产生大规模的认证请求消息。这些消息将会导致应用服务器过载，使得网络中信令通道拥塞，引起拒绝服务攻击。

6.2.5 物联网安全的非技术因素

物联网安全的非技术因素主要包括人们网络安全意识淡薄、管理观念落后、信息管理部门对网络安全的现状认识不足、缺乏完善的网络安全管理体系、网络安全管理人员和技术人员缺乏必要的专业安全知识。这些因素直接影响到物联网系统的安全性和可靠性，增加了系统遭受攻击的风险。

1）网络安全意识淡薄。人们可能缺乏对网络安全的基本认识，在日常生活和工作中可能无意中泄露敏感信息或执行不安全的操作，从而增加了安全风险。

2）管理人员及技术人员的观念与技术不能及时更新。随着技术的发展，传统的安全管理观念可能已经不适应新的安全需求。如果管理观念没有及时更新，就会导致安全管理措施落后，难以有效应对新的安全威胁。如果信息管理部门不能准确把握当前的网络安全形势和威胁，就难以制定有效的安全策略和措施，就无法对网络安全进行全面、有效的管理，增加了安全漏洞，提高了安全风险。如果网络安全管理人员和技术人员缺乏足够的专业知识，他们就难以发现和应对复杂的安全威胁。

3）物理安全也是影响信息安全的重要因素之一。为防止数据泄露和未经授权的访问，必须采取严格措施，保护网络设备和数据存储设备，确保数据安全。这包括对设备进行加密、访问控制和监控等措施。此外，还需要确保其数据中心的物理安全，以防止非法入侵和数据盗窃等事件。

为了应对这些非技术因素带来的挑战，需要采取一系列措施，包括加强内部员工的网络安全教育、提高管理人员的安全防范意识、建立和完善网络安全管理体系、加强相关人员的技术培训等。这将有助于提高物联网系统的整体安全性，减少安全风险。

6.3 知识梳理

序号	知识点	内容
1	信息安全	概念：为数据处理系统建立和采取的技术和管理手段，保护计算机硬件、软件和数据不因偶然和恶意的原因而遭到破坏、更改和泄露
		基本属性：保密性、完整性、可用性、可控性及不可否认性等
2	物联网安全体系	总体需求：物理安全、信息采集安全、信息传输安全和信息处理安全的综合
		目标：确保信息的机密性、完整性、真实性和网络的容错性
		技术：基本安全框架、密钥分配、安全路由、入侵检测、节点认证和监管体系等

6.4 习题

1．信息安全的内容是什么？
2．信息安全的基本属性是什么？
3．信息安全分为哪几类？
4．画出物联网的安全层次体系结构框图。

参 考 文 献

[1] 刘驰．物联网技术概论[M]．3 版．北京：机械工业出版社，2021.

[2] 刘海涛，马建，熊永平，等．物联网技术应用[M]．北京：机械工业出版社，2011.

[3] 张春红，裘晓峰，夏海轮，等．物联网关键技术及应用[M]．北京：人民邮电出版社，2020.

[4] 黄雅琦．RFID 关键技术的研究[D]．北京：北京交通大学，2010.

[5] 解运洲．NB-IoT 技术详解与行业应用[M]．北京：科学出版社，2017.

[6] 施巍松，刘芳，孙辉，等．边缘计算[M]．北京：科学出版社，2018.

[7] 饶威，丁坚勇，李锐物．联网技术在智能电网中的应用[OL]．http://www.rfidchina.org/news/readinfos-57651-317.html.

[8] 钱彬，莫日宏．物联网技术在智能电网的应用[OL]．http://www.eccn.com/design_2010101809345419.htm.

[9] 基于物联网技术的智能家居控制系统实现方案[OL]．http://www.dzsc.com/data/html/2011-6-3/89701. html.

[10] 刘宴兵，胡文平，杜江．基于物联网的网络信息安全体系[J]．中兴通讯技术，2011（1）.

[11] 贾浩．移动通信发展史：从 1G 到 5G 到底改变了什么？[OL]．http://jd.zol.com.cn/734/7343861.html.

[12] 详解 5G 六大关键技术[OL]．https://wenku.baidu.com/view/3a192a0abf1e650e52ea551810a6f524ccbfcb34.html.

[13] 李林哲．周佩雷，程鹏，等．边缘计算的架构、挑战与应用[J]．大数据，2019（2）：3-16.

[14] 张学芹．无线传感器网络技术在环境监测中的应用[J]．电子元器件与信息技术，2023（5）：204-207.

[15] 费扬．基于 RFID 技术的仓储物资定位系统设计与实现[J]．软件，2017（6）：46-50.

[16] 汤德俊．人脸识别中图像特征提取与匹配技术研究[D]．大连：大连海事大学，2013.

[17] 广州市科协．5G 万物互联，6G 能实现什么？[OL]．[2024-07-19]．https://m.thepaper.cn/baijiahao_28142598.

[18] 吕云翔，钟巧灵，柏燕峥，等．云计算与大数据技术[M]．2 版．北京：清华大学出版社，2023.

[19] 王昆．南京过江隧道智能交通管控系统研究[J]．福建建材，2019（10）：1-3.

[20] 张志豪，刘泽霖，张骥谦．网络空间安全与治理：中国视角下的网络信息安全监管法治化建设与体系化发展[OL]．[2024-07-04]．http://dicn.china.com.cn/web/kx/detail2_2024_07/04/4433383.html.